Der **Onlineservice** **InfoClick**
bietet unter
www.vogel-fachbuch.de/infoclick
nach Codeeingabe zusätzliche
Informationen und Aktualisierungen
zu diesem Buch.

InfoClick

In 2 Schritten zum Onlineservice

1. Einfach www.vogel-fachbuch.de/infoclick aufrufen.
2. Den unten stehenden Zugangscode in die Suchleiste eingeben und bestätigen.

   Sofern Aktualisierungen oder Zusatzinformationen zu Ihrem Buch bereitstehen, werden diese anschließend unterhalb der Eingabemaske aufgeführt.

Ihr persönlicher Zugang
zum Onlineservice

340107900001

Gunther Reinhart / Alejandro Magaña Flores / Carola Zwicker

Industrieroboter. Planung · Integration · Trends

Prof. Dr.-Ing. Gunther Reinhart / Dipl.-Ing. Alejandro Magaña Flores / Dipl.-Ing. Carola Zwicker

Industrieroboter

Planung · Integration · Trends

Ein Leitfaden für die KMU

Vogel Communications Group

Dipl.-Ing. Alejandro Erick Magaña Flores
Jahrgang 1987
2007–2013 Studium an der Technischen Universität Dresden
2014–2016 KUKA Roboter GmbH
Seit Anfang 2016 Technische Universität München, im Institut für Werkzeugmaschinen und Betriebswissenschaften zuständig für Industrielle Robotik, Genauigkeitssteigerung von Robotersystemen, Bahnplanung

Prof. Dr.-Ing. Gunther Reinhart
Jahrgang 1956
Studium Maschinenbau, Schwerpunkt Konstruktion & Entwicklung, Promotion am Institut für Werkzeugmaschinen und Betriebswissenschaften (iwb) der TU München
1988–1993 BMW AG, München und Dingolfing
1993–2002 und seit 2007 Lehrstuhl für Betriebswissenschaften und Montagetechnik am iwb
2002–2007 Vorstand für Technik und Markt bei der IWKA AG, Karlsruhe
Vorstandsvorsitzender des Bayerischen Clusters für Mechatronic und Automation e.V.
Seit 2009 Leiter der Fraunhofer IWU Projektgruppe für Ressourceneffiziente Mechatronische Verarbeitungsmaschinen (RMV) in Augsburg
Seit 2016 Geschäftsführender Institutsleiter der Fraunhofer IGCV

Dipl.-Ing. Carola Zwicker
Jahrgang 1986
2006–2009 Hochschule Esslingen
2009–2011 Universität Stuttgart
Seit 2011 an der Technische Universität München, im Institut für Werkzeugmaschinen und Betriebswissenschaften zuständig für Produktionsplanung und -steuerung

Weitere Informationen:
www.vogel-fachbuch.de

http://twitter.com/vogelfachbuch
www.facebook.com/vogel-fachbuch
www.vogel-fachbuch.de/rss/buch.rss_

ISBN 978-3-8343-3401-5
1. Auflage. 2018

Vorwort

Müssen Sie Ihre Produktion rationalisieren, um dem steigenden Druck des Marktes gerecht zu werden? Verkürzen sich die Nutzungsdauern Ihrer Produkte? Ist Flexibilität ein wichtiges Thema für Ihre Produktion? Würden Sie gerne Ihre Produktion automatisieren und haben noch keine Erfahrung mit Industrierobotern?

Dieses Handbuch für kleine und mittlere Unternehmen bietet Tipps und Tricks zum Thema Robotereinsatz.

Es werden die wichtigsten Grundlagen der Robotertechnik vermittelt und erläutert, wie bewertet werden kann, ob sich ein Produkt oder Prozess automatisieren lässt. Hierbei werden nicht nur technische Merkmale, sondern auch sicherheitsrelevante Punkte und wirtschaftliche Aspekte betrachtet. Neben der Machbarkeit sind die Höhe und das Risiko einer Investition für KMUs wichtige Grundlagen für eine Entscheidung.

Wie kann der Roboter sinnvoll in die Produktion integriert werden? Was muss bei der Planung beachtet werden? Dieses Buch stellt die einzelnen Planungsschritte detailliert vor. Hierbei wird nicht nur auf Neuplanungen, sondern auch auf Umplanungen eingegangen. Die einzelnen Schritte werden anhand von Beispielen erläutert. Im Internet werden in unserem Onlineservice **InfoClick** passend zu den wichtigsten Schritten Checklisten und Vorlagen für die einzelnen Schritte bereitgestellt.

Wir möchten uns hiermit ganz herzlich bei den Kollegen Fabian Distel, Till Günther, Veit Hammerstingl und Anna Kollenda bedanken, die uns bei der Erstellung des Buches durch ihre wertvollen Kommentare und fachlichen Diskussionen unterstützt haben.

München

Alejandro Erick Magaña Flores
Carola Zwicker

Inhaltsverzeichnis

1 Einleitung

Aktuelle Trends der Produktionstechnik wie verkürzte Produktlebenszyklen, kundenindividuelle Produkte, volatile Marktentwicklung und der steigende Rationalisierungsdruck führen zu einem wachsenden Bedarf an flexiblen und wandlungsfähigen Produktionsanlagen. Die notwendige Anpassungsfähigkeit erfordert ein großes Rekonfigurationsvermögen der Anlagen. Die Entwicklung anpassungsfähiger Anlagen zählt zu den größten Herausforderungen der zukünftigen Produktion. Industrieroboter haben sich aufgrund ihrer Flexibilität als eine Schlüsseltechnologie in verschiedensten Bereichen entlang der Produktionskette bewiesen. So werden Industrieroboter zum Beispiel für verschiedene Fertigungs-, Montage- und Logistikprozesse eingesetzt. Die aktuelle Entwicklung in der Produktion belegt, dass Industrieroboter immer mehr etablierte Technologien in vielen dieser Prozesse ersetzen können. Ein wesentlicher Grund hierfür besteht nicht nur in der inhärenten Flexibilität dieser Systeme, sondern in ihrer höheren Wirtschaftlichkeit. Nicht umsonst haben neben großen Unternehmen, z. B. Automobilherstellern, auch kleine und mittlere Unternehmen (KMU) angefangen, Industrieroboter in ihre Produktionsprozesse einzubeziehen. Dieser allgemeine Trend spiegelt sich auch in einer aktuellen Prognose des **I**nternational **F**ederation of **R**obotics (IFR) zum Robotereinsatz (Bild 1.1) wider, die einen weltweiten Produktionszuwachs von über 60 Prozent (bezogen auf das Jahr 2016) bis zum Jahr 2019 vorhersagt [1.1].

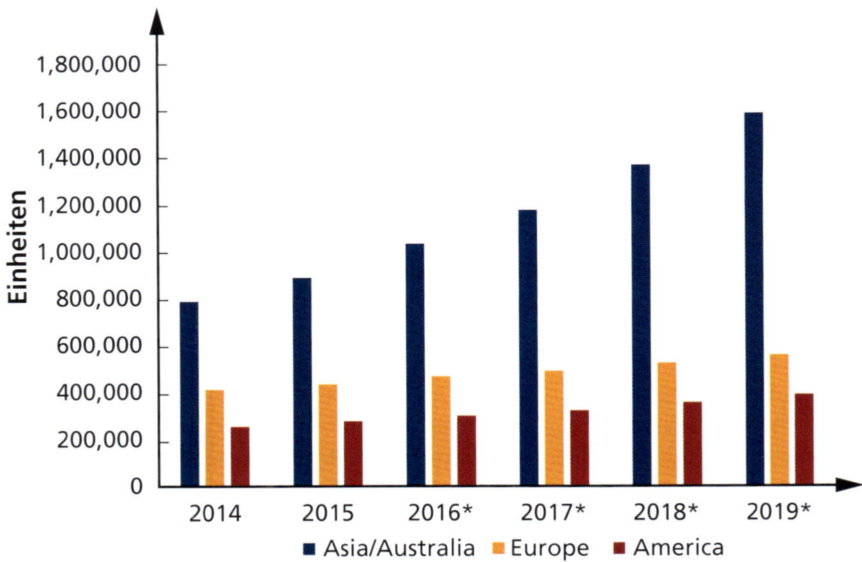

Bild 1.1 *Weltweit eingesetzte Roboter (Prognose 2016 bis 2019)* [1.1]

Im Zuge der schnellen Weiterentwicklung von Robotersystemen im letzten Jahrzehnt konnte auch die Automatisierbarkeit von vielen Fertigungsprozessen gesteigert werden. Besonders in der Automobilindustrie finden Robotersysteme aufgrund ihrer Schnelligkeit und Genauigkeit häufig Verwendung. Industrieroboter werden bei diversen Fertigungsprozessen entlang der Produktionskette eingesetzt, angefangen im Presswerk bei der Handhabung von Blechteilen über den Karosseriebau in Form von Schweißrobotern und der Montage zur Unterstützung von Verschraubungsaufgaben sowie der Lackiererei bis hin zur Qualitätssicherung durch roboterbasierte

Karosserievermessung. Diese Tendenz spiegelt sich auch in den Statistiken der Automobilindustrie wider: In Deutschland wurde im Jahr 2015 in der Produktion etwa zehn Roboter pro 100 Mitarbeiter eingesetzt. Genaue Zahlen für Deutschland und weitere europäische Länder können aus Bild 1.2 entnommen werden.

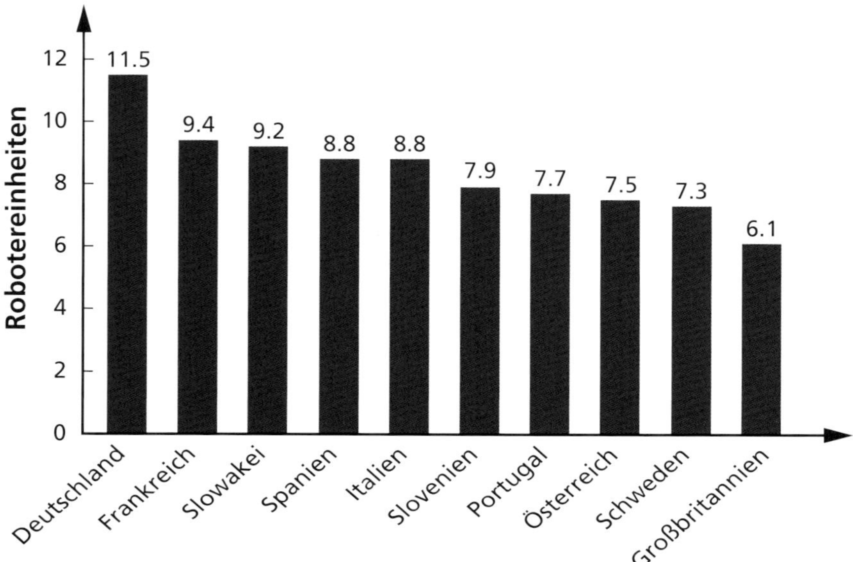

Bild 1.2 *Einsatz von Robotern pro 100 Mitarbeiter in der automobilen Industrie* [1.2]

Ihr breitgefächerter und häufiger Einsatz hat Robotersysteme zu einer gereiften Technologie entwickeln lassen. Jedoch werden sie heute i.d.R. in der Großserie zur Ausführung repetitiver Aufgaben eingesetzt. Industrieroboter haben aber aufgrund ihrer Flexibilität mehr zu bieten: Besonders bei der Fertigung von kundenindividuellen Produkten kann von dieser Eigenschaft der Industrieroboter profitiert werden, um auf Änderungen der Fertigungsaufgabe zu reagieren. Diese Marktnische sprechen besonders KMUs an, die sich häufig auf die Fertigung von Produkten mit kleinen Losgrößen bis hin zur Losgröße Eins spezialisieren. Auch bei sich ändernden Produktionsmengen weisen von Robotersystemen ausgeführte Produktionsprozesse eine große Skalierbarkeit auf, beispielsweise können Vorarbeiten zur Integration des ersten Robotersystems auf neue Robotersysteme mit überschaubarem Aufwand übertragen werden. Dies sehen viele Anwender als einen der großen Vorteile von Robotersystemen an.

Ein weiterer Vorteil von Robotersystemen liegt in den relativ geringeren Anschaffungskosten – verglichen zu anderen Fertigungssystemen. Die Senkung der Herstellungskosten für elektronische Komponenten führte in den letzten Jahren dazu, dass zum einen Robotersysteme kostengünstiger geworden sind, und zum anderen, dass diese mit zahlreichen Sensoren ausgestattet werden. Die Preisentwicklung von Robotersystemen wird in Bild 1.3 dargestellt [1.3]. Ebenso können alte Robotersysteme aufgerüstet werden, um so langfristig ihren Einsatz zu gewährleisten, ohne Investitionen in neue Robotersysteme zu tätigen. Zusätzlich hat die Senkung der Elektronikpreise dazu geführt, dass Robotersysteme mit neu entwickelten Fähigkeiten entstanden sind, wie z. B. optische Systeme zur Objekterkennung oder Vermessung von Bauteilen. [1.4]. Die daraus entstandenen Chancen haben bereits zahlreiche KMUs genutzt, um neue Fertigungsverfahren und Applikationen mittels Robotersystemen zu erproben.

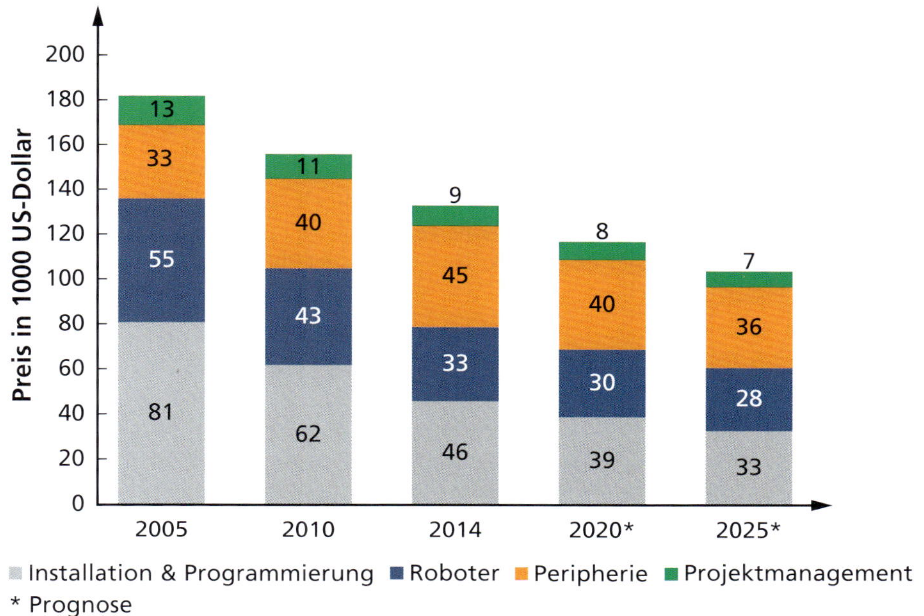

Bild 1.3 *Preisentwicklung von Robotersystemen* [1.3]

Motivation des Buches

Heutzutage stellen sich KMUs immer häufiger die Frage, ob sie ein Robotersystem in ihrer Produktion einsetzen sollten. In vielen Fällen wurden bereits Produktionsprozesse identifiziert, die potenziell durch einen Industrieroboter automatisiert werden könnten. Einen Roboter in die Produktion einzubinden ist jedoch eine komplexe Aufgabe und setzt nicht nur Kenntnisse über den Produktionsprozess und den Roboter voraus, sondern auch über alle Schritte, die für die Auslegung, Planung und Integration eines Robotersystems notwendig sind. Dieses Buch soll dem Leser die Grundlagen zum Verständnis eines Industrierobotersystems sowie einen Überblick über die Schritte von der Konzeption bis zur Integration vermitteln.

Buchaufbau

Industrieroboter gelten als komplexe mechatronische Systeme, die Kenntnisse aus einem breiten interdisziplinären Bereich erfordern. In Kapitel 2 werden der Aufbau, die Klassifizierung sowie die Komponenten eines Industrieroboters aufgeführt. Oft verwendete, mit Robotik assoziierte Begriffe werden hierin näher erläutert. Darüber hinaus wird auf die unterschiedlichen Anwendungen und Peripheriegeräte eingegangen.

In Kapitel 3 werden sicherheitsrelevante Themen im Umgang mit dem Roboter diskutiert. Des Weiteren werden die Schritte zur Ausführung einer technischen Machbarkeitsanalyse für Fertigungsprozesse mittels Industrieroboter dargelegt. Hierdurch ist der Leser in der Lage, eine Analyse in seinem konkreten Fall durchzuführen.

Vor der Entscheidung, einen Roboter einzusetzen, stellt sich für viele Anwender die Frage: Ist der Industrieroboter in meinem Fall überhaupt rentabel? Dieser Aspekt wird in Kapitel 4 beleuchtet. Die eingeführten Methoden sollen den Leser befähigen, eine Wirtschaftlichkeitsanalyse durchzuführen, um die Rentabilität eines Industrieroboters zu evaluieren.

Die Planungsschritte für die Automatisierung eines Fertigungsprozesse durch einen Industrieroboter werden in Kapitel 5 erklärt. Zusätzlich werden hier Methoden zur Roboterkomponenten- und Layoutauswahl erörtert.

Nach der Definition eines Layouts werden in Kapitel 6 die technischen Aspekte der Integration des Roboters bezüglich seiner Programmierung und Inbetriebnahme näher beleuchtet. Zum besseren Verständnis werden die Schritte anhand von Beispielen aus der Praxis illustriert.

Das Buch schließt mit Kapitel 7 über die aktuellen Trends der Robotik im industriellen Umfeld.

2 Grundlagen der industriellen Robotik

Der Industrieroboter (IR) ist aus der heutigen Produktion kaum noch wegzudenken. Die Eigenschaften der IR, deren Peripheriegeräte und Anwendungsbereiche sind vielfältig. Eine Klassifizierung der Robotertypen hilft bei der Auswahl eines geeigneten Roboters für eine Anwendung. Diese erfolgt hauptsächlich anhand des mechanischen Aufbaus des Roboters (Kinematik). Eine alternative Art der Klassifizierung ist die Einteilung der Roboter in Traglastklassen. Neben dem IR gibt es eine Vielzahl an Peripheriegeräten, die für die jeweilige Anwendung wichtig sind. Auch die benötigte Steuerungsarchitektur wird von der Art der Anwendung beeinflusst.

In den folgenden Abschnitten wird nach einer Übersicht über die Geschichte und das Wachstum der IR auf den mechanischen Aufbau des Roboters, dessen Eigenschaften, die unterschiedlichen Einsatzgebiete sowie die wichtigsten Peripheriegeräte eingegangen. Besondere Aufmerksamkeit gilt darüber hinaus der Definition der unterschiedlichen Begrifflichkeiten, die im Zusammenhang mit Robotersystemen verwendet werden.

2.1 Geschichtliche Entwicklung

DEFINITION

Der Begriff Roboter kommt aus der tschechischen, slowakischen und polnischen Sprache. Das Wort «Robota» bedeutet so viel wie «arbeiten» und ist abgeleitet von «Sklave» oder «Diener». Verwendet wurde der Begriff das erste Mal im Drama «Rossum's Universal-Robots» des tschechischen Schriftstellers Karel Capek im Jahr 1922. Das Drama handelt von einer Firma, die menschenähnliche Maschinen – Roboter – fertigt, um die Arbeit zu erleichtern. Diese «Roboter» versklaven im späteren Verlauf die Menschheit. [2.4]

1954 patentierte George Devol den ersten programmierbaren Roboter. Zusammen mit Joseph Engelberger gründete er die erste Firma zur Herstellung von Robotern namens Unimation Inc. Der erste Unimate-Roboter wurde 1961 an General Motors verkauft, wo er zur Bedienung von Druckgussmaschinen verwendet wurde. In den 1970er-Jahren wurden neue Roboterkonzepte hinsichtlich Steuerung und Kinematik entwickelt, unter anderem der erste mikroprozessorgesteuerte, elektrisch angetriebene Roboter. Die ersten Roboter wurden hauptsächlich zur Materialhandhabung und zum Schweißen eingesetzt. Nach und nach kamen weitere Anwendungsgebiete hinzu. Die steigende Komplexität der Prozesse erforderte dabei stetige Weiterentwicklungen im Bereich der Steuerung und Programmierung, aber auch im mechanischen Aufbau der Roboter. [2.4]

Seit den späten 1980er-Jahren werden Daten zum Bestand und zu Verkaufszahlen von Robotern erhoben. Die «International Federation of Robotics» sammelt und veröffentlicht diese Daten jährlich. In der Statistik wird zwischen den Bereichen industrielle Robotik und Servicerobotik unterschieden. Im Rahmen dieses Kapitels soll vor allem auf die Entwicklung im ersten Bereich eingegangen werden; die Servicerobotik wird in diesem Buch nicht beleuchtet.

Bild 2.1 zeigt die Entwicklung der weltweit verkauften Roboter von 1995 bis 2014. Es ist zu erkennen, dass – bis auf kleinere Schwankungen, z. B. in der Wirtschaftskrise 2009 – die Zahl der Verkäufe jährlich steigt. Besonders auffallend ist dieser Trend in den letzten fünf Jahren. 2014 wurden weltweit fast doppelt so viele Roboter verkauft wie noch in 2010. Grund hierfür ist der anhaltende Trend zur Automatisierung und die fortschreitende technische Verbesserung der Roboter. [2.9]

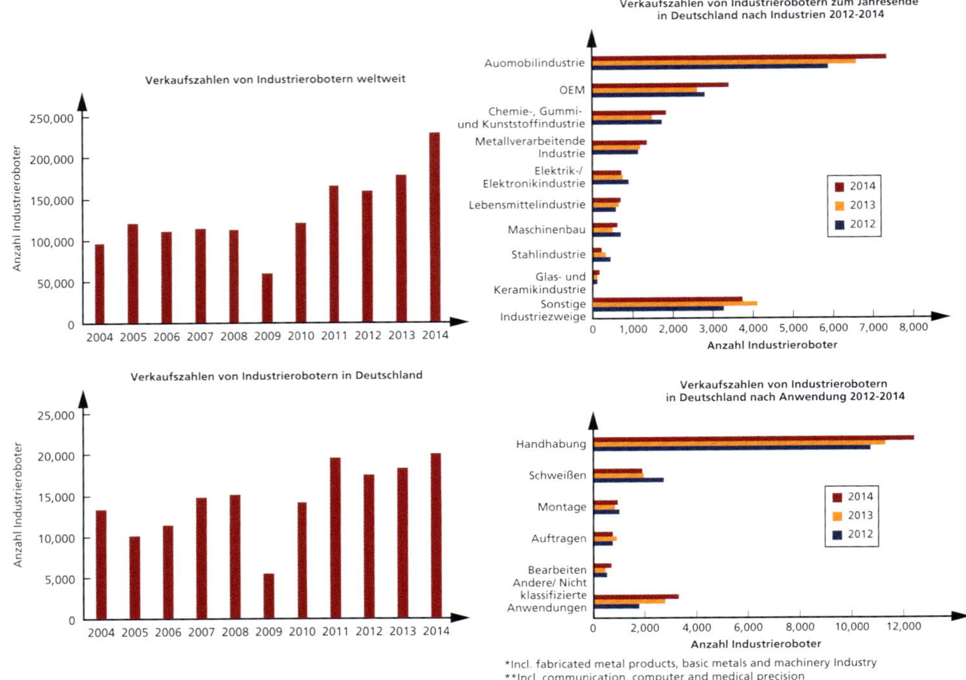

Bild 2.1 *Verkaufszahlen von IR von 1995 bis 2014 weltweit (links oben), Verkaufszahlen von IR von 2002 bis 2014 in Deutschland (links unten), Verkaufszahlen von IR nach Industrien in Deutschland von 2012 bis 2014 (rechts oben), Verkaufszahlen von IR nach Industrien weltweit von 2012 bis 2014 (rechts unten)* [2.9]

Deutschland ist nach China, Japan, den Vereinigten Staaten und Korea der fünftgrößte Robotermarkt weltweit. 2014 stiegen die Verkaufszahlen in Deutschland um ca. 10% auf 20 100 Roboter. Dies ist vor allem der Automobilindustrie zuzuschreiben. Hier wurden nicht nur neue Fertigungskapazitäten geschaffen, sondern auch ältere Anlagen modernisiert und automatisiert. Der Bereich der Batterieproduktion für Elektrofahrzeuge sticht 2014 besonders hervor. Ein weiterer wichtiger Bereich für das Wachstum ist die Elektronikindustrie. Weltweit wurden in 2014 ca. 48 400 Roboter in diesen Industriezweig verkauft, ca. 34% mehr als 2013. Zusammen umfassen sie ca. 64% der verkauften Roboter in 2014. [2.9]

Generell wird die Zahl der Roboter in den nächsten Jahren noch weiter steigen. Gründe hierfür sind gemäß der International Federation of Robotics:

- die Weiterentwicklung der Sicherheitstechnik für die **M**ensch-**R**oboter-**K**ooperation (MRK),
- die fortschreitende Vereinfachung der Bedienung von Robotersystemen,
- die aufgrund der Globalisierung notwendige Modernisierung der Produktionsstätten,
- wachsende Märkte, sowohl für neue Produkte als auch für den Roboter an sich, und
- die anhaltende Verkürzung der Produktlebenszyklen und der somit steigende Bedarf an Flexibilität [2.9].

Aufgrund der fortdauernden technologischen Weiterentwicklung im Bereich der Industrierobotertechnik werden sich auch neue Anwendungsbereiche eröffnen. Aktuell werden ca. 74%

aller IR für die Tätigkeiten Handhaben (u.a. Kommissionierung und Maschinenbestückung) und Schweißen eingesetzt. In der Montage werden aktuell ca. 11% aller IR verwendet. Der letztgenannte Bereich wird in Zukunft weiter wachsen. [2.9] Weitere Trends im Bereich der Robotik werden in Kapitel 7 vorgestellt.

2.2 Aufbau und Definition

Im Folgenden soll der IR genauer beschrieben werden. Darüber hinaus wird auf die unterschiedlichen Klassifizierungen von IR eingegangen. Schließlich werden die Kenngrößen, die bei der Wahl des richtigen Industrieroboters eine Rolle spielen, vorgestellt.

DEFINITION
Ein Industrieroboter ist gemäß DIN EN ISO 10 218-1 ein «automatisch gesteuerter, frei programmierbarer Mehrzweck-Manipulator, der in drei oder mehr Achsen programmierbar ist und zur Verwendung in der Automatisierungstechnik entweder an einem festen Ort oder beweglich angeordnet sein kann». [2.2]

Jeder Roboter hat eine gewisse Anzahl an Freiheitsgraden. Diese geben an, wie viele voneinander unabhängige, angetriebene Bewegungen ein Werkstück oder Werkzeug, das am Roboter angebracht ist, gegenüber einem festen Koordinatensystem ausführen kann. [2.12]

1. Hand
2. Arm
3. Schwinge
4. Karussell
5. Grundgestell
6. Gewichtsausgleich
7. Elemente der Kraftübertragung (nicht abgebildet)

A1-A6 Roboterachsen

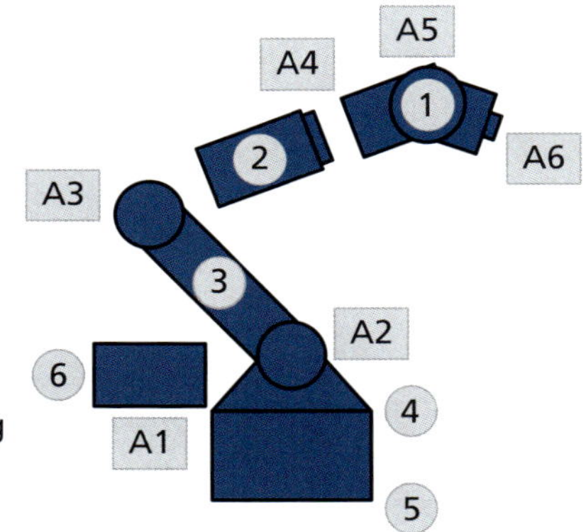

Bild 2.2 *Aufbau eines IR*

Bild 2.2 zeigt einen Sechsachs-Knickarmroboter und seine Bestandteile. Die Achsen, die hauptsächlich zur Positionierung des Roboterflansches dienen, d.h. zur Bewegung im Raum, werden als Hauptachsen bezeichnet (2, 3, 4). Die Achsen, die überwiegend zur Orientierung des Roboterflansches verwendet werden, d.h. zur Drehung im Raum, heißen Nebenachsen oder Handgelenksachsen (1). Das Ende des Roboterarms wird als Roboterflansch oder **T**ool-**C**enter-**P**oint (TCP) bezeichnet. An diesem Punkt wird das Werkzeug oder das Werkstück angebracht.

Neben dem Roboterarm an sich gehören zum gesamten Robotersystem noch weitere Komponenten, die teils anwendungsspezifisch sind. Wichtige Bestandteile in jedem System sind die Steuerung sowie die Sicherheitstechnik. Beim Handhaben werden hauptsächlich Greifer und Zuführeinrichtungen als Peripheriegeräte benötigt. Beim Schweißen kommen neben der Schweißzange unter Umständen auch noch Reinigungsgeräte, Spannmechanismen und Transformatoren zum Einsatz. Auf die genauen Bestandteile eines Robotersystems und deren Eigenschaften wird in den Kapiteln 2.4 und 2.6 eingegangen.

Industrieroboter lassen sich einerseits nach ihrer Anwendung klassifizieren. So gibt es spezielle Roboter für die Montage, das Schweißen, das Palettieren und andere Aufgabenstellungen. Andererseits werden Roboter anhand ihrer Kinematik und den daraus resultierenden Kenngrößen klassifiziert. Da diese Daten für die Auswahl des Roboters ausschlaggebend sind, wird diese Art der Klassifizierung am häufigsten verwendet.

2.3 Kinematiken

Die Kinematik bestimmt den Arbeitsraum des Roboters. Dieser kann z. B. quaderförmig, zylindrisch oder (hohl-)kugelförmig sein. Die Hauptarten sind Portal-, SCARA-, Knickarm- sowie Parallelroboter (Bild 2.3). Die einzelnen Roboter-Kinematiken werden im Folgenden näher erläutert. Die Klassifizierung nach Kenngrößen wird im darauffolgenden Abschnitt näher erläutert.

Roboterkinematiken lassen sich anhand der Bewegungsform sowie der Anordnung und Anzahl der Achsen klassifizieren. Aus diesen drei Kriterien ergibt sich die Form des Arbeitsraumes.

Portalroboter bestehen aus drei translatorischen Achsen. Jede Achse ist für eine Koordinatenrichtung verantwortlich. Der Portalroboter kann als Linienportalroboter, bestehend aus drei aneinandergereihten Achsen, oder als Flächenportalroboter, wie in Bild 2.3 links dargestellt, ausgeführt werden. Der Flächenportalroboter hat den Vorteil, dass er etwas höhere Belastungen aufnehmen kann als der Linienportalroboter, da die Last auf mehreren, parallelen Achsen aufgeteilt wird. Dadurch wird er häufig zum Palettieren, Bestücken und Kommissionieren schwerer Bauteile, aber auch zur Montage größerer Baugruppen verwendet. [2.6]

Da der Roboter für jede Koordinatenrichtung eine definierte Achse besitzt, sind sowohl seine Kinematik als auch seine Steuerung und Bedienung relativ einfach. Eine Koordinatentransformation, d.h. eine Umrechnung der Achsstellungen in Raumkoordinaten, (siehe Kapitel 6) ist hier

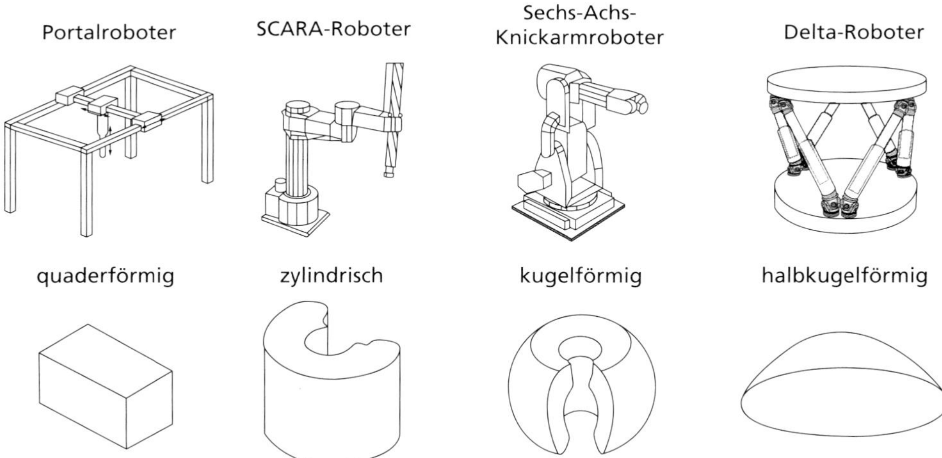

Bild 2.3 *Roboterkinematiken und deren Arbeitsraum* [2.8]

im Vergleich zu anderen Roboterarten nicht nötig. Für Portalroboter gilt, dass der Arbeitsraum quaderförmig ist und nicht über die Roboterabmessungen hinausgeht. Für die großen Arbeitsräume, die diese Roboter häufig abdecken, ist eine große Stellfläche nötig. Die hohen bewegten Massen der Achsen und Bauteile führen dazu, dass diese Roboter eine vergleichsweise niedrige Arbeitsgeschwindigkeit aufweisen.

Der SCARA-Roboter (***S**elective **C**ompliance **A**ssembly **R**obot **A**rm*) besteht aus zwei parallelen Drehgelenken. An diese schließt eine translatorische Achse an. Durch diese drei Achsen wird ein zylinderförmiger Arbeitsraum beschrieben. Diese Art der Roboterkinematik wird vor allem zum Fügen, Einpressen, Bestücken und für Pick&Place-Anwendungen eingesetzt.

Die Masse des Roboters wirkt sich durch den Aufbau nicht belastend auf die Antriebe aus. Somit können kleinere Antriebe verwendet werden. Darüber hinaus sind relativ hohe Geschwindigkeiten möglich und das System verfügt über eine hohe Steifigkeit in vertikaler Richtung. Die Verwendung beschränkt sich jedoch auf geringe bewegte Massen und vier Freiheitsgrade. In horizontaler Richtung ist diese Robotervariante sehr nachgiebig. [2.6]

Der Knickarmroboter besteht im Gegensatz zum Portalroboter ausschließlich aus rotatorischen Achsen. Der heute am weitesten verbreitete Knickarmroboter hat sechs rotatorische Achsen (Sechsachs-Knickarmroboter). Der Arbeitsraum, der von diesem Roboter aufgespannt wird, ist hohlkugelförmig. Die Anwendungsgebiete sind vielfältig: Vom Schweißen über das Palettieren und das Montieren werden diese Roboter in vielen Anwendungen eingesetzt.

Diese Roboterart besitzt ein geringes Störvolumen, d.h. der Raum, der vom Roboter an sich eingenommen wird. Die benötigte Stellfläche ist im Vergleich zum vorhandenen Arbeitsraum sehr gering. Der Sechsachs-Knickarmroboter ist aufgrund seiner Eigenschaften und Bewegungsfreiheit universell einsetzbar und kann durch seinen Aufbau Hindernisse gut umfahren. Aufgrund der Aneinanderreihung der sechs Achsen sind die Antriebe durch die Masse der Roboterkomponenten hohen Belastungen ausgesetzt. Diese machen in manchen Fällen einen zusätzlichen Massenausgleich erforderlich. Des Weiteren wird hierdurch die Positioniergenauigkeit negativ beeinflusst, weshalb der Leichtbau bei Knickarmrobotern von großer Bedeutung ist. Da die einzelnen Achsen nicht direkt mit den Raumachsen übereinstimmen, ist eine aufwendige Koordinatentransformation (siehe Kapitel 6) erforderlich. [2.6]

Der Sechsachs-Knickarmroboter wird auch als Universalroboter bezeichnet. Für manche Aufgaben sind kleine Anpassungen notwendig, um für diese besser geeignet, aber dennoch für eine spätere Anwendung universell zu sein. So kann z. B. beim Palettier-Roboter eine Zwangskopplung, d.h. eine feste Verbindung, zwischen Achse 2 und 3 sowie zwischen Achse 3 und 5 als Versteifung eingesetzt werden. Diese erhöht auch die Genauigkeit und die Traglast des Roboters.

Als Letztes wird der Delta-Roboter vorgestellt. Die Eigenart dieses Robotertyps ist, dass alle, in der Regel drei bis sechs, Antriebe aus einer Richtung und parallel zueinander wirken. Deshalb spricht man auch von einer Parallelkinematik. Der Flansch für den Endeffektor sollte leicht ausgeführt sein, damit nur eine geringe Masse bewegt werden muss. Hierdurch sind hohe Beschleunigungen möglich. Verwendung finden diese Roboter für Füge- und Trennaufgaben in der Kleinteilmontage sowie in Pick&Place-Anwendungen.

Durch die Anbringung aller Antriebe auf einem Gestell ist der Roboter sehr steif. Die bewegten Massen sind sehr gering und es kommen viele Gleichteile zum Einsatz. Diese Roboterart arbeitet sehr genau, jedoch in einem sehr kleinen Arbeitsraum. Die Stellfläche im Vergleich zum Arbeitsraum ist sehr groß und es kann zu Kollisionen von Bauteilen mit den Roboterkomponenten kommen. Darüber hinaus gibt es zusätzliche Singularitäten im Arbeitsraum. Eine Singularität entsteht z. B. dann, wenn zwei Rotationsachsen in einer Linie verlaufen und dadurch beide Achsen zum Erreichen einer Position gleichmäßig bewegt werden können. [2.6]

2.4 Kenngrößen

Die Kenngrößen dienen nicht nur der Klassifizierung, sondern helfen auch bei der anforderungsgerechten Auswahl des Roboters. Die Leistungsmerkmale eines Roboters lassen sich in die folgenden vier Kategorien einteilen:

Geometrische Kenngrößen
Zu den geometrischen Kenngrößen zählt z. B. der Arbeitsraum. Eine Kennzahl, die, neben weiteren, in Datenblättern angegeben wird, ist die Reichweite. Je nach Roboterkinematik und angebautem Werkzeug verändern sich die Reichweite und damit der Arbeitsraum des Roboters. Zudem ist der Arbeitsraum abhängig vom Anwendungsfall eingeschränkt: Beim Palettieren werden beispielsweise keine Verkippungen der zu handhabenden Gegenstände vollzogen.

Belastungskenngrößen
Die Belastungskenngrößen geben an, welche Last an einem Roboter angebracht werden kann. Unterschieden wird hier zwischen Nennlast, Nutzlast und Zusatzlast. Bild 2.4 zeigt den Zusammenhang der einzelnen Belastungskenngrößen. Die Nennlast gibt die maximal zulässige uneingeschränkt bewegbare Last an, die ein Roboter handhaben kann. Diese variiert mit dem Hebelarm und dem Abstand zum Roboterflansch, weshalb die Roboterhersteller ein Lastdiagramm angeben. Roboter werden anhand der maximalen Last in Klein-, Mittel- und Schwerlastroboter eingeteilt. Nennmoment und Nenn-Massenträgheitsmoment zählen auch zu dieser Kenngrößengruppe.

MERKSATZ
Bei der Auswahl eines Roboters anhand seiner Belastungskenngrößen dürfen nicht nur das Produkt und die Werkzeugmasse berücksichtigt werden. Zusätzlich sollte betrachtet werden, welchen Abstand der Schwerpunkt der gesamten Last zum TCP hat.

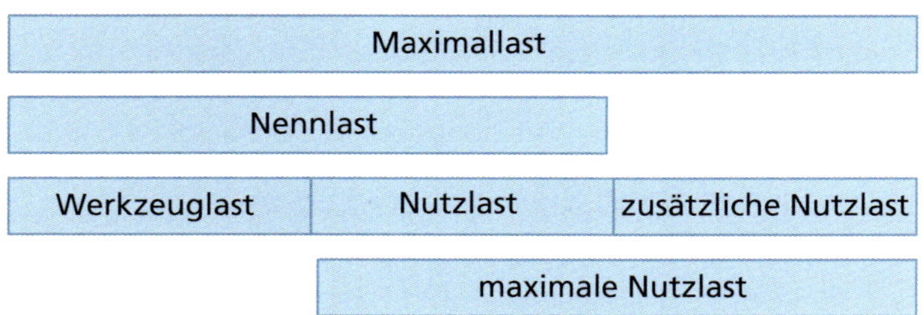

Bild 2.4 *Belastungskenngrößen eines IR* (in Anlehnung an [2.13])

Kinematische Kenngrößen
Zu den kinematischen Kenngrößen zählen einerseits Geschwindigkeits- und Beschleunigungskenngrößen und andererseits Zeitgrößen. Wichtig sind hier vor allem die Geschwindigkeit und die Beschleunigung des Endeffektors sowie die zulässigen Geschwindigkeiten der einzelnen Achsen. Für die Planung sind die Verfahrzeit und die gesamte Zykluszeit von großer Bedeutung. Für die Stabilität des Prozesses sind die Überschwingweite und Ausschwingzeit zu berücksichtigen (Bild 2.5).

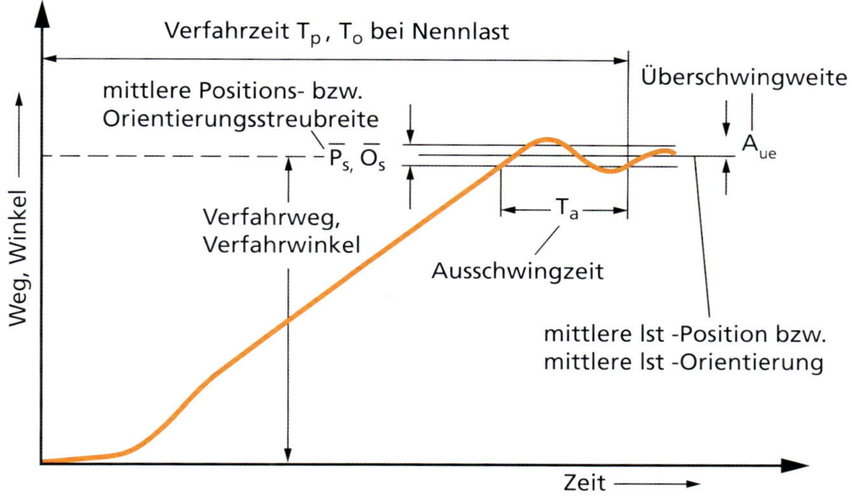

Bild 2.5 *Kinematische Kenngrößen eines Roboters* [2.13]

Genauigkeitsgrößen

Hinsichtlich Genauigkeit wird bei einem Roboter zwischen Pose- und Wiederholgenauigkeit unterschieden. Die Posegenauigkeit (Präzision) gibt an, wie genau ein Roboter einen vorgegebenen Punkt erreicht. Die Wiederholgenauigkeit gibt hingegen an, wie genau ein Roboter ein und denselben Punkt von der gleichen Startpose und mit denselben kinematischen Kenngrößen erreicht. [2.7] Bild 2.6 veranschaulicht diesen Zusammenhang.

MERKSATZ

Die Position einer punktförmigen Masse wird durch seine kartesische Lage im dreidimensionalen Raum mit X-, Y- und Z-Achsenabschnitt angegeben. Besitzt der Massenpunkt ein zweites kartesisches Koordinatensystem, so ist der Winkelversatz der Koordinatenachsen als Orientierung dieses Koordinatenkreuzes definiert. Die Kombination von Position und Orientierung eines Objektes im dreidimensionalen Raum wird nach der Norm DIN EN ISO 8373 als Pose verstanden. [2.3]

Neben den oben genannten Kenngrößen werden bei der Auswahl eines Roboters folgende weitere Kriterien berücksichtigt:

- Stellfläche,
- Steifigkeit (Federkonstante, Eigenfrequenz),
- statischer Massenausgleich,
- modulare Bauweise,
- Betriebssicherheit und Wartungsfreundlichkeit,
- Bedienungs- und Steuerungskomfort. [2.10]

Posegenauigkeit und Wiederholgenauigkeit

Ermittelte Messwerte

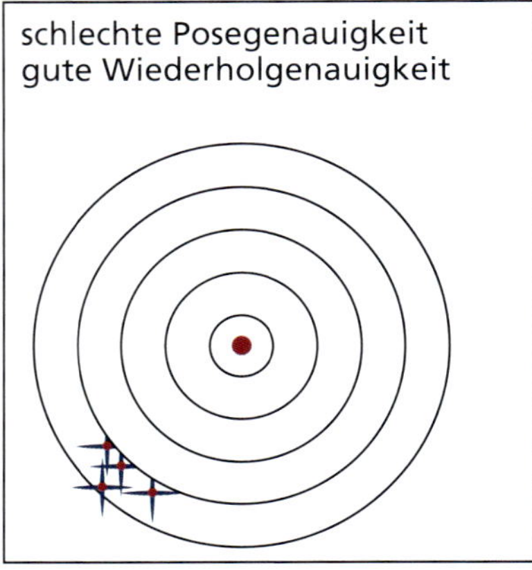

Bild 2.6 *Genauigkeitskenngrößen eines Roboters*

2.5 Einsatzgebiete

Je nach Anwendung variieren auch die Anforderungen an den Roboter. Gemäß der International Federation of Robotics werden Roboter hauptsächlich bei Handhabungs-, Schweiß-, Montage-, Auftragungs- (z. B. Lackieren und Kleben) und Bearbeitungsaufgaben eingesetzt. Darüber hinaus gibt es noch eine Reihe anderer spezieller Einsatzgebiete, z. B. den Betrieb des Roboters im Reinraum. [2.9] Im Folgenden soll auf die fünf häufigsten Bereiche eingegangen werden. Dabei wird auch ein Vergleich der wichtigsten Kenngrößen vollzogen. Eine Übersicht über diese zeigt Bild 2.7.

2.5.1 Handhaben

Der Roboter wird in der Handhabung größtenteils dazu verwendet, ein Produkt in eine Verpackung oder auf eine Palette zu bewegen. Es kommt aber auch vor, dass der Roboter ein Produkt

Einsatzfall	Achszahl	Geschwindigkeit	Genauigkeit	Steuerungsart	Handhabungsgewicht
Punktschweißen	5	1 m/s	± 1 mm	Punkt	>20 kg
Bahnschweißen	5...7	0,002 m/s	± 0,5 mm	Bahn	> 5 kg
Bahnschleifen	5...7	0,1 m/s	± 1 mm	Bahn	>20 kg
Entgraten	5...7	0,04 m/s	± 0,2 mm	Bahn	>20 kg
Beschichten	6...7	0,3 m/s	± 1 mm	Bahn/Vielpunkt	> 5 kg
Lackieren	4...7	1,2 m/s	± 5 mm	Bahn/Vielpunkt	> 5 kg
Kleinmontage	2...6	1 m/s	± 0,025 mm	Bahn/Punkt	> 5 kg
Mikromontage	4...6	1 m/s	± 0,001 mm	Punkt	> 1 kg
Handhabung bei Schmiedemaschinen	2...6	1,5 m/s	± 1 mm	Punkt	>20 kg
Handhabung bei Werkzeugmaschinen	2...6	1,5 m/s	± 0,2 mm	Bahn/Punkt	>20 kg

Bild 2.7 *Anwendungsspezifische Kenngrößen von IR* [2.11]

von einem Förderband auf ein anderes Förderband umsetzt. Zur Handhabung zählt auch die Bestückung von Maschinen. Hier steuert der Roboter den Materialfluss an einer Maschine, indem er diese mit Rohlingen bestückt und die fertig bearbeiteten Teile entnimmt. Auch das Handhaben von Teilen bei Prüfaufgaben zählt zu diesem Anwendungsbereich. Merkmal der Handhabung ist dabei immer, dass der Roboter nur assistiert und nicht den Primärprozess ausführt. [2.9]

Der Roboter ist mit einem Greifer ausgestattet. Mit dessen Hilfe kann er ein Bauteil aus einer definierten Lage aufnehmen und an einem anderen Ort wieder in einer definierten Lage ablegen. Die Anforderungen an den Roboter variieren hauptsächlich mit der Masse und der Größe des zu handhabenden Produktes. Darüber hinaus spielen Bewegungsfreiheit und Bewegungsbahn sowie die erforderliche Taktzeit eine große Rolle. So werden beispielsweise beim Beladen von Maschinen hauptsächlich Sechsachs-Knickarmroboter eingesetzt, da diese eine große Bewegungsfreiheit aufweisen, um in die Maschine hinein zu greifen. Bei der Palettierung werden, wie bereits in Abschnitt 2.3 beschrieben, teilweise auch modifizierte Sechsachs-Knickarmroboter eingesetzt, bei denen diese zwischen Achse 2 und 3 zusätzlich verstärkt werden, um höhere Lasten handhaben zu können. Bei der Handhabung von Lebensmitteln, wie z. B. Keksen, werden Parallel- oder SCARA-Roboter eingesetzt, da eine hohe Geschwindigkeit gefordert und die rein kartesische Bewegung, d.h. ohne Umorientierung des Produktes, für das Umsetzen des Produktes ausreichend sind.

Je nach Handhabungsaufgabe ist die Genauigkeit des Roboters mehr oder weniger wichtig. Bei Handhabungsaufgaben ist ein Positionieren des Roboters an unterschiedlichen Punkten im Raum, eine sogenannte Punktsteuerung, ausreichend. Bei der Bestückung von Maschinen kann es jedoch vorkommen, dass sich die Roboter auf einer vorgegebenen Bahn (bahngesteuert) bewegen. Die Geschwindigkeit ist beim Handhaben generell hoch – verglichen mit anderen Anwendungen.

2.5.2 Schweißen

Roboter können unterschiedliche Schweißaufgaben durchführen. Unterschieden wird einerseits zwischen Punkt- und Bahnschweißen und andererseits zwischen den unterschiedlichen Schweißverfahren (Laser-, Ultraschall-, Widerstandsschweißen u.a.).

Beim Schweißen werden schwere Peripheriegeräte und Schweißzangen bzw. Schweißwerkzeuge verwendet, weshalb große Roboter eingesetzt werden. Hieraus ergibt sich, dass der benötigte Raum für eine Schweißzelle groß ist. Dies wird zusätzlich dadurch beeinflusst, dass die Werkzeuge, die am Roboter befestigt sind, sehr ausladend sind. Schweißzellen werden mit einem blickdichten Sicherheitszaun, einer sogenannten Blendschutzeinrichtung, umgeben, da das Licht, das beim Schweißen entsteht, für die Augen auf Dauer gesundheitsschädlich sein kann. [2.5]

Das Punktschweißen nimmt aus historischen Gründen noch einen höheren Stellenwert ein als das Bahnschweißen. Die ersten Roboter in der Automobilindustrie wurden für das Punktschweißen der Karosserien eingesetzt. Hierfür wurden große Schweißstraßen aufgebaut, die den Menschen von der anstrengenden Arbeit entlastet haben. Aufgrund der steigenden Fähigkeiten der Robotersysteme werden diese in Zukunft auch vermehrt für Bahnschweißverfahren eingesetzt. Neue Laserschweißsysteme werden dabei nicht nur für Schweißbahnen verwendet, sondern können mit Hilfe der einstellbaren Schweißparameter auch zum Schneiden von diversen Materialien eingesetzt werden.

Beim Punktschweißen wird gegenüber dem Bahnschweißen eine höhere Bewegungsgeschwindigkeit gefordert. Dafür ist die Genauigkeitsanforderung beim Bahnschweißen höher. Beim Bahnschweißen ist die zu handhabende Masse deutlich kleiner als beim Punktschweißen, da die Schweißzange beim Widerstands-Punktschweißen eine sehr hohe Masse aufweist. [2.10; 2.14]

2.5.3 Montieren

Das Montieren stellt einen der komplexesten Anwendungsfälle in der Automatisierung dar. Der Roboter muss nicht nur diffizile Bewegungen ausführen, um eine Vielzahl an unterschiedlichen Teilen zusammenzuführen, sondern diese Bauteile auch mit unterschiedlichen Werkzeugen aufnehmen und wieder ablegen können. Bei der Montage werden zur Prozesssteuerung zahlreiche Sensoren eingesetzt, um die Feinfühligkeit eines Menschen nachzubilden. Darüber hinaus müssen die Einzelteile, die zur Montage notwendig sind, entsprechend angeliefert und bereitgestellt werden. Die Montage ist ein Hauptanwendungsgebiet der direkten MRK. Hier nimmt die Entlastung und Unterstützung des Menschen eine große Bedeutung ein und durch die komplementären Fähigkeitsprofile kann eine besonders synergetische Zusammenarbeit erreicht werden. Je nach Montageaufgabe kommen unterschiedliche Roboterarten zum Einsatz.

Generell wird eine hohe Genauigkeit bei Montagerobotern gefordert, da hier viele kleine Gegenstände zum Einsatz kommen. Je kleiner das Bauteil, desto genauer sollte der Roboter sein. Auch die Geschwindigkeit bei der Montage ist nicht zu vernachlässigen. Vor allem in diesem Einsatzgebiet kann die Automatisierung sehr stark durch die Produktgestaltung beeinflusst werden. Mehr zum Thema automatisierungsgerechte Produktgestaltung folgt in Abschnitt 3.4.

Ein Beispiel für eine Montagezelle für Energiespeichersysteme wurde im Rahmen des Projektes EEBatt aufgebaut. Dieses Buch greift in den nachfolgenden Abschnitten auf die Untersuchungen des iwb im Rahmen dieses Forschungsprojektes zurück. Das Projekt wird im Folgenden kurz beschrieben.

Im interdisziplinären Forschungsprojekt EEBatt (Dezentrale stationäre Batteriespeicher zur Nutzung erneuerbarer Energien und Unterstützung der Netzstabilität) wurden dezentrale stationäre Energiespeicher erforscht. Diese dienen einerseits der effizienten Nutzung erneuerbarer Energien und andererseits der Netzstabilisierung. Das Projekt wurde durch das Bayerische Staatsministerium für Wirtschaft und Medien, Energie und Technologie gefördert. Das iwb hat sich im Rahmen des Projektes zum einen mit der Zellchemie befasst, zum anderen wurde die Montage der Batteriemodule untersucht. Der erforschte Energiespeicher besteht aus sieben Speicherschränken, sogenannte Racks, die je 13 Batteriemodule umfassen. In jedem Modul sind acht sogenannte Zellblöcke verbaut, deren Montageschritte in Bild 2.8 dargestellt sind. Die Konstruktion im Rahmen des Projektes wurde von der Firma VARTA Storage GmbH durchgeführt.

Für die Zellblöcke, die kleinste Einheit des entwickelten Energiespeichers, wurde eine skalierbare Montagezelle am iwb aufgebaut. Diese enthält aufgrund der Vielzahl an komplexen Montagevorgängen auch einen MRK-Arbeitsplatz. Die entwickelte Montagezelle ist in Bild 2.9 dargestellt. In dieser wurde versucht, so viele Schritte wie möglich zu automatisieren. Im Projekt wurde aber auch untersucht, wie sich unterschiedliche Stückzahlen auf das Montagesystem auswirken können. Ergebnisse dieser Studie und deren Auswirkung auf die Wirtschaftlichkeit sind in Abschnitt 4.7 dargelegt.

Während der Entwicklung des Zellblocks wurde bereits bei der Produktgestaltung auf eine automatisierungsgerechte Bauweise (siehe Abschnitt 3.4) geachtet. Aufbauend auf der Produktspezifikation wurde das Handhabungssystem in allen Teilschritten der Montage ausgewählt und ausgelegt. Das genaue Vorgehen hierzu wird in Kapitel 5 erläutert.

Der Zellblock besteht aus 24 Zellen, die durch je zwei identische Zellhalter aufgenommen werden. Je zwölf Zellen werden über je zwei Ableiter (auch Zellverbinder genannt) miteinander verbunden. Schließlich werden am Zellblock noch ein Temperatursensor und ein Kabel zur Spannungsmessung angebracht.

Für die einzelnen Bauteile ist je eine Zuführeinrichtung vorgesehen. Hierzu werden Rollenförderer eingesetzt. Die Zellen werden dabei in einem Magazin bereitgestellt. Neben der Montagevorrichtung ist eine Prüfeinrichtung vorgesehen, die eine Wareneingangskontrolle der verbauten Zellen durchführt. Zusätzlich zu der vom Roboter bedienten Montagevorrichtung ist ein Bereich vorgesehen, an dem ein Werker Arbeiten durchführen kann, die mit dem Roboter nicht ohne Weiteres möglich sind, wie z. B. das Verlegen von Kabeln. Dieses ist aufgrund der Formlabilität der Kabel nur unter erschwerten Bedingungen möglich (vgl. Abschnitt 3.4).

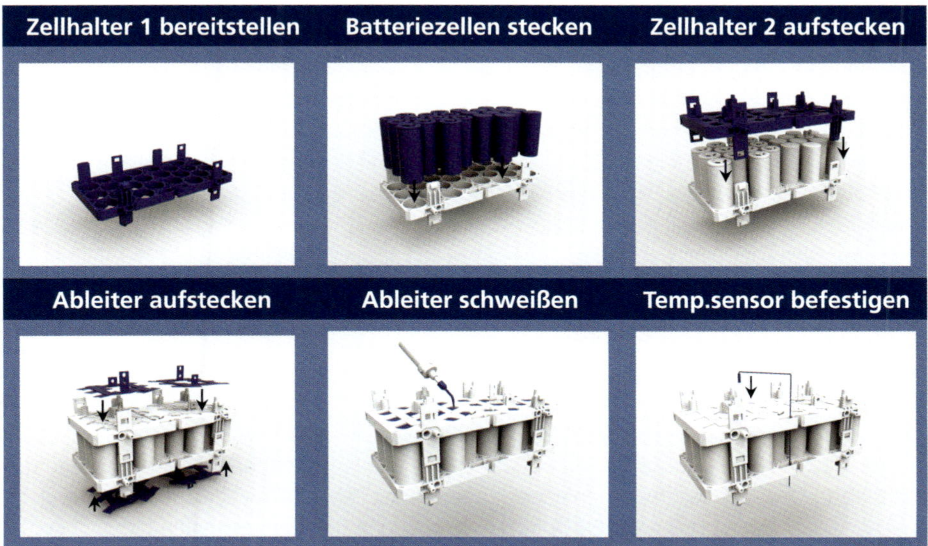

Bild 2.8 *Montageschritte des Zellblocks aus dem Projekt EEBatt*

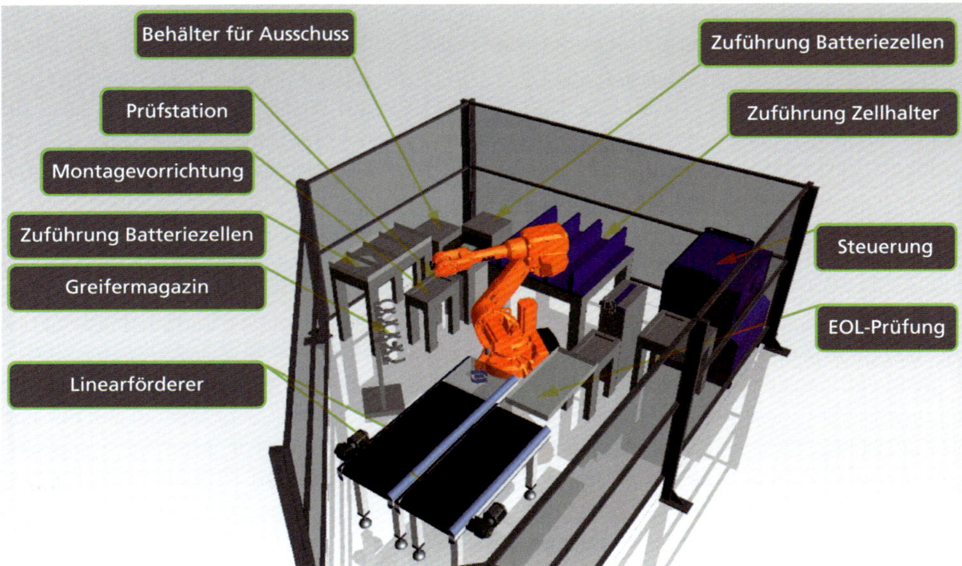

Bild 2.9 *Montagezelle für Zellblöcke am iwb*

2.5.4 Auftragen

Unter Auftragen wird sowohl das Kleben als auch das Lackieren verstanden. Der Roboter muss hierfür sehr beweglich sein, weshalb oft Sechsachs-Knickarmroboter zum Einsatz kommen. Diese fahren bahngesteuert von einem Punkt zum nächsten, um kontrolliert Lack bzw. Kleber aufzutragen. Beim Lackieren wird der Roboter mit einem «Schutzanzug» ausgerüstet, um die mechanischen Komponenten ausreichend vor feinem Farbstaub zu schützen. Beim Lackieren darf kein Schmutz und Staub von anderen Maschinen auf die Oberfläche des Bauteils geraten. Deshalb werden die Roboter beim Lackieren in einer separaten, für den Menschen nur zur Bestückung und Instandhaltung zugänglichen Halle eingesetzt. Ein zusätzlicher Schutzzaun ist nicht erforderlich. Die Genauigkeit des Roboters ist beim Lackieren eine zu vernachlässigende Größe. Die Geschwindigkeit der Roboter sollte sehr hoch sein, da sie aufgrund der Größe der Bauteile lange Strecken zurücklegen müssen. Die Prozesszeit wird somit maßgeblich von der Geschwindigkeit des Roboters beeinflusst. Beim Lackieren werden aufgrund der großen erforderlichen Reichweite große Roboter eingesetzt, obwohl das Handhabungsgewicht gering ist.

Beim Kleben werden hingegen hohe Anforderungen an die Genauigkeit gestellt. Die Geschwindigkeit ist bei Kleberobotern geringer als beim Lackieren. Die Reichweite der Kleberoboter hängt maßgeblich von der Größe der Klebefläche und den Bauteilen ab.

2.5.5 Bearbeiten

Unter Bearbeiten wird zum Beispiel das Fräsen mit Hilfe des Roboters verstanden. Der Roboter muss für diesen Anwendungsfall extrem steif sein, damit Abdrängungen des Roboters durch Prozesskräfte ausgeschlossen werden können. Zudem ist die Masse der Werkzeugspindel nicht zu vernachlässigen. Der Vorteil eines Fräsroboters ist die hohe Bewegungsfreiheit bei geringer Aufstellfläche. Hier konkurriert der Roboter mit 5-Achs-Bearbeitungszentren. Ein großer Nachteil des IR ist die geringe Steifigkeit und daraus resultierende Genauigkeit. Die bearbeitenden Verfahren sind aufgrund der Genauigkeitsanforderungen noch nicht weit verbreitet. Weitere Trends hinsichtlich der Anwendungsgebiete finden sich in Abschnitt 7.5.

2.6 Roboterperipherie

Für die Umsetzung der geforderten Aufgaben in den einzelnen Anwendungsbereichen ist neben dem Roboter als mechanische Komponente noch eine Vielzahl an Peripheriegeräten nötig (vgl. Bild 2.9). Dazu zählen anwendungsabhängige Ausrüstungen, Greifer, Mess- und Prüfeinrichtungen, Sensoren, Transport- und Speichereinrichtungen, Werkstück-Spann- und -Zuführvorrichtungen, diverse interne und übergeordnete Steuerungen und Sicherheitstechnik. Wie in vielen Bereichen gilt auch in der Robotertechnik das Eisbergmodell: Der Roboter ist nur die Spitze, der nicht offensichtliche Rumpf des Eisbergs. Dieser umfasst alle Peripheriekomponenten und sollte deshalb bei einer ökonomischen Betrachtung nicht aus den Augen verloren werden. Sensorik und andere Komponenten zur automatischen Steuerung der Roboterzelle gewinnen immer mehr an Bedeutung, um durch eine bedienerlose, vollautomatische Anlage an Autonomie zu gewinnen und somit Mitarbeiter und Kosten sparen zu können. [2.6]

2.6.1 Endeffektoren und anwendungsbedingte Peripheriekomponenten

Ein grundlegender Bestandteil eines IR ist der Endeffektor, der nach DIN EN ISO 8373 definiert wird als «Vorrichtung, die speziell zum Anbringen an die mechanische Schnittstelle konzipiert ist, mit der der Roboter seine Aufgabe erfüllt». [2.3]

Greifer und Werkzeuge, die am Ende der kinematischen Kette, d.h. der Aneinanderreihung der Achsen und Antriebe, angebracht sind, werden generell nicht der Peripherie zugeordnet. Da es sich bei diesen Komponenten aber um eigene Systeme und nicht nur um einfache Werkzeuge handelt, werden sie in diesem Fall auch der Peripherie zugeordnet. [2.6]

Der häufigste Anwendungsfall in der Robotertechnik ist die Handhabung. [2.9] Hier ist der Endeffektor ein Greifer. Auch für die Montage werden neben möglichen Montagewerkzeugen, wie z. B. Schraubautomaten, Greifer verwendet. Aufgrund der Wichtigkeit werden Greifer als Erstes vorgestellt. Anschließend wird auf die Endeffektoren der anderen Anwendungen eingegangen.

Die Aufgaben eines Greifers können in Haupt- und Nebenfunktionen untergliedert werden. Die Hauptfunktion jedes Greifers ist das Sichern eines Objektes. Hierunter fallen die Teilfunktionen Aufnehmen, Spannen, Lagesichern und Ablegen. Die Nebenfunktionen umfassen das Speichern, Bewegen und Menge verändern sowie weitere Koppel-, Schutz-, Steuer- und Arbeitsfunktionen. [2.6]

Gemäß seiner Funktionen lassen sich folgende Bestandteile eines Greifers ableiten:

- Adaptersystem,
- Antriebssystem,
- Bewegungssystem,
- Wirksystem,
- Sensorsystem.

Zwischen den einzelnen Bestandteilen herrschen Wechselwirkungen sowohl innerhalb des Systems als auch nach außen. Das Adaptersystem ist die Verbindung zwischen Roboterflansch und

Greifer(-system). Diese Verbindung nach außen kann entweder starr ausgeführt werden oder durch ein Werkzeugwechselsystem. Hiervon ist nicht nur die rein mechanische Verbindung betroffen, sondern auch die pneumatische und elektrische Verknüpfung zur Umwelt und in manchen Anwendungen auch die Kopplung von Prozessmedien.

Der Antrieb des Greifsystems kann entweder elektromagnetisch, elektromotorisch, hydraulisch oder pneumatisch ausgeführt sein. Die Auswahl erfolgt hier auf Basis der notwendigen Greifkraft, des erforderlichen Greifhubs sowie der Baugröße. Teilweise werden zur Erhöhung der Kräfte Getriebe erforderlich.

Zum Bewegungssystem zählen alle Übertragungs- und Führungselemente, die der rotatorischen oder translatorischen Bewegung des Wirksystems dienen.

Das Wirksystem umfasst die Elemente, die in direktem Kontakt mit dem zu handhabenden Objekt stehen. Diese werden als Greiferbacken oder Greiffinger bezeichnet. Bei den Greifern wird anhand der Fingerzahl, der Berührstellen am Werkstück oder der Art der Wirkung unterschieden. Die Einteilung anhand des Wirksystems ist in Bild 2.10 dargestellt. Darüber hinaus können Greifer auch in kraft-, form- und stoffschlüssigen Griff unterteilt werden.

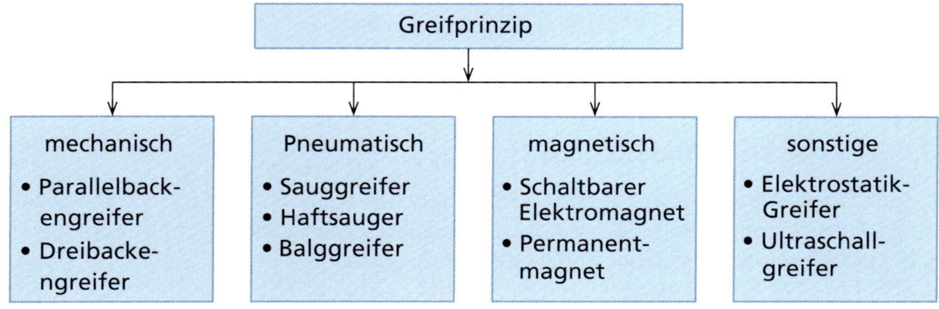

Bild 2.10 *Einteilung der Greifer anhand des Wirkprinzips* (in Anlehnung an [2.6])

Am häufigsten werden sogenannte Parallelbackengreifer, Dreibackengreifer und Sauggreifer eingesetzt. Parallelbackengreifer und Dreibackengreifer zählen zu den mechanischen Greifern. Der Parallelbackengreifer besitzt, wie der Name schon sagt, sich parallel gegenüberliegende Greifbacken, häufig zwei Stück. Der Dreibackengreifer ist ähnlich einem Spannfutter von Werkzeugmaschinen aufgebaut. Er besitzt drei Greifbacken, die ein gleichseitiges Dreieck aufspannen. Sauggreifer zählen zu den pneumatisch Greifern. Hier wird ein sogenannter Sauger auf dem handzuhabenden Objekt aufgesetzt und über ein Vakuum gehalten. Die Unterscheidung erfolgt hier anhand des Prinzips zur Vakuumerzeugung in Vakuum-, Luftstrom- und Haftsauger.

Der letzte Bestandteil eines Greifers ist das Sensorsystem. Dieses dient einerseits der Überwachung des Greifprozesses, andererseits dem Schutz des Greifobjektes und der übrigen Peripherie.

In vielen Anwendungen kommt nicht ein einziger Greifer zum Einsatz, sondern eine Kombination aus mehreren Greifern. Diese können zur Steigerung der Flexibilität auch zueinander verschiebbar ausgeführt werden. Ein Beispiel für einen universell einsetzbaren Sauggreifer ist z. B. der Zellgreifer im Projekt EEBatt. Der in Bild 2.11 links dargestellte Greifer besteht aus drei Saugern. Einer davon ist fest mit dem Greifersystem verbunden, einer mit einer kleinen Lineareinheit und einer mit einem pneumatischen Zylinder verschiebbar angebracht. Ein weiterer in EEBatt entwickelter Greifer besteht aus zwei Parallelbackengreifern, von denen einer durch eine Schwenkeinheit weggedreht werden kann. Dieser in Bild 2.11 rechts dargestellte Greifer dient der

Kabelhandhabung und hat Greiffinger, die wie ineinandergreifende Gabeln zusammenwirken. Durch unterschiedliche Schließwege kann das Kabel entweder gespannt oder frei durch die Greiffinger gezogen werden.

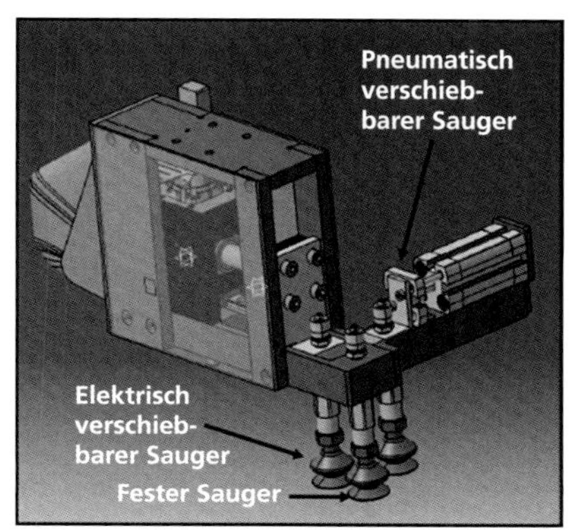

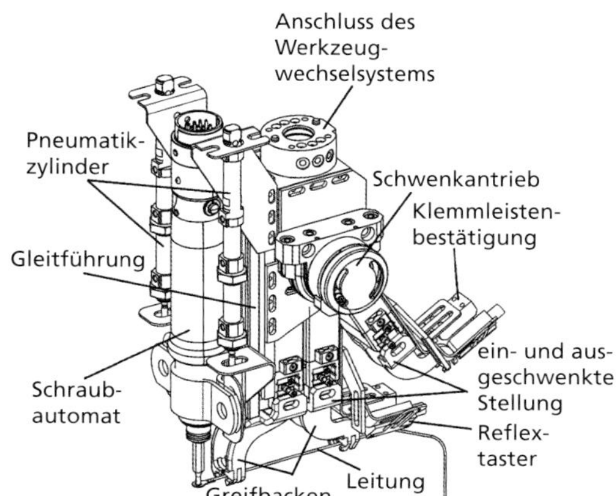

Bild 2.11 *Flexibler Zellgreifer (links), Kabelgreifer (rechts)*

Der Greifer dient lediglich der Werkstückhandhabung, was einen Hilfsprozess darstellt. Wird jedoch ein Werkzeug mit dem Roboterflansch verbunden, so führt der Roboter einen wertschöpfenden Prozess aus. Die Werkzeuge werden an die Verwendung mit dem Roboter angepasst. Im Folgenden werden einige dieser anwendungsspezifischen Werkzeuge kurz vorgestellt. Zusätzlich werden die für Anwendungen spezifischen Peripheriekomponenten aufgeführt.

Der zweithäufigste Prozess, für den Roboter eingesetzt werden, ist das Schweißen. [2.9] Für das Metallschutzgasschweißen wird ein gas- oder wassergekühlter Schweißbrenner an den Roboterarm angebracht. Dieser wird von extern entweder mit Schutzgas oder Draht versorgt. Zusätzlich werden eine Schweißstromquelle, ein Schlauchpaket, das die Traglast des Roboters beeinflussen kann, eine Brenner-Reinigungseinheit und ein Drahtvorschubsystem benötigt [2.5].

Beim Punktschweißen kann als Endeffektor eine wassergekühlte Schweißzange eingesetzt werden. Für die Erzeugung des Schweißstroms sind Schweißtransformatoren erforderlich. Diese können direkt in der Zange integriert sein oder neben dem Roboter aufgestellt werden. Darüber hinaus finden Kühlsysteme, Versorgungssysteme für die diversen Medien sowie Geräte zum Nachbearbeiten und Wechseln der Elektroden und Elektrodenkappen Verwendung.

Der Endeffektor des Laserstrahlschweißens besteht aus der Schweißoptik, die den Laserstrahl auf dem Werkstück fokussiert. Von der neben dem Roboter aufgestellten Laserstrahlquelle wird der Strahl über Spiegelumlenksysteme oder Lichtwellenleiter zur Optik geführt. Bei diesem Verfahren ist die Sicherheitstechnik von besonderer Bedeutung, da die Laserstrahlung für den Menschen gefährlich sein kann. [2.14]

Der Roboter zum Löten ist mit einem Lötkolben ausgerüstet. Dieser wird über einen Lötdrahtvorschub mit Draht versorgt. Ähnlich dem Metallschutzgasschweißen ist auch hier eine Lötspitzenreinigung erforderlich. Zur Überwachung des Prozesses werden Temperatursensoren verwendet. [2.14]

Lackierroboter werden mit einem Beschichtungswerkzeug, einer sogenannten Spritzpistole, ausgerüstet. Die Lackzuführung erfolgt über eine Lackversorgungseinrichtung. Zusätzlich ist hier eine Reinigungseinheit erforderlich, um die Pistole während und nach dem Prozess zu reinigen. Um die Flexibilität eines Lackierroboters zu erhöhen, werden Farbwechseleinrichtungen eingesetzt. Mithilfe von diversen Sensoren wird der Prozess überwacht. Eine Luftabsaugung mit Luftaufbereitung dient dem Schutz von Werkern und Umwelt. Ähnlich dem Lackierroboter sind Kleb-/Dichtroboter anstatt der Spritzpistole mit einer Dosierdüse ausgestattet. [2.14]

Beim Messen mit dem Roboter kann dieser einerseits mit einem Greifer ausgestattet sein, mit dem das Werkstück entsprechend vor oder an den optischen oder taktilen Sensor geführt wird. Andererseits kann der Roboter den Sensor als Endeffektor zum Werkstück führen. Das Messergebnis wird von der Genauigkeit des Roboters und der nötigen Spannsysteme beeinflusst. [2.14]

2.6.2 Messtechnik und Sensoren

Mess- und Prüfeinrichtungen sowie Sensoren zur Lage- und Objekterkennung sind Grundvoraussetzung für den bedienerfreien Betrieb in allen Fertigungs- und Montagezellen. Zur Peripherie werden hierbei alle Komponenten gezählt, die nicht fest im Roboter oder einem Arbeitsmittel verbaut sind. [2.6]

In hochautomatisierten, bedienerfreien Roboterzellen qualitativ hochwertig zu produzieren erfordert eine kontinuierliche, direkte und indirekte Überwachung der Fertigungsqualität. Des Weiteren muss unter anderem durch eine statische und dynamische Überwachung der Fertigungsmittel die Stabilität des Fertigungsprozesses gewährleistet werden. Schließlich dienen die Einhaltung technischer Vorgaben und die Kontrolle der Betriebszustände der Funktionsfähigkeit des Robotersystems.

Der Einsatz von Sensoren ist immer mit dem Einsatz von Messsoftware zur Aufnahme und Auswertung der Messwerte verbunden. Diese ist auf den jeweiligen Einsatzfall zugeschnitten und kann je nach Anzahl der Messdaten komplex und speicherintensiv sein.

Ein in der Montage häufig verwendeter Sensor ist der Kraft-Momenten-Sensor. Dieser überprüft einerseits die Fügekraft, andererseits wird er zur Kollisionsüberprüfung eingesetzt und dient somit dem Schutz von Werkstücken und Peripheriegeräten.

2.6.3 Materialflusssysteme

Materialflusssysteme dienen der Speicherung und dem Transport von Werkstücken und Werkzeugen. In den Speichersystemen, wie z. B. in Werkstückträgern, Kisten oder Vorrichtungen, werden die Werkstücke und Werkzeuge teils geordnet, teils ungeordnet zeitweilig aufbewahrt. Je nach Eigenschaften des zu speichernden Gegenstandes kommen Bunker, Stapeleinrichtungen oder Magazine zum Einsatz.

Aus den Speichereinrichtungen werden die Objekte über Transport- und Zuführeinrichtungen zum Robotersystem transportiert. So ist es z. B. für die Automatisierung wichtig, dass die einzelnen Werkstücke geordnet vom Roboter aufgenommen werden können. Kleinteile werden hierzu z. B. in sogenannten Vibrationswendelförderern ungeordnet gespeichert und dann über Schikanen geordnet zur Abholung durch den Roboter bereitgestellt. Um die Eigenständigkeit des Systems zu erhöhen, kann durch sogenannte Schüttbunker die Vorratsmenge an Kleinteilen erhöht werden. Aus diesen werden bedarfsgesteuert die Vibrationsförderer befüllt.

Besonders bei Industrierobotern, die einen technischen Prozess ausführen, kommen Spann- und Positioniereinrichtungen zum Einsatz. Diese sind speziell an das Werkstück angepasst und verfügen über Zylinder oder zusätzliche Bewegungsachsen, die von der Robotersteuerung oder einer übergeordneten Steuerung angesprochen werden. Beispiele hierfür sind z. B. Dreh-/Kipptische in der Schweißtechnik. [2.6]

Bei der Speicherung und dem Transport von Werkstücken und Werkzeugen gibt es mehrere Grundsätze, die beachtet werden sollten [2.6]

1. Eine Optimierung des Aufwandes kann nur unter Beachtung des gesamten Robotersystems erfolgen. Optimierungen an einer einzelnen Komponente können immer negativen Einfluss auf andere Komponenten haben.
2. Für jede Operation ist innerhalb einer Roboterzelle nur ein Funktionsträger vorzusehen. D.h., dass möglichst wenig Vorrichtungen, z. B. zum Spannen von Bauteilen beim Schweißen, für die einzelnen Fertigungsschritte vorzusehen sind.
3. Die hergestellte Ordnung (z. B. mit Hilfe eines Vibrationswendelförderers) in einem System sollte durchgängig aufrechterhalten werden.
4. Eine automatisierte Handhabung der Werkstückspeicher an Materialflussschnittstellen ist ein weiterer Grundsatz. Nach diesem lassen sich Werkstückspeicher in aktive und passive sowie stationäre und ortsveränderliche Speicher unterteilen.
5. Werkstückspeicher sind am besten so zu gestalten, dass sie für mehrere Teilfunktionen verwendet werden können. Ihnen obliegen folgende Aufgaben:
   - Gewährleistung einer definierten Werkstückposition,
   - Möglichkeit zur Befestigung von Lagesicherungsmechanismen,
   - Aufnehmen des Werkstücks und der Werkstückmasse,
   - Aufrechterhaltung der Lage des Werkstücks auch während des Transports,
   - Sicherstellung einer definierten Position des Werkstückspeichers an sich,
   - Gewährleistung der Transportierbarkeit des Speichers durch definierte Schnittstellen,
   - Möglichkeit zur Anbringung von Hilfsmitteln zur automatischen Kennzeichnung und Erkennung des Speichers und dessen Inhalts. [2.6]

Bild 2.12 zeigt eine Gliederung an Speichermechanismen nach deren Bauart. Jede Bauart zeigt Vor- und Nachteile hinsichtlich benötigter Stellfläche, möglichen Bauteileigenschaften, Komplexität der Steuerung und natürlich Wirtschaftlichkeit. Zusätzlich zu den allgemeinen Forderungen an Speicher gibt es noch Anforderungen aufgrund der Werkstückeigenschaften, aus dem Transportprozess, aus der Handhabung, aus dem Fertigungs-/Montageprozess, aus betrieblichen Rahmenbedingungen, aufgrund der Roboterkinematik und aus dem Zusammenwirken mit anderen Komponenten.

Bei der Festlegung auf einen aktiven oder passiven Speicher kann für eine erste Näherung folgende Faustregel verwendet werden:

$$n_{sp} \geq n_{erf} \rightarrow \text{Passivspeicher}$$
$$n_{sp} < n_{erf} \rightarrow \text{Aktivspeicher}$$

Hierbei ist n_{sp} die Werkstückmenge, die ein Speicher speichern kann, und n_{erf} die Menge an Teilen, die für einen ununterbrochenen Fortlauf einer Produktion notwendig ist. Dabei ist jedoch zu beachten, dass die Speicheranordnung, -ausbildung und das Greifprinzip die Dauer eines Bestückungszyklus beeinflussen. Oft kann auch das Übergabesystem der Werkstückspeicher eine Rolle spielen.

Bild 2.12 *Speichermechanismen nach deren Bauart* (nach [2.6])

Die Aufgabe der Zuführeinrichtungen ist es, das Werkstück oder Werkzeug in der richtigen Anzahl, in einer vorgegebenen Lage, zur richtigen Zeit an eine definierte Position zu bringen und gegebenenfalls nach der Bearbeitungszeit wieder von dort zu entfernen. [2.6]

Zuführeinrichtungen können entweder speziell auf ein Werkstück angepasste Ordnungselemente aufweisen, die bei Produktänderungen angepasst werden müssen, oder flexibel mit Hilfe von Sensoren bei ähnlichem Handhabegut ohne Umrüsten verwendet werden. Wichtig ist, dass durch die vorhandene Speicherkapazität eine ausreichende Anzahl an Werkstücken zugeführt werden kann, so dass bei einer Optimierung die Zuführeinrichtung nicht an ihre Grenzen stößt und ein häufiges Nachfüllen vermieden wird. Trotz einer Ausschleusung von Falsch- oder Fremdteilen soll ein kontinuierlicher Fluss an Fördergut gegeben sein. Darüber hinaus muss das Zuführsystem sehr zuverlässig und mit hoher Verfügbarkeit arbeiten, um unter anderem einen möglichst geringen Wartungs- und Reparaturaufwand zu haben. Durch eine schonende Handhabung wird eine Zerstörung der Werkstücke ausgeschlossen. Um verschiedene Produktvarianten befördern zu können, wird ein werkstückunabhängiger Grundaufbau angestrebt. Die Verwendung von standardisierten Komponenten und Gleichteilen unterstützt dies und sorgt des Weiteren für einen möglichst geringen Umrüstaufwand.

MERKSATZ

Die Auswahl der richtigen Zuführlösung ist mindestens so komplex wie die Auswahl eines Industrieroboters oder eines Greifers. Wichtig ist vor allem, dass der gesamte Handhabungsprozess klar beschrieben ist. Dies heißt, dass z. B. folgende Punkte bekannt sind:

- Art und Umfang der auszuführenden Tätigkeiten,
- Vielfalt an Teilen, die mit demselben System gefördert werden,
- Grad an Autonomie, der angestrebt wird, das heißt, wie groß die bedienerfreie Zeit sein soll.

2.6.4 Steuerung

Die Steuerung aller Komponenten einer Roboterzelle erfolgt über eine zentrale Steuerungseinheit. Diese kommuniziert mit weiteren dezentralen Steuerungen, wie z. B. der des Roboters. Das Steuerungskonzept gewährleistet und beeinflusst die Programmierbarkeit, Anpassungsfähigkeit und Einsatzflexibilität der Roboterzelle entscheidend. In den Steuerungen wird der Programmablauf vorgegeben. Darüber hinaus werden Bewegungen und Aktionen ausgeführt. Letztendlich findet dort auch die Kommunikation mit dem Nutzer und anderen Komponenten im System statt. Weitere Informationen zur Steuerung einer Roboterzelle und des Industrieroboters folgen in Abschnitt 6.1. [2.7]

2.6.5 Sicherheitstechnik

Zum Schutz der Peripheriegeräte, aber vor allem zum Schutz des Werkers, können Roboter wie auch andere Maschinen nicht ohne Sicherheitstechnik betrieben werden. Roboterzellen werden mit Schutzzäunen umgeben, die ein Betreten der Gefahrenzone verhindern. In zukünftigen Anwendungen wird die Zusammenarbeit zwischen Mensch und Roboter weiter wachsen. Dies macht neue Sicherheitstechnik in Form von Lichtschranken, Trittmatten und Überwachungskameras erforderlich. [2.6]

Die verwendeten Komponenten sollen einen reibungsfreien Betrieb der Roboterzelle sicherstellen. Dies geschieht einerseits durch eine Absicherung der Roboterzelle gegen einen ungewollten Eingriff von außen. Andererseits soll eine Gefahr, die vom System für die Umwelt ausgeht, eingeschränkt, gemindert oder verhindert werden. Weitere Informationen zum Thema Sicherheit werden in Abschnitt 3.3 behandelt. Von besonderem Interesse ist dabei der sogenannte Kollisionsraum oder Gefahrenbereich. Dieser definiert sich als der Bereich, der vom Roboter und dessen angebauter Peripherie erreicht werden kann. Der Gefahrenbereich setzt sich, wie aus Bild 2.13 ersichtlich, aus dem Arbeitsbereich und dem Schutzbereich zusammen. Der Arbeitsbereich sollte dabei auf ein erforderliches Mindestmaß beschränkt werden. Die Sicherheitseinrichtungen begrenzen diesen Bereich und sorgen beim Auslösen selbiger für das Abbremsen des Roboters und der Zusatzachsen. [2.6]

Für jedes Robotersystem ist eine Risikoanalyse – auch als Gefährdungsanalyse bezeichnet – zu erstellen. Diese gibt Aufschluss über die nötigen Sicherheitssysteme, die im nächsten Absatz erläutert werden. Der Ablauf bei einer solchen Analyse wird in Abschnitt 3.3.3 vorgestellt. Welche Normen bei der Planung eines Robotersystems berücksichtigt werden müssen, wird in Abschnitt 3.3.2 beschrieben.

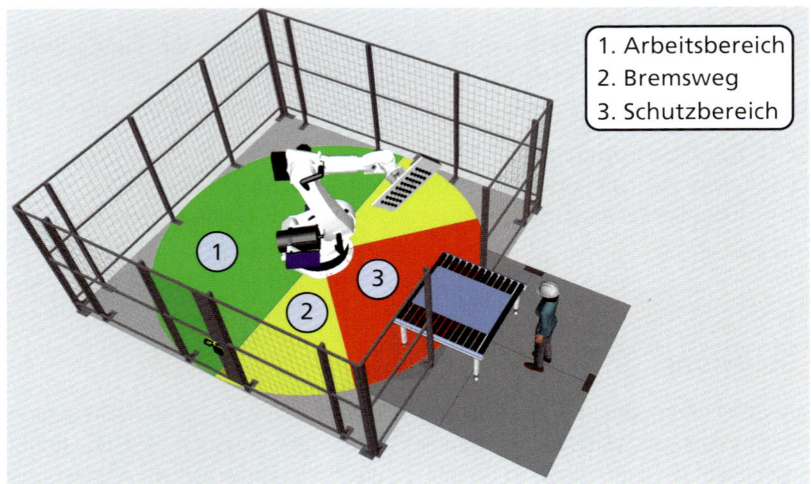

Bild 2.13 *Einteilung des Gefahrenbereichs des Roboters* [KUKA]

INFOCLICK

Zusätzlich werden in unserem Onlineservice **InfoClick** eine Vorlage zur Risikoanalyse und eine Checkliste für die wichtigsten Normen bereitgestellt.

In [2.1] wird eine 3-Stufen-Methode zur Festlegung der erforderlichen Schutzmaßnahmen vorgestellt. Die erste Stufe umfasst die unmittelbare Sicherheitstechnik. Hierbei geht es darum, Gefährdungen von Grund auf zu beseitigen oder einzuschränken, z. B. durch einen geeigneten Sicherheitsabstand oder eine entsprechende Konstruktion. Die zweite Stufe umfasst die mittelbare Sicherheitstechnik. Hierunter fallen trennende und nicht trennende Schutzeinrichtungen, die gegen die verbleibenden Risiken eingesetzt werden. Die Möglichkeiten der ersten beiden Stufen werden im Folgenden vorgestellt. Die dritte Stufe umfasst die hinweisende Sicherheitstechnik. Darunter fallen alle Hinweise und Anleitungen, die den Benutzer auf Gefahrenstellen aufmerksam machen. Dies können auch akustische Signale sein.

Grundsätzlich gibt es mehrere Betriebsarten für einen Roboter. Es wird zwischen dem Einrichtungs- oder Testbetrieb und dem Automatikbetrieb unterschieden. Die Einrichtphase dient zum Programmieren und Einrichten des Systems. Der Roboter bewegt sich hierbei mit reduzierter Geschwindigkeit. Bei vielen Herstellern gibt es einen zweiten Einrichtungsmodus, bei dem Programme in voller Geschwindigkeit getestet werden können. Während der Einrichtphase des Systems ist die Zustimmungseinrichtung, z. B. in Form des Zustimmschalters, eine wichtige sicherheitstechnische Einrichtung. Dieser Schalter hat in neueren Anlagen 3 Stellungen. In der sogenannten Mittelstellung kann der Roboter bewegt und es können Peripheriegeräte, z. B. der Greifer, gesteuert werden. In den anderen beiden sogenannten Panikstellungen (Loslassen oder Verkrampfen) verfährt der Roboter nicht.

Zu den Grundeinrichtungen gehören auch die Not-Halt-Einrichtungen. Diese lösen in sicherer Technik einen Stopp aller Achsen und Zusatzachsen des Roboters sowie prozessbedingter Komponenten aus, wie z. B. von Lasern. Die Not-Halt-Knöpfe befinden sich einerseits am

Bedienhandgerät und der Robotersteuerung. Weitere Not-Halt-Elemente werden andererseits an und in der Peripherie, z. B. in den Schutztüren, verbaut.

Neben der Einhaltung eines ausreichenden Sicherheitsabstandes können in der ersten Schutzmaßnahmen-Stufe mechanische und softwaretechnische Endanschläge zur Begrenzung der Bewegung des Roboters verwendet werden. Die mechanischen Endanschläge werden an den Achsen 1–3 und an der Achse 5 verwendet. Auch die Zusatzachsen können mit mechanischen Endanschlägen versehen werden. Die mechanischen Endanschläge verhindern ein Weiterfahren der Achsen über diese Punkte hinaus, ähnlich einem Türstopper. Alle Achsen werden jedoch über einstellbare Software-Endschalter begrenzt. Diese sind so parametrisiert, dass sie vor den mechanischen Endanschlägen die Anlage stillsetzen; sie dienen somit in erster Linie als Maschinenschutz.

Zu den mittelbaren Schutzeinrichtungen gehören alle Komponenten, die einen Zugriff auf das System verhindern oder das System im Fall einer Überschreitung stillsetzen. Am häufigsten werden mechanische Komponenten – wie Schutzzäune – eingesetzt, die den Zutritt zum Roboter verhindern. Für manche Prozesse – wie Schweißen – können zusätzlich Sicherheitsmaßnahmen, z. B. Absaugungen oder Blendschutzeinrichtungen, nötig sein. Darüber hinaus gibt es bewegliche trennende Schutzeinrichtungen. Hierunter fallen z. B. Türen oder Rolltore. Beim Öffnen dieser Einrichtungen müssen die gefährlichen Roboterbewegungen angehalten werden. Neben den mechanischen gibt es auch elektromagnetische und elektronische Schutzeinrichtungen. Diese umfassen unter anderem alle Arten von Lichtschranken, Laserscannern, Kamerasystemen, kapazitiven Sensoren, Ultraschallsensoren und Trittmatten in sicherer Ausführung. Da diese Sensoren berührungslos arbeiten, werden sie häufig in MRK-Systemen eingesetzt. Die Reaktion des Systems kann durch die Kombination unterschiedlicher Sensoren und Informationen aus der Robotersteuerung an die aktuelle Gefährdungssituation angepasst werden. Des Weiteren können feste trennende Schutzeinrichtungen entfallen und die Grundfläche des Systems wird verringert.

In Kürze

Der IR ist ein wichtiger Bestandteil in der heutigen Produktion. Seit den 50er-Jahren findet eine stetige Weiterentwicklung der Robotertechnik statt. Einerseits werden dadurch neue Anwendungsfelder eröffnet, andererseits werden technische Eigenschaften, wie z. B. die Genauigkeit, verbessert. Die Entlastung des Menschen durch den Roboter (z. B. durch MRK) sowe eine erleichterte Bedienung des Robotersystems sind aktuelle Themen, die in Kapitel 7 genauer erläutert werden.

Der Sechsachs-Knickarmroboter hat sich als Universalroboter in vielen Anwendungen etabliert. In der Verpackungsindustrie, vor allem im Lebensmittelbereich, haben sich der Parallelroboter und der SCARA-Roboter einen hohen Stellenwert gesichert. Sie sind besonders schnell und werden für Massengüter verwendet. Neben der Geschwindigkeit spielen bei der Auswahl von Robotern auch die Traglast, die Reichweite und die Genauigkeit eine große Rolle.

Roboter werden hauptsächlich in den Bereichen Handhaben und Schweißen eingesetzt. Die Montage gewinnt jedoch in den letzten Jahren immer mehr an Bedeutung. Dies hängt vor allem mit der bereits angesprochenen technischen Weiterentwicklung der Roboter zusammen.

Die jeweiligen Robotersysteme bestehen gemäß dem Eisbergmodell nicht nur aus dem Roboter an sich, sondern auch aus einer Vielzahl an weiteren Komponenten. Bei der Planung einer Roboterzelle müssen diese berücksichtigt werden. Jede Komponente muss entsprechend den Anforderungen an den Fertigungsprozess und des Produktes ausgewählt, gegebenenfalls angepasst und integriert werden. Neben Komponenten, die für spezielle Anwendungen entwickelt wurden, wie beispielsweise Greifer und Schweißzangen, gibt es eine große Anzahl an allgemeinen Komponenten, wie Zuführeinrichtungen, Spannsysteme, Sensoren, Messvorrichtungen und sicherheitsrelevante Komponenten. Die Komponenten werden über diverse zentrale und dezentrale Steuerungen kontrolliert und gelenkt und können dadurch miteinander kommunizieren.

Bereits bei der Planung eines solchen Systems müssen die technische Machbarkeit und bestehende Normen und Gegebenheiten berücksichtigt werden. Alles in allem soll eine wirtschaftlich arbeitende Roboterzelle aufgebaut werden. Der Weg zu solch einer Roboterzelle wird in den folgenden Kapiteln näher erläutert.

3 Technische Machbarkeit

Mit Machbarkeit wird der Vergleich von Eigenschaften eines Systems mit den entsprechenden Anforderungen verstanden. So gibt es neben der technischen auch die wirtschaftliche Machbarkeit. Bei der wirtschaftlichen Machbarkeit geht es hauptsächlich um die Finanzierung und Rentabilität eines Projektes. Die Möglichkeiten zur wirtschaftlichen Bewertung werden in Kapitel 4 dargestellt. Die Bewertung der technischen Machbarkeit untersucht einerseits, ob eine Lösung aufgrund der physikalischen Rahmenbedingungen durchgeführt werden kann. Andererseits müssen im produktionstechnischen Umfeld auch rechtliche und normative Rahmenbedingungen eingehalten werden (Abschnitt 3.3). Neben der technischen und wirtschaftlichen Machbarkeit spielen auch eine Reihe soziologischer Kriterien eine Rolle bei der Auswahl eines Robotersystems.

Dieses Kapitel soll deshalb zuerst die Gründe für und gegen den Einsatz von IR darstellen sowie Kriterien, die zur Bewertung herangezogen werden können. Anschließend wird auf die rechtlichen und normativen Rahmenbedingungen eingegangen (Abschnitt 3.3). Zur Bewertung der Automatisierbarkeit eines Produktes ist dessen Aussehen ausschlaggebend. Die automatisierungsgerechte Gestaltung eines Produktes (Abschnitt 3.4) hilft sowohl bei der Konstruktion als auch bei der Bewertung. Prozess- und Taktzeiten, die sich aus dem Produkt und dem Prozess ergeben, sind sowohl für die Planung und Auslegung eines Systems als auch für deren Beurteilung wichtig. Der darauf folgende Abschnitt befasst sich deshalb zuerst mit der Ermittlung der Vorgabezeiten und anschließend mit der Bewertung von technischen Systemen anhand von zwei ausgewählten Methoden.

3.1 Gründe für und gegen den Einsatz von Industrierobotern

Die Gründe für den Einsatz eines IRs sind vielfältig. Generell lassen sich diese in technische, soziologische und wirtschaftliche Motive klassifizieren. Bild 3.1 zeigt einen Überblick über Gründe, die für eine Automatisierung in der Fertigung sprechen. Diese werden auch von der International Federation of Robotics aufgeführt. [3.12] Der Roboter ist ein Mittel zur Automatisierung, weshalb die vorgestellten Punkte auch auf diesen zutreffen. [3.22]

Die Hauptgründe für die Automatisierung eines Produktionsschrittes sind Probleme personeller Art. Ein Mangel an qualifiziertem Personal zur manuellen Ausführung der Tätigkeit oder eine hohe Abwesenheit vom Arbeitsplatz, die auch mit einer mangelnden Arbeitsmoral einhergehen kann, können die Auslöser hierfür sein. Mangelnde Flexibilität und eine schlechte Kapazitätsauslastung sind weitere wichtige Gründe für den Einsatz eines Industrieroboters. Häufig wird auch eine Neuanschaffung von Betriebsmitteln oder Neuausrichtung der Produktion als Grund für den IR genannt. Mangelnde Produktivität und Produktqualität bestehender Produktionstechnik vervollständigen die Liste der Gründe, die für die Umstellung auf Industrieroboter sprechen.

Vielseitige externe Einflüsse beeinträchtigen darüber hinaus einerseits den Werker bei seiner Arbeit, andererseits unterliegen auch Maschinen diversen Gegebenheiten, die deren Funktionsfähigkeit beeinflussen. So beeinflussen Lärm und Schwingungen aufgrund von anderen Maschinen nicht nur das Wohlbefinden des Werkers, sondern – im Fall der Schwingungen – auch die Genauigkeit des Roboters. Die Entscheidung für oder gegen ein System ist somit immer von mehreren Anforderungen abhängig.

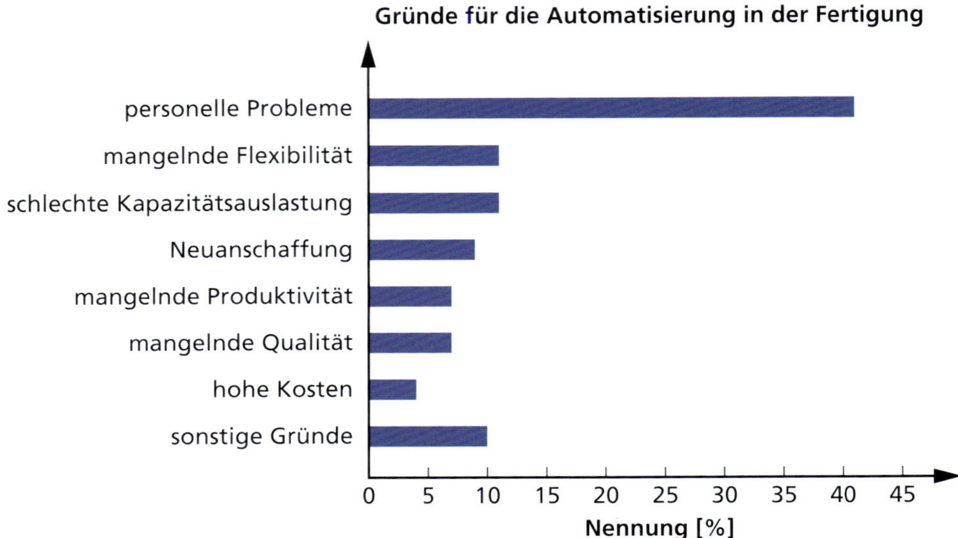

Bild 3.1 *Gründe für eine Automatisierung der Fertigung* (in Anlehnung an [3.22])

Der Einsatz von Industrierobotern erfüllt in vielen Fällen die gewünschten Produktivitätssteigerungen bei gleichzeitig sinkendem Mitarbeitereinsatz. Aus technischer Sicht bedingen folgende Erfordernisse der Produktion den Einsatz von Industrierobotern [3.22]:

- größere Produktvielfalt bei kleinerer Losgröße und dadurch steigende Flexibilität,
- Nutzung einer Anlage für mehrere Produktvarianten,
- Reduzierung von Nebenzeiten, z. B. für das Be- und Entladen von Werkzeugmaschinen,
- gestiegene Qualitätsanforderungen,
- verringerter Verschleiß der Produktionsanlagen und gleichbleibende Lieferzeit der Produkte durch konstante Fertigungsbedingungen und erhöhte Arbeitsgenauigkeit bei Verwendung von IR. [3.22]

Werden Humanisierungsaspekte betrachtet, wird der Werker durch den Einsatz von Industrierobotern von monotoner, gesundheitsschädlicher, schwerer, gefährlicher und teils unangenehmer Arbeit entlastet. Der Mensch wird in Zukunft immer stärker für kreative Arbeiten eingesetzt. Dadurch wird der Mensch wieder stärker an seinem Arbeitsplatz gefordert, da er sich in seine Arbeit einbringen kann [3.22].

Zusätzlich zur Produktivitätssteigerung und dem geringeren Personaleinsatz sprechen aus wirtschaftlicher Sicht auch die steigenden Personalkosten für den Einsatz von Industrierobotern. Die technischen und wirtschaftlichen Gründe lassen sich hierbei nicht strikt trennen, da sie sich gegenseitig beeinflussen. Da die Investitionen in ein Robotersystem sehr hoch sind, müssen die Anlagen oft im Mehrschichtbetrieb eingesetzt werden, damit sie aus wirtschaftlicher Sicht rentabel sind. Beim Übergang von einem manuellen auf einen automatisierten Arbeitsplatz sollten dabei neben monetären Gesichtspunkten auch die nicht-monetären Kriterien berücksichtigt werden. Eine Aufstellung von Kriterien zur Bewertung von Robotersystemen ist in Abschnitt 3.2 zu finden.

Gegen den Einsatz eines Roboters sprechen aus technischer Sicht in manchen Anwendungen eine zu geringe Steifigkeit und Genauigkeit des Systems. Darüber hinaus ist die Komplexität durch die Verwendung unterschiedlichster Komponenten sehr hoch. Aus personeller Sicht ist ein steigender Bedarf an Fachpersonal notwendig, der aktuell noch nicht bedient werden kann. Aus wirtschaftlicher Sicht sind nach wie vor die hohen Anschaffungskosten ein großes Hindernis. Diesen kann jedoch durch einen stufenweisen Ausbau und unter Wiederverwendung der Komponenten entgegengewirkt werden. Zu den hohen Anschaffungskosten kommt ein hoher Aufwand für die Inbetriebnahme und Konfiguration hinzu. An den Schwächen wird aber, wie in Kapitel 7 ersichtlich, aktuell bereits gearbeitet.

Tabelle 3.1 fasst die wichtigsten Stärken und Schwächen eines Industrierobotersystems nochmals zusammen.

Tabelle 3.1 *Stärken und Schwächen von Industrierobotersystemen* [3.22; 3.12]

Stärken	Schwächen
Gleichbleibend hohe Qualität	Hohe Anschaffungskosten
Entlastung der Werker	Teilweise geringere Steifigkeit gegenüber anderen Maschinen, z.B. beim Einsatz des Roboters in der Bearbeitung
Reduzierung der Taktzeiten	Hohe Komplexität durch Einsatz unterschiedlichster Komponenten
Geringere Stillstandszeiten	Hoher Aufwand zur Inbetriebnahme und Konfiguration
Hohe Flexibilität	Steigender Bedarf an Fachpersonal
Hoher Wiederverwendungsgrad	

Die Modernisierung der Produktionsstätten und der globale Wettbewerb machen einen Einsatz von Industrierobotern zur Steigerung der Flexibilität immer notwendiger. Immer mehr KMUs werden durch Vereinfachungen in der Konfiguration und Programmierung in der Lage sein, Roboter in der Fertigung und Produktion einzusetzen. Gleichzeitig eröffnen weitere technische Verbesserungen z. B. hinsichtlich Steifigkeit und Genauigkeit neue Anwendungsgebiete für Roboter. Auch die MRK wird weiter wachsen. In Kapitel 7 werden aktuelle Trends im Bereich der Robotik dargestellt.

3.2 Bewertungskriterien für Robotersysteme

Entscheidend für die Güte und Aussagekraft einer Bewertung sind die verwendeten Bewertungskriterien. Diese müssen vollständig und eindeutig sein. Darüber hinaus müssen sie vom Bewertungsteam für die einzelnen Alternativen bewertbar sein. Wie in der Einleitung zu diesem Kapitel bereits erwähnt, können die Bewertungskriterien in technische, wirtschaftliche und firmenspezifische Kriterien unterteilt werden. Lotter erweitert die Kategorien um organisatorische und personelle Anforderungen. [3.16] Die technischen Kriterien können darüber hinaus auf die einzelnen Komponenten eines Systems heruntergebrochen werden. Generell werden die Kriterien aus dem Lasten- und Pflichtenheft eines Systems abgeleitet. Je nach Detaillierungsgrad und Planungsstand des Systems kommen unterschiedliche Kriterien zum Einsatz. Je mehr Kriterien einbezogen werden, desto aufwendiger, aber auch genauer und aussagekräftiger wird die Bewertung. Zur Vereinfachung kann die Bewertung unterschiedlicher Systeme auch in unterschiedlichen Klassen erfolgen. Am Ende werden dann die einzelnen Klassen untereinander verglichen. Dieses Vorgehen findet zum Beispiel auch bei der Bewertung der Automatisierbarkeit Anwendung. Hier sind beispielsweise mehrere Kriterien zur Kategorie der Handhabbarkeit oder Greifbarkeit zusammengefasst (Abschnitt 3.4).

Eine Anforderungsliste kann in Muss-, Kann- und Wunschanforderungen unterteilt werden (siehe Abschnitt 5.1.1). Muss-Kriterien führen bei einer Nichterfüllung zum Ausschluss der Variante aus der Bewertung. Diese sind deshalb als Erstes zu bewerten. Anschließend werden die Kann-Kriterien mit Hilfe der Nutzwertanalyse oder der Wirtschaftlichkeitsrechnung bewertet. Die Wunschanforderungen können bei der letztendlichen Auswahl einer Variante als Unterstützung herangezogen werden. Manche Kriterien fließen in unterschiedliche Bewertungsstufen und Bewertungskategorien ein. Beispielsweise muss der erforderliche Flächenbedarf kleiner sein als die vorhandene Fläche. Hierzu kann, je nach erforderlicher Genauigkeit, eine m^2-Angabe ausreichend sein. In anderen Fällen muss die Fläche über Länge und Breite verglichen werden. Die Bewertung, ob eine Fläche ausreichend ist, prüft ein Muss-Kriterium, da eine Anlage nicht größer sein kann als die zur Verfügung gestellte Fläche. Eine Alternative wird darüber hinaus als positiv bewertet, wenn der Flächenbedarf möglichst gering ist. Der Flächenbedarf fließt hierzu als Raumkosten in die Bewertung ein. Er kann aber auch anhand der m^2-Zahl oder der äußeren Abmessungen mit anderen Varianten verglichen werden. Wichtig ist, dass einzelne Anforderungen nicht doppelt bewertet werden.

Bei der Bewertung von Robotersystemen bzw. bei der Auswahl eines geeigneten Roboters werden als Muss-Anforderungen vor allem die Nutzlast und die Reichweite betrachtet. Manche Roboter werden für spezielle Anwendungen, wie z. B. Palettier-Roboter für die Palettierung von Gütern, entwickelt und weisen geeignete Eigenschaften für die entsprechende Anwendung auf. Bei Robotern, die eine Werkstückbearbeitung ausführen, kann neben Nutzlast und Reichweite auch die Steifigkeit ein Muss-Kriterium sein. Die Genauigkeit eines Roboters kann je nach Anwendung ein Kann- oder Muss-Kriterium sein.

Bei der Auswahl von Greifern werden ähnliche Kriterien wie für Roboter herangezogen. Einerseits muss der Greifer das zu handhabende Objekt sicher greifen können. Andererseits muss der Hub der Greiffinger das Teil greifen und in der Fügeposition wieder loslassen können. Der Greifer darf des Weiteren das zu handhabende Bauteil nicht zerstören. Ein Kann-Kriterium bei der Bewertung des Greifers kann die Anzahl zu handhabender Teile sein. Bei Zuführsystemen ist die Förderleistung ein wichtiges Kriterium, das zur Bewertung herangezogen wird. Darüber hinaus sollten die Einzelteile immer in der richtigen Orientierung zugeführt werden, ohne dass die Teile, z. B. aufgrund von Fehlorientierung, mehrmals das Zuführsystem durchlaufen müssen.

Die Bewertung von Robotersystemen kann folgende Kriterien umfassen. Die Aufzählung erhebt keinen Anspruch auf Vollständigkeit.

- Entlastung von Arbeitskräften
- Benötigte Fläche
- Anschaffungskosten
- Betriebskosten
- Energieverbrauch
- Wartungskosten
- Programmieraufwand
- Komplexität des Gesamtsystems; diese ergibt sich aus der Vielzahl und Vielfalt an Komponenten, der Vieldeutigkeit der Funktionen (ein Sensor kann für mehrere Funktionen verwendet werden) und der Veränderlichkeit, z. B. der Rahmenbedingungen
- Taktzeit und erreichbare Stückzahl
- Zuverlässigkeit
- Austauschbarkeit bzw. Ersatzteilverfügbarkeit
- Auslastung der Gesamtanlage und der einzelnen Komponenten
- Technische Reife

- Störanfälligkeit und Verhalten bei Fehlern
- Erweiterbarkeit
- Verschleiß
- Bedienbarkeit und benötigte Qualifizierung des Bedienpersonals

Bild 3.2 zeigt darüber hinaus weitere Kennzahlen zur Bewertung von Produktionssystemen im Allgemeinen, aufgeteilt nach technischen, organisatorischen und personellen Größen.

Bei der Bewertung des Versuchsstandes zur Montage des Zellblocks aus dem EEBatt-Forschungsprojekt wurden als Kriterien der Automatisierungsgrad, die Produktflexibilität, die Erweiterbarkeit, die Investitionskosten, die Durchlaufzeit, der Inbetriebnahme- und Rekonfigurationsaufwand sowie der Flächenbedarf herangezogen. Bei der Beurteilung von möglichen Serienanlagen für die Montage des Zellblocks und des Moduls wurden hauptsächlich wirtschaftliche Faktoren betrachtet, da hier die Bewertung mit wenigen Detailinformationen durchgeführt wurde. Die Bewertung fand in diesem Fall anhand der Anzahl an benötigten Mitarbeitern, der Investitionskosten, der Montagestückkosten und der Amortisationszeit statt.

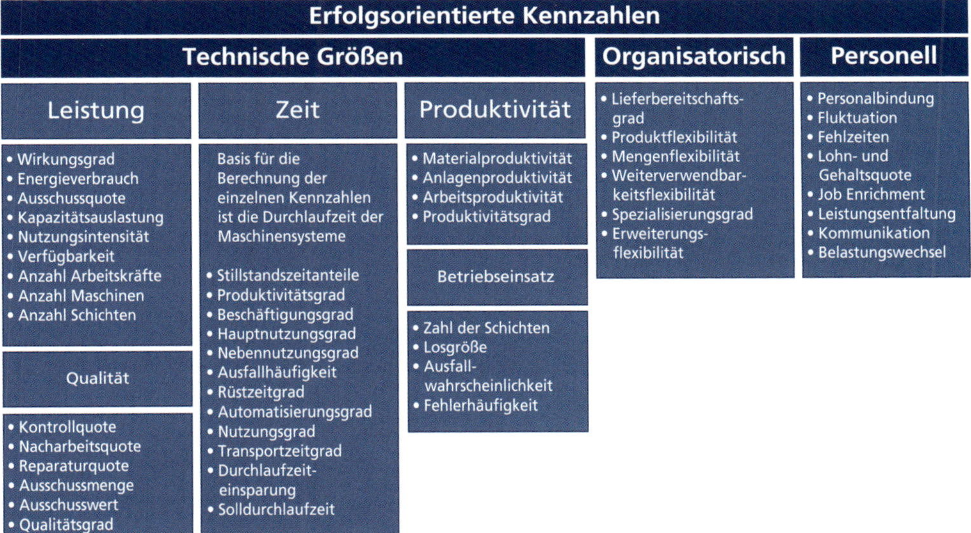

Bild 3.2 *Kennzahlen zur Bewertung von Robotersystemen* (in Anlehnung an [3.3; 3.18; 3.20; 3.21; 3.27; 3.28])

3.3 Rechtliche und normative Rahmenbedingungen

Die freie Programmierbarkeit der Roboter bewirkt, dass die Bewegung des Roboters für einen Außenstehenden nicht ersichtlich ist. Hierdurch und durch den großen Arbeitsraum gehen von Robotersystemen besondere Gefahren aus. Das Wichtigste bei der Planung eines Robotersystems ist die Wahrung der Sicherheit von Werkern, technischen Anlagen und Produkten, die sich in Reichweite des Roboters befinden. Die Sicherheitstechnik innerhalb des Roboters ist zweikanalig ausgeführt, d.h., dass jedes sicherheitsrelevante Bauteil mit zwei Kabeln verbunden ist, falls ein Kabel einem Fehler unterliegt. Da auch Gefahren von Zusatzgeräten und vor allem von den

Werkzeugen des Roboters ausgehen können, sollten auch diese entsprechend sicher ausgeführt sein. Da viele Zusatzgeräte als externe Geräte an der Robotersteuerung angeschlossen sind, werden sie nicht in der zweikanaligen Robotersteuerung überwacht. Zur Einhaltung der Sicherheitsrichtlinien ist deshalb eine externe Sicherheitssteuerung erforderlich. Generell gilt, dass das gesamte System den Unfallverhütungsvorschriften der Berufsgenossenschaften und der im jeweiligen Land gültigen Normen entsprechen muss. [3.7]

MERKSATZ

Bei der Arbeit mit Robotersystemen besitzt die Sicherheit des Werkers und der umgebenden Peripherie höchste Priorität. Der Bediener eines Robotersystems muss sich vor dem Betrieb und der Handhabung mit den verfügbaren Dokumenten, z. B. Benutzer- und Produkthandbuch, vertraut machen. [3.7]

Um allen Personen, die mit Robotern arbeiten, entsprechendes Wissen über die Gefahren und die Bedienung solcher Systeme zu vermitteln, bieten Roboterhersteller und Systempartner Schulungen an, die auf die jeweiligen Roboter zugeschnitten sind. Dabei liegen die Unterschiede zwischen den Schulungen in der Programmierung der Roboter, insbesondere der Bewegungsprogrammierung und der Einbindung externer Komponenten. Alle vermitteln den allgemeinen, sicheren Umgang mit Robotern an sich. Der Umgang mit den Werkzeugen und den Peripheriegeräten wird dabei jedoch nicht im Detail betrachtet. Dieser muss in entsprechenden weiterführenden Schulungen erlernt werden.

MERKSATZ

«Sollten Roboterzellen bzw. automatisierte Anlagen von einer firmeneigenen Abteilung geplant und umgesetzt oder umgebaut worden sein, so liegt es in der Verantwortung der Projektleitung, für Sicherheit zu sorgen, Normen einzuhalten und Personalschulungen durchzuführen.» [3.10]

Bild 3.3 zeigt die Anzahl der Arbeitsunfälle, die sich an Robotern, automatisierten Maschinen und Transferanlagen ereignen. Darunter fallen z. B. auch Ein- und Zweiachs- und Handhabungssysteme. Werkzeugmaschinen sind jedoch ausgeschlossen. Die Unfallursachen können einerseits technischer Art sein. Andererseits werden auch Unfälle aufgrund von Abstürzen und einem Außerkraftsetzen oder Umgehen von Sicherheitseinrichtungen berücksichtigt. Arbeitsunfälle werden ab einem Ausfall von drei Arbeitstagen berücksichtigt. Schwere Arbeitsunfälle sind solche, bei denen eine Zahlung von Unfallrenten, z. B. bei Verlust von Gliedmaßen oder Tod, zum Tragen kommt. Die Statistik unterstreicht nochmals die Wichtigkeit, sich mit der Sicherheit von automatisierten Anlagen auseinanderzusetzen. [3.7]

Die Gefahr aufgrund der Komplexität von Robotersystemen entsteht durch

- eine hohe Anzahl miteinander verketteter Roboter und Maschinen,
- komplexe Bewegungsabläufe,
- unvorhersehbare Bewegungen und Geschwindigkeitsänderungen, da die Bediener nicht immer die Programmierer sind und somit nicht alle möglichen Bewegungen kennen,

- unerwartete Bewegungen aus Wartepositionen und
- Gefahren durch den Prozess an sich, z. B. durch einen Laser.

Generell sind die Unfallzahlen rückläufig. Dies trifft sowohl auf die Unfallzahlen im Zusammenhang mit Industrierobotern als auch in anderen Gewerbezweigen zu. Deutlich wird dies, wenn die Unfallzahlen im Verhältnis zur Zahl installierter Anlagen betrachtet wird. So stieg im Zeitraum von 2005 bis 2012 die Anzahl der Roboteranlagen in Deutschland von 126 000 auf 161 988. Die Anzahl an Robotern pro 10 000 Beschäftigte in der fertigenden Industrie (nicht Automobilindustrie) stieg im gleichen Zeitraum von 216 auf 273 Roboter, während die Unfallzahl nahezu konstant geblieben ist. [3.7; 3.11]

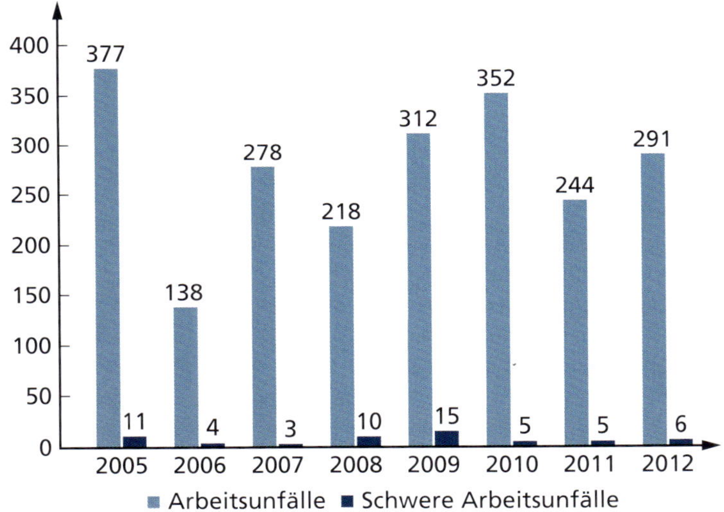

Bild 3.3 *Meldepflichtige Arbeitsunfälle an / mit IR-Anlagen in Deutschland* [3.7]

3.3.1 Sicherheitsanforderungen in einzelnen Lebensphasen des Roboters

Die Sicherheitsanforderungen können den einzelnen Lebensphasen des Robotersystems zugeordnet werden. Hierzu zählen:

- der Aufbau und die Inbetriebsetzung,
- der manuelle und Automatikbetrieb,
- die Programmierung sowie die Überwachung und Wartung,
- die Außerbetriebsetzung und
- der kollaborierende Betrieb zwischen Mensch und Roboter [3.7].

Letzterer ist ein Teil des Betriebs, bei dem die meisten Gefahren auftreten können. Die MRK wird zukünftig zunehmend im Fokus stehen und ist deshalb besonders hervorgehoben. Die einzelnen Bereiche werden im Folgenden dargestellt.

Während der Aufbau- und Inbetriebsetzungsphase, aber auch während der Außerbetriebsetzung, ändern sich – bedingt durch das Installieren und Deinstallieren einzelner Teile des Robotersystems – die Rahmenbedingungen und die möglichen Gefahren ständig. Die Risikoanalyse sollte ständig aktualisiert und die an den Arbeiten beteiligten Mitarbeiter entsprechend angewiesen werden. Es ist wichtig, dass der Aufbau nur von erfahrenem Personal durchgeführt wird. Während der Programmierung – sowohl bei der Neuinstallation als auch zur Verbesserung während des Betriebs des Robotersystems – ist es wichtig, dass nur der Programmierer den Arbeitsbereich des Roboters betreten darf. Dieser muss den entsprechenden Bereich abschätzen können. Der Programmierer, auch Teacher genannt, hält während des Programmiervorgangs das Bedienhandgerät und kann das System zu jeder Zeit über den dort angebrachten Not-Aus-Knopf stillsetzen. Ein Fluchtweg aus dem Arbeitsbereich des Roboters darf während der Dateneingabe nicht blockiert sein. Der Programmierer muss kritische Bereiche kennen und meiden. Die Bewegungsbahnen des Roboters können aufgrund der Programmierung (siehe Abschnitt 6.3) bei langsamer und schneller Geschwindigkeit unterschiedlich sein. Deshalb muss das Programm bei Veränderungen zuerst mit reduzierter Geschwindigkeit getestet werden. Die Geschwindigkeit sollte dann schrittweise gesteigert werden.

Im manuellen Betrieb des fertig installierten Roboters gilt die gleiche Regel wie beim Programmieren. Derjenige, der gerade Arbeiten am Roboter ausführt, hält das Handbediengerät in der Hand. Außer dieser Person befindet sich keine weitere Person im Arbeitsbereich des Roboters. Aufgrund der Gefahr des Scherens und Einziehens, die von drehenden Teilen am Roboter, z. B. den Achsen, ausgeht, müssen wie bei Dreh- und Fräsmaschinen die Kleidungsstücke eng anliegen und lange Haare zusammengebunden sein. Erst nach Betätigung der Zustimmeinrichtung kann der Roboter bewegt werden. Die Geschwindigkeit ist im manuellen Betrieb auf maximal 250 mm/s beschränkt. Diese Geschwindigkeit wird in DIN EN ISO 10 218-1 als sicherheitsbewertete reduzierte Geschwindigkeit bezeichnet. [3.7; 3.8]

Im Gegensatz zu den zuvor beschriebenen Lebensphasen eines Robotersystems, darf sich im Automatikbetrieb kein Werker im Arbeitsbereich und der Arbeitsumgebung des Roboters befinden. Auch Gegenstände, die für den Gebrauch des Roboters nicht benötigt werden, müssen aus diesem Raum entfernt werden. Die Werkstücke, die dem Roboter zugeführt werden, müssen den vorgeschriebenen Eigenschaften, z. B. hinsichtlich Toleranz und Sauberkeit, entsprechen. Nur so sind ungewollte Aktionen des Roboters zu vermeiden. Ändern sich die Produkteigenschaften während des Betriebs oder ist das Produkt formlabil, z. B. Verpackungskartons, so sollten Programme zuerst im manuellen Betrieb getestet werden. Hierbei können das Verhalten der bewegten Teile kontrolliert und die Roboterbahnen entsprechend angepasst werden. Im Automatikbetrieb ist anschließend die Geschwindigkeit schrittweise zu steigern.

MERKSATZ

Steht ein Roboter in einer Position still, muss dies nicht bedeuten, dass er ausgeschaltet ist. Im Automatikmodus kann es sein, dass der Roboter auf ein Signal wartet – z. B. das Einlegen eines Bauteils oder das Spannen eines Werkstücks – und anschließend seine Bewegung fortsetzt. Ein Annähern an den Roboter sollte deshalb nur erfolgen, wenn gewährleistet ist, dass sich dieser nicht selbstständig in Bewegung setzen kann, z. B. wenn der Not-Aus aktiv ist.

Befindet sich der Roboter im regelmäßigen Betrieb, fallen Überwachungs- und Wartungsarbeiten an. Viele Unfälle passieren während der Wartung eines Robotersystems. Die Wartung darf nur von geschultem Personal nach Stillsetzung der Anlage durchgeführt werden. Hierzu ist jegliche

Energiezufuhr – elektrisch und pneumatisch – abzuschalten und gegen Wiedereinschalten zu sichern. Hinweisschilder dienen der Information des restlichen Personals.

MERKSATZ

Während der Nutzung des Roboters dürfen die Sicherheitskreise und -einrichtungen niemals zerstört, unbrauchbar gemacht, geöffnet oder überbrückt werden. Dies gilt sowohl für mechanische, elektrische als auch softwaretechnische Einrichtungen. Dies gilt vom Aktivieren der Sicherheitseinrichtung beim Aufbau des Systems bis zu dessen Deaktivierung bei der Außerbetriebsetzung.

Beim Tausch von Komponenten sind qualitativ gleichwertige Komponenten zu verwenden. Beim Ausbau sind die Komponenten gegen Herabfallen zu sichern. Darüber hinaus sind die allgemeinen Sicherheitsrichtlinien der Anlage und der Komponenten einzuhalten. Bevor die Anlage wieder neu gestartet wird, sind alle zur Wartung benötigten Gegenstände wieder aus der Roboterzelle zu entfernen. Vor einem erneuten Automatikbetrieb ist der gesamte Ablauf in reduzierter Geschwindigkeit zu testen. Dies betrifft insbesondere die Programmteile, die von der Wartung betroffen sind.

Im kollaborierenden Betrieb gelten die gleichen Regeln wie für normale Roboterzellen. Diese werden jedoch um die Vorschriften zur direkten Zusammenarbeit erweitert. Hierzu werden zusätzliche Sensoren in das System integriert, die den Kooperationsbereich überwachen. Befindet sich ein Werker im Kooperationsbereich, darf der Roboter diesen nicht befahren. Betritt ein Werker aus Versehen den Kooperationsbereich, während sich ein Roboter dort befindet, muss die Anlage mit einem sofortigen Stillstand reagieren. Die Risikoanalyse, die für jedes System zu erstellen ist, muss alle möglichen Gefahren enthalten. Mögliche Maßnahmen zur Verringerung des Gefährdungspotenzials müssen darin aufgeführt sein. Der Ablauf einer Risikoanalyse wird im Anschluss an die gesetzlichen Vorschriften dargestellt.

INFOCLICK

Hierzu bieten wir in unserem Onlineservice **InfoClick** eine Vorlage.

3.3.2 Gesetzliche Regelungen

Tabelle 3.2 zeigt eine Übersicht über wichtige Sicherheitsnormen im Zusammenhang mit dem Einsatz von Industrierobotern. [3.10] Die Maschinen-, die Niederspannungs- und die EMV (**E**lektro**m**agnetische **V**erträglichkeit)-Richtlinie sind die wichtigsten EG-Richtlinien für den Industrierobotereinsatz. [3.7] In der Norm EN ISO 13 849-1 (2006) «Sicherheit von Maschinen – Sicherheitsbezogene Teile von Steuerungen – Teil 1: Allgemeine Gestaltungsleitsätze» werden allgemeine Gestaltungsleitsätze für die Sicherheitsfunktionen von Maschinen im Allgemeinen auf Basis des **P**erformance **L**evels (PL) quantitativ betrachtet. Sie ist somit auch für IR maßgebend. Das Performance Level gibt dabei die durchschnittliche Wahrscheinlichkeit für einen gefährlichen Ausfall einer sicherheitsrelevanten Komponente je Stunde an.

Ein großer Schritt in der MRK ist die Norm EN ISO 10 218-1:2007 «Industrieroboter – Sicherheitsanforderungen». Sie ermöglichte erstmals die Kooperation zwischen Mensch und Roboter ohne trennende Schutzvorrichtung, z. B. Zäune. Zusätzlich werden die nachfolgenden Punkte in dieser Norm definiert:

Tabelle 3.2 *Normen im Zusammenhang mit Robotersystemen in Anlehnung an* [2.10]

Normen	Beschreibung
EN ISO 12 100:2010	Sicherheit von Maschinen, Terminologie (ISO 12 100:2010)
EN ISO 13 849-1:2008	Sicherheit von Maschinen – Sicherheitsbezogene Teile von Steuerungen – Teil 1: Allgemeine Gestaltungsleitsätze
EN ISO 13 849-2	Sicherheit von Maschinen – Sicherheitsbezogene Teile von Steuerungen – Teil 2: Validierung
ISO 13 854:1996	Mindestabstände zur Vermeidung des Quetschens von Körperteilen
EN ISO 13 855:2010	Anordnung von Schutzeinrichtungen im Hinblick auf Annäherungsgeschwindigkeiten von Körperteilen
EN ISO 13 857:2008	Sicherheitsabstände gegen das Erreichen von Gefährdungsbereichen mit den oberen und unteren Gliedmaßen
prEN ISO 13 850:2014	Not-Halt-Gestaltungsleitsätze
EN 62 061:2005 + A1:2013	Sicherheit von Maschinen – Funktionale Sicherheit sicherheitsbezogener elektrischer, elektronischer und programmierbarer elektronischer Steuerungssysteme
IEC 61 508:2005	Funktionale Sicherheit sicherheitsbezogener elektrischer / elektronischer / programmierbarer elektronischer Systeme
prEN 60 204-1:2014	Elektrische Ausrüstung von Maschinen, wird bearbeitet
EN 61 000-6-2:2005	EMV – Elektromagnetische Verträglichkeit
EN ISO 10 218-1: 2011	Bedienung von Industrierobotern, Sicherheit
IEC 60 204-1	Elektrische Ausrüstung von Maschinen
IEC 60 529	Schutzarten der Gehäuse
EN ISO 10 218-1	Bedienung von Industrierobotern, Sicherheit
EN ISO 10 218-2:2012	Industrieroboter – Sicherheitsanforderungen – Teil 2: Robotersystem und Integration
DIN ISO/TS15 066:2017-04	Roboter und Robotikgeräte – Kollaborierende Roboter
EN ISO 13 482:2014	Roboter und Robotikgeräte – Sicherheitsanforderungen für persönliche Assistenzroboter
ISO 9787:2013	Bedienung von Industrierobotern, Koordinatensysteme und Bewegungsrichtungen
ISO 94 09-1:2004	Bedienung von Industrierobotern, mechanische Schnittstelle
ISO 9283:1998	Industrieroboter – Leistungskenngrößen und zugehörige Prüfmethoden

- Neuanlagen müssen mit einem 3-stufigen Zustimmungsschalter (siehe Abschnitt 2.6.5) ausgestattet sein.
- Bei Mehrrobotersystemen muss jeder Roboter einzeln vom Bediener angewählt und dann angezeigt werden, damit dieser weiß, welchen Roboter er gerade bedient, und verfahren kann.
- Nicht angewählte Roboter dürfen nicht unerwartet anlaufen.
- Roboter in MRK müssen über eine sichere, das heißt zweikanalige, Steuerung verfügen.

Je nach Anwendungsbereich kommen weitere Normen hinzu, z. B. in der Lebensmittelindustrie oder im Reinraum, die von den Roboterherstellern und den Systemintegratoren berücksichtigt werden müssen.

Das CE-Zeichen dient zur Kennzeichnung von Maschinen oder Systemen, die entsprechend der üblichen Normen und Richtlinien bzgl. der Sicherheitsanforderungen erstellt wurden. Dieses musste früher bei «wesentlichen Veränderungen» an einer Maschine neu ausgestellt werden. Im neuen Produkthaftungsgesetz (ProdHaftG) ist diese Regelung jedoch nicht mehr enthalten. Hierin entfällt der Begriff «wesentlich veränderte Produkte», was jedoch keine Änderung des Sachverhaltes darstellt. Aktuell wird nach folgender Kernfrage vorgegangen: «Kommen durch den Umbau neue Risiken in erheblichem Umfang hinzu, die mit dem vorhandenen Schutzkonzept nicht vereinbar sind?» Ist diese Frage mit «ja» zu beantworten, ist eine Neubeurteilung und Vergabe einer EG-Konformitätserklärung erforderlich, in deren Folge das CE-Zeichen angebracht werden darf. Verantwortlich für die Beantwortung dieser Frage und die eventuelle Erstellung einer neuen EG-Konformitätsbewertung und CE-Kennzeichnung ist derjenige, der ein Robotersystem ändert. [3.7]

In jedem Fall – also sowohl bei einer wesentlichen als auch bei einer nicht-wesentlichen Veränderung – ist die Dokumentationspflicht einzuhalten. Dies umfasst die Anpassung bzw. Ergänzung der

- Gefährdungsbeurteilung / Risikobeurteilung,
- Schaltpläne,
- Betriebsanleitungen,
- SPS-Programme,
- Wartungs- und Inspektionsanleitungen,
- Instandhaltungsanleitungen sowie
- gegebenenfalls der Reinigungshinweise.

Nicht-wesentliche Veränderungen sind z. B. der Anbau eines zusätzlichen Greifers oder die Einführung eines Greiferwechselsystems. Auch die Ergänzung einer Anlage um zusätzliche Sensoren zur Prozessüberwachung stellt keine wesentliche Änderung dar. Wesentliche Veränderungen sind beispielsweise die Befähigung des Roboters zu einer konzeptionell anderen Aufgabe, z. B. Schweißen statt Verpacken, oder der Umbau einer Anlage, z. B. aufgrund von Modernisierungen, mit ähnlichen Gefährdungen und im selben Arbeitsbereich.

Bei Robotersystemen kann es vorkommen, dass vollständige Maschinen, die eigenständig nutzbar sind, mit unvollständigen zusammengebaut werden und die entstandene Einheit als vollständige Maschine dient. Dies ist beispielsweise bei der Verkettung einzelner Pressen mit einem Roboter der Fall. Die Pressen an sich stellen eine vollständige Maschine dar, der Roboter eine unvollständige. Darüber hinaus gibt es Anlagen, bei denen einzelne Maschinen (auch Robotersysteme) als solche funktionsfähig und mit dem CE-Kennzeichen versehen, aber nicht verkettet sind. Die Frage ist nun, ab wann eine übergeordnete CE-Kennzeichnung für die Gesamtanlage erforderlich ist. In diesem Fall schlägt ein Interpretationspapier des Bundesministeriums für Arbeit und Soziales [3.2] vor, nach folgenden Fragen zu agieren:

- «Kann ein Ereignis, das bei einem Bestandteil der Anlage auftritt, zu einer Gefährdung bei einem anderen Bestandteil der Anlage führen?»
  und
- «Müssen zur Vermeidung dieser Gefährdung sicherheitstechnische Maßnahmen getroffen werden?»

Bei der Anschaffung von Einzelmaschinen und unvollständigen Maschinen, die zu einer verketteten Gesamtmaschine zusammengefügt werden, sollte auf die nachfolgend aufgeführten Punkte geachtet werden, wobei diese über die gesetzlichen Mindestanforderungen hinausgehen: [3.7]

- Bestätigung der Einhaltung technischer Normen, z. B. EN ISO 10 218-1 bei Robotern oder EN 12 417 bei Bearbeitungszentren
- Lieferung von Bedienungsanleitungen, z. B. bei Vorhandensein von Bedienelementen an unvollständigen Maschinen, Programmieranleitungen, technischen Dokumentationen und einer Risikobeurteilung
- Bereitstellung von exakten Schnittstellenbeschreibungen (darunter Elektropläne für Not-Halt-Schnittstellen, Schutztürkreise usw.), zeichnerische Darstellung der mechanischen Schnittstellen und textliche Dokumentation

Derjenige, der die Verkettung durchführt, z. B. der Systemintegrator, muss schließlich folgende Dokumente erstellen: [3.7]

- EG-Konformitätserklärung und CE-Zeichen für die Gesamtanlage,
- Betriebsanleitung der Gesamtanlage,
- Risikobeurteilung und Schutzmaßnahmenbeschreibung (zumindest für die schnittstellenbedingten Gefahren) und
- vollständige Dokumentation der Gesamtanlage unter Zuhilfenahme der bereits vorhandenen Unterlagen der Einzelkomponenten.

Im Folgenden sollen die einzelnen technischen Dokumente kurz vorgestellt werden, bevor genauer auf die Erstellung der Risikobeurteilung eingegangen wird. Die technischen Dokumente umfassen dabei die technischen Unterlagen und die Betriebsanleitung. Die technischen Unterlagen sind alle Dokumente, die zur Beurteilung der Maschine zur Einhaltung aller Anforderungen aus der Maschinenrichtlinie 2006/42/EG erforderlich sind. Die Betriebsanleitung muss auf die jeweilige Maschine angepasst sein. Betriebsanleitungen sollten den allgemeinen Anforderungen an Anleitungen gemäß DGUV und Reinhart et al. gerecht werden [3.7; 3.24]. Sie sind in den jeweiligen Landessprachen bereitzustellen. Komplette Schaltpläne sind nicht Teil der Betriebsanleitung.

Da Roboter im Normalfall als unvollständige Maschinen gelten, da sie ohne externe Schutzeinrichtungen geliefert werden, war bis Ende 2009 keine Dokumentation erforderlich. Durch die seit Ende 2009 anzuwendende Richtlinie 2006/42/EG werden unvollständige Maschinen wie vollständige Maschinen behandelt und die technischen Dokumentationen sind erforderlich. Das Verfahren zur Bewertung ähnelt dem Vorgehen des Konformitätsbewertungsverfahrens. Neben der Risikobeurteilung werden die Unterlagen zur Nachweisdokumentation gefordert. Bild 3.4 stellt eine Übersicht über die notwendigen Unterlagen dar.

Bei unvollständigen Maschinen ist eine Montageanleitung zwingend erforderlich. Diese verbleibt bei demjenigen, der die Maschine zu einer vollständigen Maschine zusammenbaut. Anschließend wird sie Teil der technischen Unterlagen. Bei Robotern sind diverse Benutzerinformationen erforderlich. Diese ergeben sich aus [3.8].

Wichtig bei Robotern sind die Anhaltezeit und der Anhalteweg. Diese Information ist für die Auslegung der Sicherheitseinrichtungen erforderlich. Die Anhaltezeit ist die Zeit vom Einleiten eines Stopps bis zum Stillstand der Achsen. Gleiches gilt analog für den Anhalteweg. Die Zeit setzt sich zusammen aus der Reaktionszeit und Bremszeit. Bild 3.5 veranschaulicht diesen Zusammenhang. Die Reaktionszeit ist dabei abhängig von der Steuerung und ihrer Komponenten. Einfluss haben die Übertragungszeit, die Verarbeitungszeit und die Schaltzeiten der Relais, Schütze und Bremslüfter. Die Reaktionszeit ist – unabhängig von der Aufgabe des Roboters – nahezu konstant, während die Bremszeit von dessen momentaner Last, Geschwindigkeit und Auslenkung beeinflusst wird. Bei manchen Stopps hat auch der physikalische Zustand der Bremse einen Einfluss. In der Herstellerdo-

	«Technische Unterlagen» (für vollständige Maschinen)	«Spezielle Technische Unterlagen» (für unvollständige Maschinen)
Allgemeine Beschreibung der Maschine	☐	
Übersichtszeichnung der (unvollständigen) Maschine	☐	☐
Schaltpläne der Steuerkreise	☐	☐
Beschreibungen und Erläuterungen, die zum Verständnis der Funktionsweise der Maschine erforderlich sind	☐	
Detailzeichnungen mit Berechnungen, Versuchsergebnissen, Bescheinigungen usw. zur Übereinstimmung der (unvollständigen) Maschine mit den grundlegenden Sicherheits- und Gesundheitsschutzanforderungen	☐	☐
Die Unterlagen über die Risikobeurteilung, aus denen hervorgeht, welches Verfahren angewandt wurde	☐	☐
Eine Liste der grundlegenden Sicherheits- und Gesundheitsschutzanforderungen, die für die Maschine gelten	☐	
Eine Liste der grundlegenden Sicherheits- und Gesundheitsschutzanforderungen, die angewandt wurden und eingehalten werden		☐
Beschreibung der verwendeten Schutzmaßnahmen	☐	☐
Angabe zu den Restrisiken	☐	☐
Angewandte Normen und sonstige technische Spezifikationen	☐	☐
Grundlegende Sicherheits- und Gesundheitsschutzanforderungen, die von diesen Normen erfasst werden	☐	☐
Alle technischen Berichte mit den Ergebnissen der Prüfungen, die an der (unvollständigen) Maschine durchgeführt wurden	☐	☐
Ergebnisse der Prüfungen und Versuche, die durchgeführt wurden, um festzustellen, ob die unvollständige Maschine aufgrund ihrer Konzeption oder Bauart sicher zusammengebaut und benutzt werden kann		☐
Betriebsanleitung der Maschine	☐	
Ein Exemplar der Montageanleitung für die unvollständige Maschine		☐
Gegebenenfalls Einbauerklärungen und Montageanleitungen der verwendeten unvollständigen Maschinen	☐	
Kopie der EG-Konförmitätserklärung für in die Maschine eingebaute andere Maschinen oder Produkte	☐	
Kopie der EG-Konfbrmitätserklärung	☐	
Bei Serienfertigung eine Aufstellung der intern getroffenen Maßnahmen zur Gewährleistung der Übereinstimmung aller gefertigten unvollständigen Maschinen mit den Bestimmungen dieser Richtlinie	☐	
Bei Serienfertigung eine Aufstellung der intern getroffenen Maßnahmen zur Gewährleistung der Übereinstimmung aller gefertigten unvollständigen Maschinen mit den angewandten grundlegenden Sicherheits- und Gesundheitsschutzanforderungen		☐

Bild 3.4 *Liste notwendiger Unterlagen für den Betrieb von Robotersystemen* [3.7]

kumentation müssen für die drei Hauptachsen mindestens die Werte für Anhalteweg und Anhaltezeit angegeben werden. Diese stellen jedoch nur Richtwerte dar. Für die Validierung der angegebenen Werte im konkreten Anwendungsfall stehen unterschiedliche Verfahren zur Verfügung:

- Integrierte Trace-Funktion zur Aufzeichnung des Anhaltewegs und der Anhaltezeit nach einem Stopp-Ereignis,

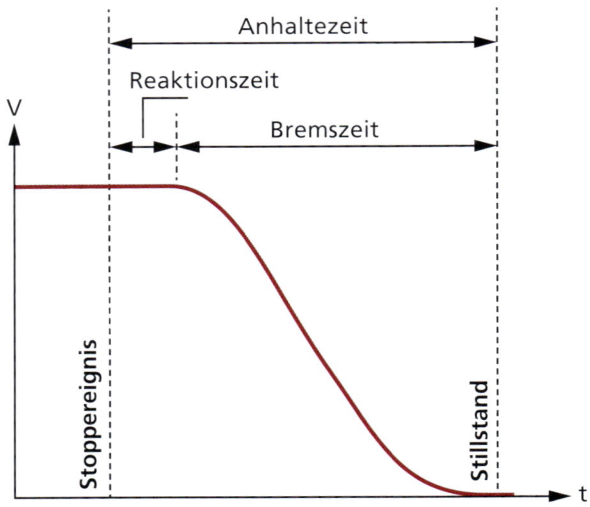

Bild 3.5 *Zusammenhang zwischen Anhaltezeit und Bremszeit* [3.7]

- vom Roboterhersteller bereitgestelltes Tool zur Aufzeichnung,
- externe Messeinrichtung, z. B. Fadentacho oder Lasermesseinrichtung,
- Lichtschranke und Maßband.

Im Folgenden wird auf die Erstellung der Gefährdungsbeurteilung / Risikoanalyse eingegangen. Sie ist Grundvoraussetzung für die Beurteilung einer Maschine gemäß der Maschinenrichtlinie für vollständige und unvollständige Maschinen.

3.3.3 Risikoanalyse

Generell gibt es kein vorgeschriebenes standardisiertes Format für eine Risikoanalyse. In Fachkreisen wird die nachfolgend vorgestellte Darstellung jedoch favorisiert. In vielen Fällen wird nur das Arbeitsblatt der Risikobeurteilung als Dokumentation verwendet. Eine Beschreibung der Maschine bzw. Anlage mit deren Grenzen ist sinnvoll, wenn auch nicht vorgeschrieben. Das Risikolevel wird in der Beurteilung zweimal ermittelt: einmal vor dem Ergreifen einer Schutzmaßnahme und einmal danach. Dieses Vorgehen ist nicht verpflichtend, entspricht jedoch den Vorgaben der ISO TR 14 121-2 und der ANSI B11 TR3. Letztere wird auch in den USA verwendet. Aufzuführen sind alle Gefahrenstellen und Gefahrensituationen, die in den behandelten Lebensphasen auftreten können. Als Lebensphasen können Montage, Inbetriebnahme, Betrieb / Produktion, Reinigung, Wartung / Instandhaltung und Entsorgung angegeben werden. Entsprechende Schutzmaßnahmen sind festzulegen. [3.7]

INFOCLICK
Eine Vorlage für die Erstellung einer Risikoanalyse wird in unserem Onlineservice **InfoClick** bereitgestellt.

Die Beschreibung der Grenzen der Maschine enthält:

- eine allgemeine Beschreibung der Maschine,
- die Verwendungsgrenzen,
- die räumlichen Grenzen in Form von technischen Daten,
- zeitliche Grenzen unter Angabe der Lebensphasen, die in der Analyse betrachtet werden, und
- bei dessen Konstruktion eingehaltene Normen und Richtlinien.

Bei den technischen Daten kann dabei auf ein entsprechendes Layout und Anschlussdaten verwiesen werden. Angaben wie äußere Abmessungen oder Maße zu benötigten Umgebungsmedien, Umgebungsbedingungen wie Luftfeuchte und Umgebungstemperatur sowie die Geräuschemission sind hier sinnvoll.

Auf dem Arbeitsblatt zur Risikoanalyse (Bild 3.6) werden einerseits die Eintrittswahrscheinlichkeit und andererseits das Schadensausmaß bewertet. Aus beiden Bewertungen ergibt sich das Risikolevel. Dieses kann vernachlässigbar, gering, mittel oder hoch sein. Bei der Eintrittswahrscheinlichkeit wird in entfernt vorstellbar, unwahrscheinlich, wahrscheinlich und sehr wahrscheinlich unterschieden. Entfernt wahrscheinlich ist hierbei so unwahrscheinlich, dass die Wahrscheinlichkeit für das Ereignis gegen null tendiert. Sehr wahrscheinlich bedeutet hingegen, dass die Gefährdung ziemlich sicher eintritt.

Beim Schadensausmaß wird unterschieden in geringfügig, mittelmäßig, schwerwiegend und katastrophal. Geringfügig bedeutet hier, dass keine bis leichte Verletzungen auftreten, bei denen Erste Hilfe ausreichend ist und wenig oder keine Arbeitszeit verloren geht. Eine Bewertung als mittelmäßig steht für eine erhebliche Verletzung oder Krankheit, die mehr als Erste Hilfe benötigt. Der Mitarbeiter kann jedoch an denselben Arbeitsplatz zurückkehren. Eine schwerwiegende Gefahr ist eine stark beeinträchtigende Verletzung mit einem längeren Arbeitsausfall. Katastrophale Gefahren können dauerhaft körperliche Schädigungen im Sinne einer Berufsunfähigkeit hervorrufen oder bis zum Tod führen. Die Bewertung des Risikolevels erfolgt dann gemäß Bild 3.7. Ziel ist es dabei, dass das Risikolevel nach dem Ergreifen der Schutzmaßnahmen nur noch vernachlässigbar bis gering ist. [3.7]

3.4 Automatisierungsgerechte Produktgestaltung

Die automatisierungsgerechte Produktgestaltung ist einer von vielen Bereichen der Produktgestaltung. Sie basiert auf der montagegerechten Produktgestaltung (auch «*Design for Assembly*»), die bereits seit den 60er-/70er-Jahren bekannt ist. Daneben gibt es noch mehrere Methoden nach dem Schema «Design for X». So ist es z. B. in der Fertigung elektronischer Produkte üblich, dass bereits die Baugruppen in der Produktion diversen Tests unterzogen werden. Dafür gibt es die Methode der prüfgerechten Gestaltung (***D****esign* ***f****or* ***T****estability*, DFT).

«Ziel der automatisierungsgerechten Produktgestaltung ist [dabei] eine konstruktive Ausführung von Bauteilen und Erzeugnissen, bei der die geometrischen Formen, Abmessungen, Toleranzen, Werkstoffeigenschaften und technologischen Verfahren eine Automatisierung der Herstellung mit dem geringsten möglichen Aufwand ermöglicht.» [3.16]

Durch die Anwendung der Methoden kann eine deutliche Rationalisierung der Produktion erreicht werden. Dies ergibt sich durch die Vereinfachung oder Vermeidung von Montagevorgängen. Die Montage ist einer der letzten Schritte in der Wertschöpfungskette eines Produktes. Schwachstellen eines Produktes, die erst in der Montage entdeckt werden, können nur noch

Bild 3.6 *Arbeitsblatt zur Risikoanalyse* [3.7]

<table>
<tr><th rowspan="2">Muster GmbH
Straße
PLZ/Ort</th><th colspan="8">Risikobeurteilung Arbeitsblatt nach ISO /TR 14121-2</th><th rowspan="2">Seite X von y
Datei:</th></tr>
<tr><th colspan="2">Produkt
Industrieroboteranlage</th><th colspan="2">Typ: IR-D5
Ser.-Nr. 01
Baujahr 2015</th><th>Kunde:
Sample GmbH</th><th colspan="3">Bearbeiten Mustermann
Datum:</th></tr>
<tr><th rowspan="2">Lebens-phase/ Betrieb-sart</th><th rowspan="2">Gefährd-ung (aus Gefähr-dungska-talog nach EN ISO 12100)</th><th rowspan="2">Gefahrensi-tuation, Gefahrstelle</th><th colspan="2">Risikoeinschätzung nach ISO/TR 14121-2 Tabelle A.3 Vor Schutzmaßnahme</th><th rowspan="2">Schutzmaßnahme</th><th colspan="2">Risikoeinschätzung nach ISO/TR 14121-2 Tabelle A.3 Nach Schutzmaßnahme</th><th rowspan="2">Normreferenz oder Richtlinie</th><th rowspan="2">Risiko-redu-zierung ausrei-chend?</th></tr>
<tr><th>Scha-densaus-maß/ Wahrschein-lichkeit</th><th>Risiko-Level</th><th>Schadensaus-maß/ Wahrschein-lichkeit</th><th>Risiko-Level</th></tr>
<tr><td>Automatik-betrieb</td><td>Quetschen, Stoß</td><td>Einquetschen von Personen zwischen 2 Ro-botern oder zwischen Dreh-tisch und Roboter bei der Beseitigung von Störungen Personen wer-den von den automatischen Bewegungen gestoßen.</td><td>Schwerwie-gend/ Wahrschein-lich</td><td>Hoch</td><td>Der komplette Bewegungsbereich der Ro-boter ist mit trennenden und nicht tren-nenden Schutzeinrichtungen umgeben.
Es sind ausreichend Schutztüren mit Ver-riegelung und Zuhaltung vorhanden. Nach Anforderung kann die Anlage zur Störungsbeseitigung durch die Schutztüren betreten werden.
Elektrische Verriegelung der Schutztüren mit den gefahrbringenden Bewegungen (Roboter und Drehtisch) entspr.
EN ISO 13849-1 Kategorie 3, PLd. Roboter fahren in Safe-Position. Antriebe bleiben in Regelung. Bei nicht-betätigter Safe-Pos. und gleichzeitiger Türöffnung werden An-triebe kontaktbehaftet stillgesetzt.
Alle Achsen einschließlich Drehtisch kön-nen mit reduzierter Geschwindigkeit und Zustimmungsschalter bei offenen Schutztüren gefahren werden.</td><td>Schwerwie-gend/ Entfernt vorstellbar</td><td>Gering</td><td>RL 2006/42/EG
EN ISO 10 218-1
EN ISO 10 218-2</td><td>Ja</td></tr>
</table>

	Quetschen, Stoß	Einquetschen von Personen bei Weiterlauf der Roboter während des Einlegens	Schwerwiegend/ Wahrscheinlich	Hoch	Mitdrehende Trennbleche (Segmente) auf dem Drehtisch Sichere Achsbegrenzungen der Roboter entspr. EN ISO 13 849-1 Kategorie 3, PLd	Schwerwiegend/ Entfernt vorstellbar	Gering	EN ISO 13 849-1	Ja
	Erfassen	Erfassen des Bedieners am Einlegeplatz durch Drehtisch	Schwerwiegend/ Wahrscheinlich	Hoch	Sichere Abschaltung des Drehtisches durch Sicherheitslichtvorhang Typ 4. Auflösung 14 mm. Abstand zur Gefahrstelle entspr. EN ISO 13855. Liegender Lichtvorhang als Hintertretschutz. Quittiertaster außerhalb an Säule, von innen nicht erreichbar. Gute Sicht vom Standpunkt der Quittierung. Hinweise in der Betriebsanleitung zum Beschicken der Anlage. Die Quittierung darf nur erfolgen, wenn sich keine Personen im Gefahrenraum aufhalten.	Schwerwiegend/ Entfernt vorstellbar	Gering	EN ISO 13 855 EN ISO 10 218-1 EN ISO 10 218-2	Ja
	Quetschen	Quetschen am Entnahmeband zwischen Anschlag und Teil	Mittelmäßig/ Wahrscheinlich	Mittel	Anschlag als Kurvenkulisse geformt. Quetschgefahr beseitigt. Kunststoffteile mit geringem Gewicht. Bandgeschwindigkeit max. 6 m/min	Geringfügig/ Entfernt vorstellbar	Vernachlässigbar	EN ISO 10 218-1 EN ISO 10 218-2	Ja
	Lärm	Gehörschädigung durch Produktionslärm	Geringfügig/ Unwahrscheinlich	Vernachlässigbar	Schalldruckpegel am Arbeitsplatz messen und in der Betriebsanleitung angeben	Geringfügig/ Unwahrscheinlich	Vernachlässigbar	EN ISO 10 218-2	Ja
	Feuer	Unerwartetes Brennen von Teilen aufgrund von Störung	Geringfügig/ Wahrscheinlich	Gering	Handfeuerlöscher an der Anlage. Not-Halt schaltet Beflammung sicher aus.	Geringfügig/ Unwahrscheinlich	Vernachlässigbar		Ja

Eintrittswahr-scheinlichkeit	Schadensausmaß			
	Katastrophal	Schwerwiegend	Mittelmäßig	Geringfügig
Sehr wahrscheinlich	hoch	hoch	hoch	mittel
Wahrscheinlich	hoch	hoch	mittel	gering
Unwahrscheinlich	mittel	mittel	gering	vernachlässigbar
Entfernt vorstellbar	gering	gering	vernachlässigbar	vernachlässigbar

Bild 3.7 *Matrix zur Bewertung des Risikolevels* [3.7]

kostenintensiv verändert werden. Von der Produktgestaltung sind auch die anderen Bereiche einer Produktion betroffen:

In der Teilefertigung müssen die festgelegten Toleranzen eingehalten und Grate an Bauteilen vermieden werden. Fremd- und Falschteile sollten ausgeschlossen werden. Bei der Planung des Produktes sollte auf rationelle Verbindungstechniken, z. B. Schnappverbindung, geachtet werden. Für die Handhabung sollte ein sicheres Erkennen und Bewegen der Bauteile möglich sein. Für die Qualitätssicherung sollten Messpunkte möglichst zugänglich sein. Die Bauteillagen während der Prüfung müssen stabil sein. Die Außenformen sollten flächen- und raumschließend sein, also keine Verschnörkelungen aufweisen, damit die Verpackung möglichst einfach gestaltet werden kann. Darüber hinaus sollten belastbare Greifflächen am Bauteil vorhanden sein. Das Produkt und die Einzelteile sowie Zwischenbaugruppen sollten einfach zu stapeln und zu magazinieren sein, damit ein problemloses Einlagern und Transportieren möglich ist. In der Literatur haben sich unter anderem Andreasen et al., Boothroyd et al. und Gairola mit der montage- und automatisierungsgerechten Produktgestaltung auseinandergesetzt. [3.1; 3.4; 3.5; 3.9]

MERKSATZ

Generell gilt in der Produktgestaltung folgende Gestaltungspriorität: Vermeiden vor Vereinfachen vor Integrieren.

Das Vermeiden bezieht sich unter anderem auf nicht wertschöpfende Handhabungsvorgänge, Prozessschritte, Transporte und eine Lagerung von Bauteilen und Baugruppen. Anschließend gilt es, Prozesse, Abläufe und Strukturen in der Produktion und die Produkte selbst zu vereinfachen. Schließlich müssen die einzelnen Prozesse und Teilsysteme integriert werden, z. B. durch Verbundbauteile, bei denen Metalleinleger in einem Kunststoffbauteil integriert sind.

Im Folgenden sollen die einzelnen Regeln der montage- und automatisierungsgerechten Produktgestaltung vorgestellt werden. Diese können in die beiden Bereiche der Konstruktion und der Bewertung eingeteilt werden. Da die Bewertung auch in Abschnitt 3.5 diskutiert wird, werden die betreffenden Regeln weiter entsprechend der Bewertungskategorien in Handhabbarkeit, Greifbarkeit, Positionierbarkeit und Erkenn- und Sortierbarkeit unterschieden, wobei manche auch mehrere Bereiche beeinflussen. Einige Regeln haben zudem Einfluss auf die Wirtschaftlichkeit.

3.4.1 Handhabbarkeit

Die Handhabbarkeit bezieht sich vor allem auf die Bewegung der Objekte. Hierzu zählen die Bewegung an sich, die Sicherung der Bauteile während dieser und der Fertigungsablauf als Gesamtes.

Nur aus einer Richtung – bevorzugt von oben – fügen und einfache, geradlinige Fügebewegungen bevorzugen (Bild 3.8)

Mit manchen Industrierobotertypen, z. B. Sechsachs-Knickarmrobotern, ist es zwar möglich, komplexe Fügebewegungen auszuführen, diese erfordern jedoch einen höheren Programmieraufwand. Wie bereits in Abschnitt 3.3 vermerkt, kann die Bahn eines Roboters geschwindigkeitsabhängig variieren. Dies macht es nochmals aufwendiger, da die Bahn unter Umständen mehrmals angepasst oder die Geschwindigkeit beim Fügevorgang entsprechend reduziert werden muss, was sich aber negativ auf die Taktzeit auswirkt. Für Montageautomaten, die in der Massenfertigung ein Produkt fertigen, ist zur Vereinfachung die Bewegungsfreiheit auf eine Achse eingeschränkt. Hier ist eine einheitliche Fügerichtung, am besten von oben, zwingend erforderlich (Bild 3.8).

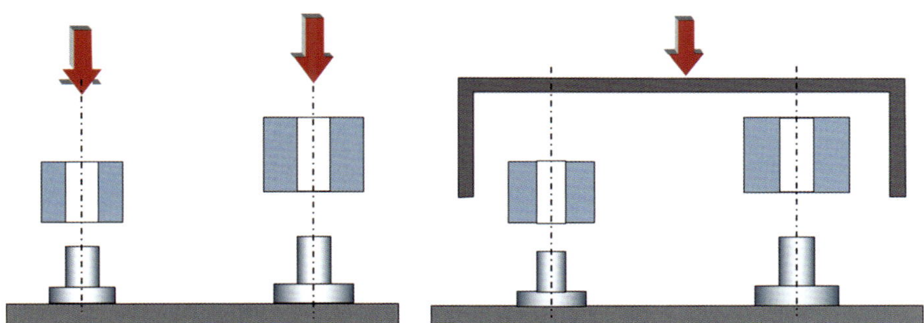

Bild 3.8 *Bevorzugte Fügerichtung*

Vorhandene Ordnungszustände konsequent beibehalten

Für eine automatisierte Handhabung müssen die Teile in der für die Handhabung notwendigen Position und Orientierung bereitgestellt werden. Hierzu werden u.a. Magazine, diverse Fördersysteme, wie z. B. Vibrationswendelförderer, oder Stapeleinrichtungen eingesetzt (siehe auch Abschnitt 2.6.3). Es gilt der Grundsatz, dass Fließgut, das heißt in einer vorgegebenen Ordnung zugeführte Bauteile, besser ist als Schüttgut. Prozesse zum Orientieren von Bauteilen zur Bereitstellung dieser im benötigten Ordnungsgrad sind nicht wertschöpfend und sollten deswegen weitestgehend vermieden werden. Ebenso sollte ein einmal hergestellter Ordnungszustand konsequent beibehalten werden.

Flächen zum eindeutigen und stabilen Greifen und Fixieren vorsehen (Bild 3.9)

An den Produkten müssen Flächen vorgesehen werden, an denen die einzelnen Bauteile gegriffen und fixiert werden können. Dies ist notwendig, damit beim automatischen Handhaben die Teile nicht aus dem Greifer gelöst werden und womöglich andere Komponenten und Bauteile beschädigen. Darüber hinaus kann ein loser Griff von Bauteilen keine kontinuierliche Qualität des

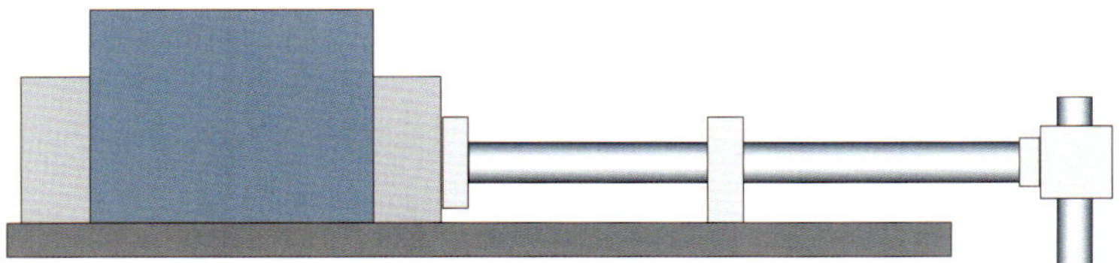

Bild 3.9 *Bauteil mit Spannflächen*

Handhabungsvorgangs gewährleisten und so kann es sein, dass beim Fügen andere bereits montierte Bauteile beschädigt oder umgeworfen werden.

Bauteile nah am Schwerpunkt greifen und manipulieren (Bild 3.10)
Ein Greifen nahe am Schwerpunkt der Teile unterstützt einen sicheren Handhabungsprozess, wie er in der vorangegangenen Gestaltungsregel gefordert wird. Wird ein Bauteil nahe an seinem Schwerpunkt gegriffen, ist es sehr unwahrscheinlich, dass sich das Bauteil beim Transport zwischen zwei Positionen durch äußere Kräfte im Greifer umorientiert.

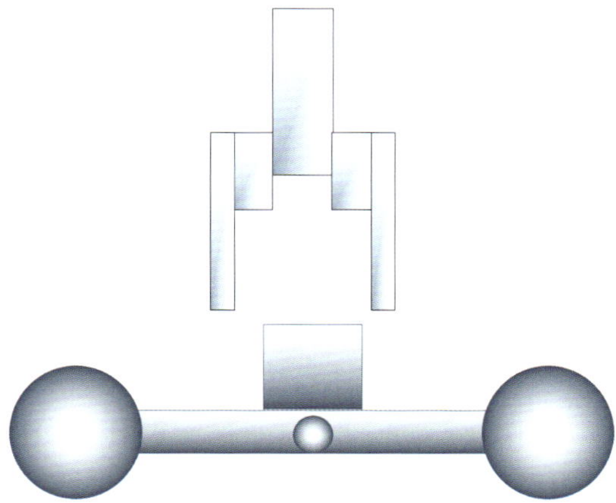

Bild 3.10 *Greifen am Schwerpunkt des Produktes*

Standardisierte Greifflächen anstreben (Bild 3.11)
Gleichförmige und gleichartige Greifstellen an zu handhabenden Bauteilen reduzieren den Bedarf an notwendigen Greifern. Dadurch wird ein Greiferwechsel überflüssig und Greiferwechselsysteme werden eingespart. Dies reduziert den Programmieraufwand und die Anschaffungskosten des Robotersystems. Der Greiffingerhub von Parallelbackengreifern kann in gewissem Rahmen variiert werden. Auch bei Vakuumgreifern ist es möglich, einzelne Saugstellen gezielt anzusteu-

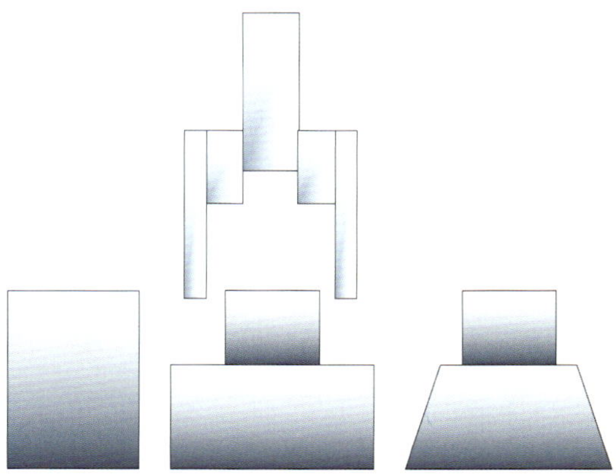

Bild 3.11 *Beispiele für standardisierte Greifflächen*

ern, um z. B. Bauteile unterschiedlicher Größe zu greifen. Dies erhöht jedoch den Konstruktions-/Steuerungsaufwand des einzelnen Greifers.

Keine Sonderoperationen, z. B. Dichtungsarbeiten, während der Montage einplanen
Handhabungsfremde Vorgänge sind mit Mehraufwand verbunden. Beim Kleben oder Dichten ist es z. B. nötig, eine gewisse Trocknungszeit zu überbrücken, in der die Teile entweder eingelagert werden müssen oder die Anlage belegt bleibt. Darüber hinaus kann hiermit ein Wechsel des Werkzeugs einhergehen. Robotersysteme, die speziell für das Aufbringen von Klebe- und Dichtmaterial verwendet werden, sind bei großen Stückzahlen eine Möglichkeit, solche Prozesse aus reinen Handhabungs- und Montageprozessen auszuschleusen.

3.4.2 Greifbarkeit

Die Regeln zur Greifbarkeit beziehen sich auf die Gestaltung der Bauteile, so dass diese ohne Probleme mit einem Greifer gehandhabt werden können.

Empfindliche Bauteile vermeiden (Bild 3.12)
Bauteile, die nur an bestimmten, vielleicht schwer zugänglichen, Stellen gegriffen werden dürfen und auch nicht automatisiert über z. B. Vibrationswendelförderer zugeführt werden können, sind für eine automatisierte Montage eher ungeeignet. Wenn Passflächen an Bauteilen vorhanden sind, sollten diese möglichst klein gehalten werden, da sich sonst die Greifflächen reduzieren. Eine Welle mit zwei Lagersitzen sollte zwischen den Lagerstellen eine Fläche ohne genaue Toleranzangaben besitzen, an der die Welle gehandhabt werden kann. Auch besonders beschichtete Teile können beim Greifen aufgrund einer möglichen Beschädigung problematisch sein.

Bild 3.12 *Empfindliche Bauteile vermeiden*

Formlabile Bauteile vermeiden (Bild 3.13)
Formlabile Teile, wie z. B. Kabel oder O-Ringe, können nicht sicher gegriffen oder zugeführt werden. Im Rahmen des Projektes EEBatt wurden Greifer für die Montage von konfektionierten Temperatursensoren und die Handhabung von Kabeln für den Spannungsabgriff entwickelt. Es wurde einerseits eine Zuführung über einen Schlauch, der fest mit einem Greifer verbunden ist,

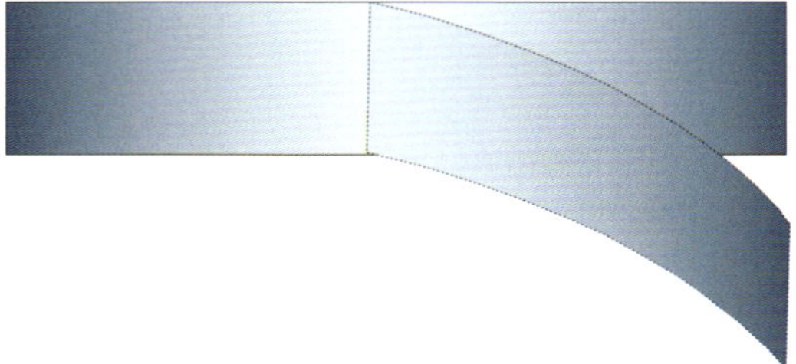

Bild 3.13 Beispiel für Formlabilität

vorgeschlagen und andererseits ein Greifer mit kammartigen Greiffingern, wie er in Abschnitt 2.6.1 vorgestellt wurde. Generell müssen formlabile Teile, um sicher gegriffen und gehandhabt zu werden, an mehreren Stellen gleichzeitig umfasst werden. Wenn möglich, sollten diese Teile vermieden oder in manuellen Stationen, die vor- oder nachgelagert sind, montiert werden.

Leichte Greifbarkeit beachten

Bauteile, die von außen gegriffen werden können, sind zu bevorzugen. Innenliegende Greifstellen sind so auszuführen, dass genug Platz vorhanden ist, um mit zusammengefahrenen Greiffingern in die Öffnung einzudringen (Bild 3.14). Ein Greifen mit Magneten oder gar stoffschlüssiges Greifen ist zu vermeiden, da diese Greifer aufwendig sind und die Bauteile unter Umständen beschädigen können.

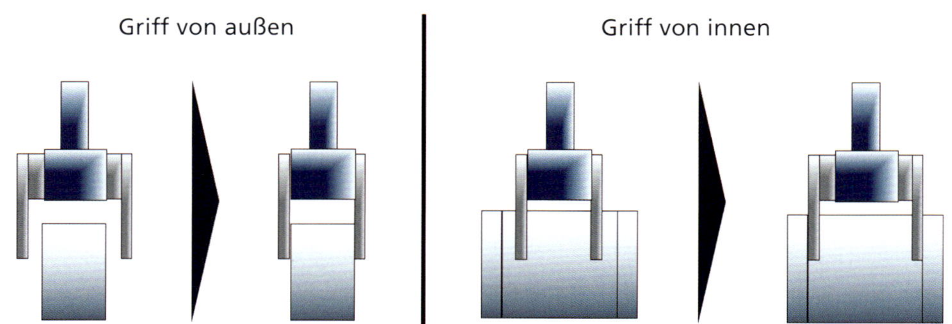

Bild 3.14 Darstellung Außen- und Innengriff

Besonders große und kleine Bauteile vermeiden

Ein Produkt sollte möglichst aus ähnlich großen Bauteilen bestehen, da dies auch Einfluss auf die Wirtschaftlichkeit hat. Einerseits werden nicht so viele unterschiedliche Greifer benötigt, sofern der Greiferhub die Abmaße des Produktspektrums abdecken kann. Andererseits können ähnliche Zuführungen verwendet werden. Darüber hinaus sollten innerhalb eines Bauteils die äußeren Abmessungen in einem gleichen Bereich liegen. Je mehr besonders kleine oder große Abmessungen vorhanden sind, desto komplizierter ist die Greifbarkeit eines Bauteils, da die Greifer entsprechend klein bzw. groß ausfallen müssen und auch andere Punkte, wie z. B. die Erkennbarkeit (bei kleinen Teilen), die stabile Lage und der stabile Griff, beeinflusst werden.

Stabile Vorzugslagen vorsehen

Weist ein Bauteil mehrere stabile Lagen auf, ist dies gut für die Greifbarkeit. Das Bauteil kann dann einerseits gut gegriffen und andererseits auch wieder gut abgelegt werden. Je mehr instabile Lagen ein Bauteil aufweist, wie z. B. das Bauteil in Bild 3.15, desto schlechter ist es zu greifen und zuzuführen.

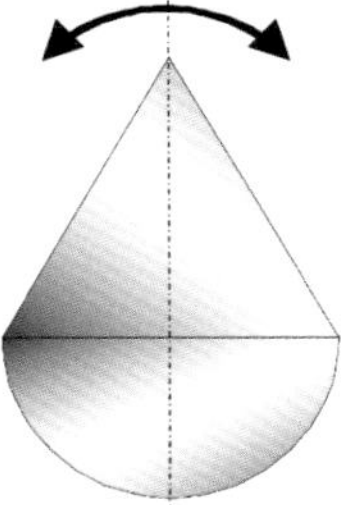

Bild 3.15 Stabile Vorzugslagen vorsehen

Bauteile symmetrisch oder ausgeprägt asymmetrisch konstruieren

Bauteile mit symmetrischer oder deutlich asymmetrischer Gestalt sind nicht nur in der manuellen Montage von Vorteil. Auch bei der automatisierten Montage erleichtern sie einerseits die Erkennung durch Bildverarbeitungssysteme, z. B. über Kameras mit Auswertungssoftware. Andererseits vereinfacht sich auch die automatisierte Zuführung, z. B. über Vibrationswendelförderer. Diese Art der Gestaltung von Bauteilen nennt sich auch Poka-Yoke (japanisch für «zufällige unbeabsichtigte Fehler vermeiden oder vermindern»). Eine Verwechslung oder falsche Orientierung beim Einbau kann dadurch vermieden werden.

Verschmutzungen an den Bauteilen vermeiden

Ölige Greifflächen verändern die Reibung zwischen den Greiffingern und den Bauteilen. Dadurch kann ein sicherer Griff nicht garantiert werden. Besonders bei Sauggreifern kann es passieren, dass der Schmutz der gegriffenen Teile in das Vakuumerzeugungssystem eindringen kann. Dies kann zu einer Beschädigung und zum Ausfall dieses und somit des Greifers führen. Des Weiteren kann Grat an Kanten zu Fügeflächen ein Fügen von Bauteilen unmöglich machen, andere Bauteile beschädigen oder eine zu hohe Fügekraft erforderlich machen. Späne vor allem in Bohrungen können ein Einführen von Schrauben und Passstiften verhindern. Es ist deshalb eine hohe Sauberkeit der Bauteile zu fordern, die in automatisierten Anlagen gehandhabt werden sollen.

3.4.3 Positionierbarkeit

Bei der Positionierbarkeit geht es vor allem um die Bewertung und Berücksichtigung des Fügeprozesses bei der Konstruktion der Bauteile.

Vermeidung von Summentoleranzen

Die Montierbarkeit eines Produktes ist von der Einhaltung der Fertigungstoleranzen abhängig. Die einzelnen Toleranzen überlagern sich beim Zusammenbau mehrerer Bauteile und bilden eine Toleranzkette. Durch ein Integrieren von unterschiedlichen Funktionen in einem einzigen Teil kann die Bildung von Summentoleranzen mehrerer Bauteile vermieden werden. Bild 3.16 zeigt ein

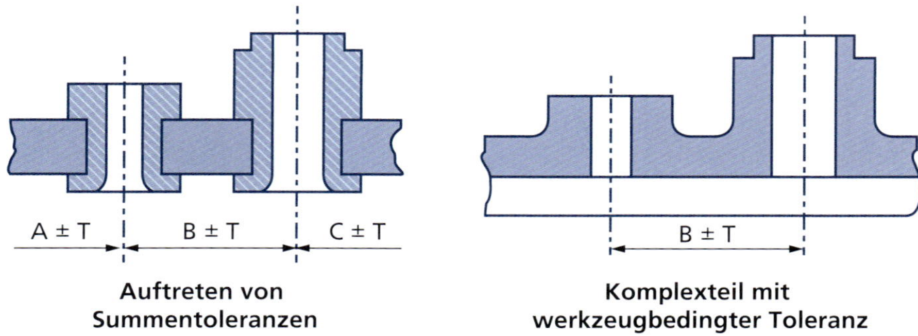

Bild 3.16 *Beispiel zur Vermeidung von Summentoleranzen* [3.16]

Beispiel, wie fünf Teile konstruktiv zu einem einzigen Bauteil zusammengefügt werden können. Beim Aufbau eines Produktes als Stapel von diversen Einzelteilen muss das Gehäuse, das die Bauteile umschließt, einen hohen Toleranzausgleich gewähren (Bild 3.17). Es können Ausgleichselemente wie Passscheiben oder Federn als Puffer eingesetzt werden.

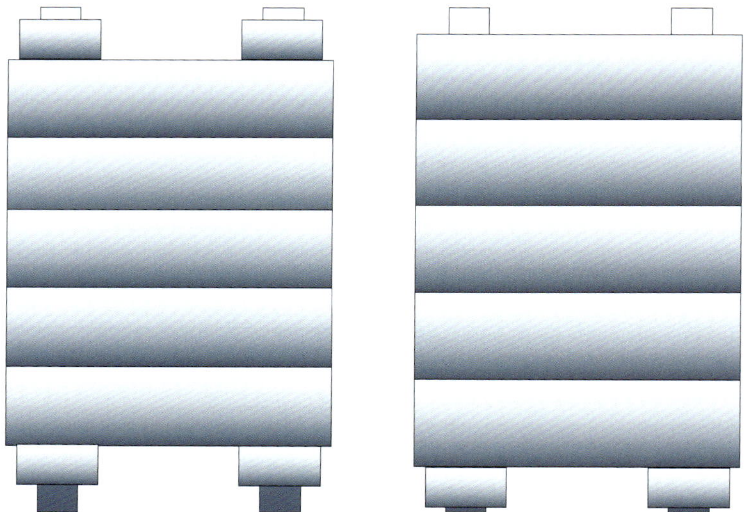

Bild 3.17 *Ausgleich von Toleranzen bei gestapelten Bauteilen*

Anzahl der Kontaktstellen pro Bauteil vermindern und ein gleichzeitiges Berühren in mehreren Punkten vermeiden

Beim Fügen von Bauteilen müssen diese ineinandergeschoben werden. Die Fügestellen weisen Toleranzen zueinander auf. Diese müssen entweder durch das zu montierende Bauteil ausgeglichen werden oder das Basisteil muss entsprechende Vorkehrungen zum Toleranzausgleich zur Verfügung stellen. Sinnvoll ist es darüber hinaus, dass bei mehreren Fügestellen der Kontakt zwischen den Bauteilen nicht gleichzeitig hergestellt wird. Bild 3.18 zeigt einen Toleranzausgleich durch ein Langloch und die Vermeidung des gleichzeitigen Eingriffs zweier Kontaktstellen durch die Kürzung eines Bolzens. Ein gleichzeitiges Fügen eines Bauteils in zwei unterschiedliche Bauteile

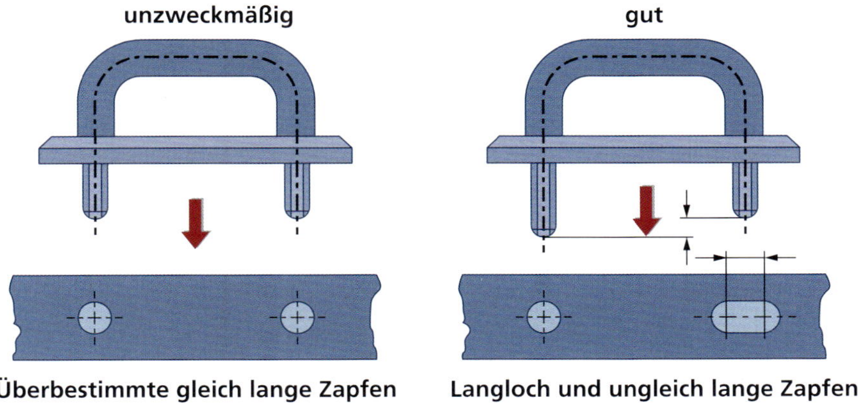

Bild 3.18 *Toleranzausgleich durch Langloch* [3.16]

ist ebenfalls zu vermeiden, da hier zu den normalen Fertigungstoleranzen zusätzlich noch die Summentoleranzen aus der Montage hinzukommen (Bild 3.19).

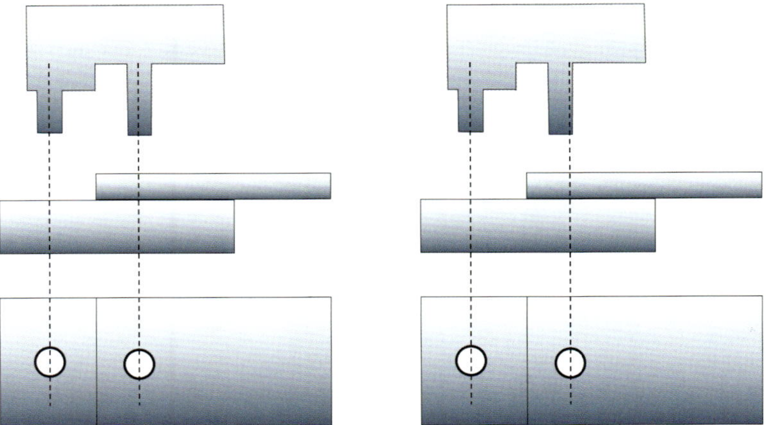

Bild 3.19 *Fügen eines Bauteils in zwei bereits montierte Bauteile*

Enge Fertigungstoleranzen fordern und qualitativ minderwertige Bauteile vermeiden (Bild 3.20)

Es ist sinnvoll, für eine automatisierte Fertigung die Fertigungstoleranzen der Einzelteile enger vorzugeben als bei der manuellen Montage. Bei der manuellen Montage erkennt der Mitarbeiter, wenn ein Bauteil nicht in ein anderes Bauteil gefügt werden kann oder die Fixierungen von Aufspannvorrichtungen nicht geschlossen werden können. Ein Roboter oder Automat muss mit zusätzlichen Sensoren ausgestattet werden, damit Fehler entdeckt werden können, was die Investitionskosten steigert.

Basisteil für Montage festlegen

Die Montage wird vereinfacht, wenn ein Basisteil vorhanden ist, auf dem das Produkt aufgebaut wird. Das **B**asis**b**au**t**eil (BBT), legt sich dadurch fest, dass eine große Anzahl gemeinsamer Füge-

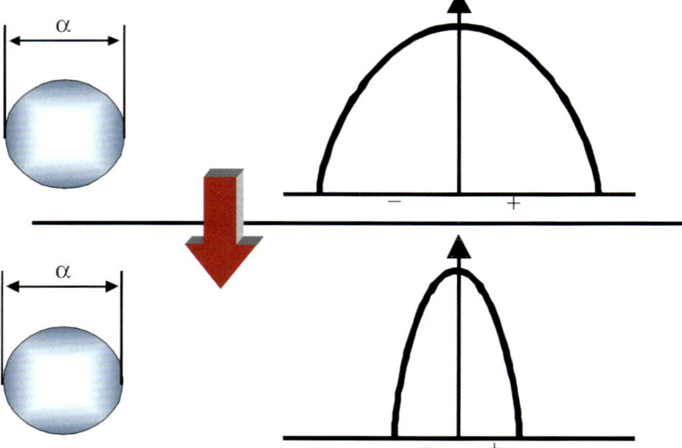

Bild 3.20 Toleranzbereich für manuelle und automatisierte Fertigung

flächen mit anderen Einzelteilen besteht. Darüber hinaus gibt es möglichst viele Fügekombinationen ohne Vorgängerbeziehungen (siehe Montagevorranggraph in Abschnitt 5.2.1), wodurch verschiedene Montagereihenfolgen möglich sind. Ohne Zwangsfolgen in der Montage ist es hierdurch möglich, flexibel auf Maschinenausfälle zu reagieren. Das Basisteil soll so ausgeführt werden, dass es geeignete Spann- und Auftragsflächen aufweist, so dass es als Werkstückträger genutzt werden kann. Das Basisteil in Bild 3.21 zeigt diese Eigenschaften.

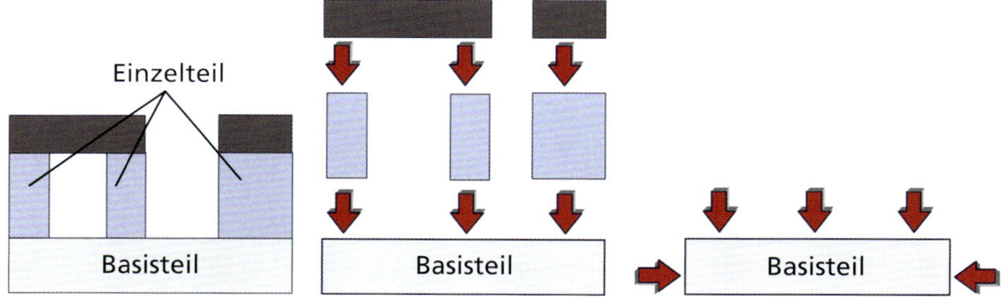

Bild 3.21 Eigenschaften eines Basisteils: Möglichst viele Einzelteile werden darauf aufgebaut (links); viele Fügekombinationen (Mitte), geeignete Spannflächen (rechts)

Direkten Zugang zu Greif- und Fügestellen vorsehen

Mit einer geradlinigen Fügebewegung (bspw. rein vertikal, vgl. Regel «Nur aus einer Richtung – bevorzugt von oben – fügen und einfache, geradlinige Fügebewegungen bevorzugen») geht einher, dass die Füge- und Greifstellen nicht verdeckt sind (Bild 3.22). Verdeckte Fügestellen können optisch nicht erkannt, sondern müssen taktil lokalisiert werden. Dies geschieht in der Regel über Sensoren, die einen Fügeprozess verlangsamen und eine hohe Investition darstellen. Zusätzlich wird die Programmierung erschwert, da nicht ersichtlich ist, an welcher Stelle sich der Roboter aktuell befindet. Der Freiraum beim Fügen kann dabei mit Q_F, die Zugänglichkeit des Positionierbereichs mit Q_p bezeichnet werden.

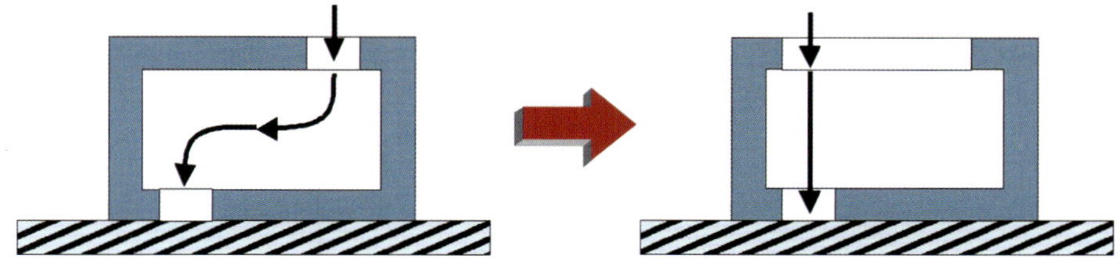

Bild 3.22 *Zugang zur Fügestelle*

Anzahl an nötigen Orientierungen während der Handhabung reduzieren

Zusätzlich zum vorangegangenen Punkt soll die Anzahl an notwendigen Orientierungen in Form von Rotationen des Bauteils während der Handhabung reduziert werden. Diese erhöht ebenfalls die Zeit für die Programmierung. Darüber hinaus muss das Bauteil in jeder Lage sicher gegriffen werden und der Roboter muss entsprechend viele Freiheitsgrade aufweisen.

Bezugsflächen und -kanten vorsehen (Bild 3.23)

Bezugsflächen und -kanten dienen dazu, dass mit einem Werkstück, das gefügt werden soll, an einen Anschlag herangefahren werden kann. Die Position des Bauteils ist durch diese Flächen festgelegt. Es können auch mehrere Bezugsflächen für ein Bauteil vorgesehen werden, um in mehreren Richtungen eine definierte Position vorzugeben.

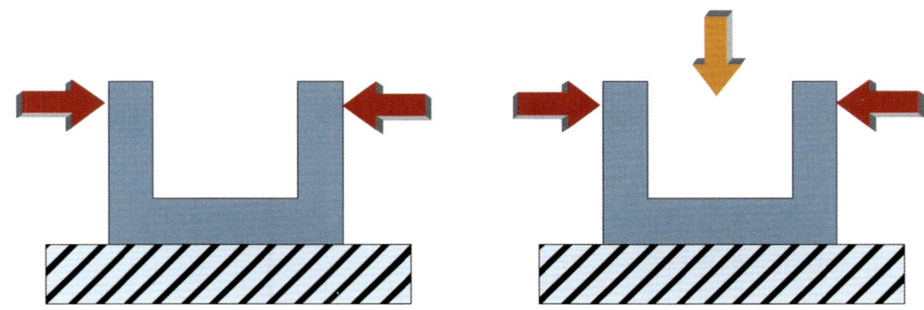

Bild 3.23 *Bezugsflächen zur Orientierung anderer Bauteile*

Fügehilfen zur erleichterten Positionierung und Orientierung vorsehen

Eine weitere Fügehilfe neben Bezugsflächen und -kanten sind Fasen. Diese erleichtern ein Einfädeln von Stiften, Schrauben und anderen Bauteilen in vorgesehene Vertiefungen. Roboter, die mit Kraft-Momenten-Sensoren ausgestattet sind, können zum Fügen nachgiebig eingestellt werden. Dann können sie entlang der Fasen ein Bauteil in eine Vertiefung einsetzen, ohne dass die Endposition eindeutig programmiert sein muss. Der Roboter fährt dabei zunächst eine ungefähre Fügeposition an und lokalisiert dann die genaue Fügestelle über eine iterative Suche nach der Position, in der der Widerstand des Werkstücks am geringsten ist. Somit können gewisse Fertigungstoleranzen ausgeglichen werden. Je größer die Fase an den Bauteilen ausgeführt wird, desto ungenauer können die Positionen der Fügepartner sein. Eine steilere Fase reduziert zusätzlich die seitliche Kraft auf die zu fügenden Teile.

Bauteile nach Fügevorgängen sichern

Fügebauteile (FBT) müssen nach dem erfolgreichen Fügevorgang gesichert werden. Einerseits können dann andere Bauteile sicher an oder auf diese Teile aufgesetzt werden. Andererseits können die Bauteile bei einem Transport auf einem Fördersystem nicht umkippen oder herausfallen und damit den Montage- oder Fertigungsprozess stören. Die Sicherung der Bauteile kann z. B. über Form- oder Kraftschluss hergestellt werden. Das Klipsen ist eine weitere Möglichkeit zur Sicherung von Bauteilen zueinander.

Kraftaufwand beim Fügen vermeiden

Kräfte und Momente beim Fügen sollten weitestgehend vermieden werden. Werden zum Fügen von Bauteilen Kräfte benötigt, müssen diese von der Montagevorrichtung aufgenommen werden. Diese Kräfte sollten nach Möglichkeit senkrecht nach unten, d.h. in Richtung der Schwerkraft, aufgebracht werden, da die Baugruppe sonst zusätzlich gegen Kippen gesichert werden muss. Müssen, z. B. beim Schrauben, Drehmomente auf die Einzelteile aufgebracht werden, müssen die Teile auch gegen Rotation gesichert werden.

3.4.4 Erkenn- und Sortierbarkeit

Unter Erkenn- und Sortierbarkeit werden die Punkte betrachtet, die für eine automatisierte Zuführung der Teile wichtig sind.

Verhaken oder Aneinanderhaften von Bauteilen im Haufwerk vermeiden

Ein Verhaken oder Aneinanderhaften von Bauteilen schränkt sowohl deren Erkennbarkeit als auch deren Sortierbarkeit ein. Teile, die dazu neigen, sich ineinander zu verhaken, werden als Wirrteile bezeichnet. Wirrteile sind kleine, leichte Teile, die nicht durch Schwerkraft voneinander getrennt werden können. Hierzu gehören beispielsweise Federn oder Sicherungsringe. Die Zuführung und auch die Handhabung solcher Teile stellt eine Herausforderung dar.

Visuelle Lagererkennung ermöglichen

Eine visuelle Lageerkennung ermöglicht eine teilgeordnete Zuführung, d.h., die Einzelteile können in unterschiedlichen stabilen Lagen, z. B. auf einem Förderband, bereitgestellt werden. Die visuelle Lageerkennung erfasst einzelne Bauteile und deren Orientierung. Entsprechend dieser Informationen wird das Bauteil gegriffen und entweder direkt verbaut oder zwischengelagert. Eine visuelle Lagererkennung hat den Vorteil, dass auch mehrere Bauteile parallel zugeführt werden können. Die unterschiedlichen Teile werden entsprechend eingelernter Merkmale erkannt und deren Lage an die Steuerung weitergegeben. Es ist eine wirtschaftliche Entscheidung, ob ein Bauteil visuell erkannt oder mechanisch in der benötigten Lage bereitgestellt wird. Eine visuelle Lageerkennung ist zwar mit höheren Kosten verbunden, aber deutlich flexibler einsetzbar als eine mechanische Zuführung.

3.4.5 Wirtschaftlichkeit

Die Wirtschaftlichkeit kann nicht nur durch das Robotersystem und die Fertigungsaufgabe an sich, sondern auch durch die Produktgestaltung beeinflusst werden. Die folgenden Punkte beziehen sich auf die Produktgestaltung. Die Bewertung der Wirtschaftlichkeit an sich wird in Kapitel 4 betrachtet.

Möglichst wenige Einzelteile vorsehen

Einerseits können Einzelteile reduziert werden, indem Baugruppen gebildet werden. Gibt es Produktfamilien, so sollten die Baugruppen für mehrere Varianten eingesetzt werden können. Andererseits können Bauteile als sogenannte Multifunktionsteile ausgeführt werden. Dies kann durch die Nutzung innovativer Fertigungsverfahren, wie z. B. 3D-Druckverfahren, vollzogen werden, wobei komplexe Baugruppen als ein einziges Teil gedruckt oder gefertigt werden. Auch die Materialwahl beeinflusst die Anzahl der Einzelteile: So sollte bei der Konstruktion überdacht werden, ob Kombinationen verschiedener Materialien zwingend erforderlich sind oder ob eine Nutzung von Einsätzen aus anderen Materialien, z. B. das Umspritzen von Metalleinlegern bei Kunststoffteilen, oder sogar die Fertigung aus einem einzigen Werkstoff möglich ist. Hier muss immer abgewägt werden, ob es wirtschaftlicher ist, eine geringere Anzahl komplexer oder eine größere Anzahl einfacher Einzelteile zu haben.

Fügestellen und Fügeaufwand reduzieren

Eine Reduktion der Fügestellen verringert einerseits den Programmieraufwand und andererseits den Materialaufwand für die Fügepartner. Darüber hinaus wird die Zeit zur Herstellung der Fügestellen gesenkt. Wie in der vorstehenden Regel beschrieben, kann dieses Ziel einerseits durch Verringerung der Bauteilanzahl erreicht werden. Andererseits können sie minimiert werden, wenn die Fügestellen entsprechend der auftretenden Lasten ausgelegt sind. Zur Sicherheit werden beispielsweise mehr Schraubstellen an einem Produkt vorgesehen als technisch notwendig. Dieser Punkt sollte jedoch hinsichtlich der Wirtschaftlichkeit überdacht werden. Des Weiteren können die Fügemittel bereits an den Bauteilen vorgesehen werden. Ein Beispiel hierfür ist die Verwendung von Gewinden, die bei rotationssymmetrischen Teilen, die eingeschraubt werden, direkt an diesen angebracht sind. Ein anderes Beispiel sind Klipse, die am zu fügenden Bauteil angebracht sind. Diese sorgen auch dafür, dass die Bauteile gleich nach dem Fügen ohne weitere Maßnahmen gesichert werden.

Standardisierte Fügeverfahren, -elemente und -schnittstellen verwenden

Eine Verwendung von gleichen Fügemitteln an einem Produkt reduziert den Aufwand für das Lagern unterschiedlicher Fügeelemente und die Auslegung unterschiedlicher Fügewerkzeuge. Zusätzlich kann bei der Verwendung weniger Fügeverfahren eine schnellere Prozessoptimierung stattfinden, da sie sich auf weniger Verfahren konzentriert.

Einfache, schnelle Fügeverfahren nutzen

Eine Verwendung einfacher, schneller Fügeverfahren reduziert einerseits die Taktzeit, andererseits kann die Programmierung vereinfacht werden. Zu den einfachen Fügeverfahren gehören unter anderem das Schrauben und das Klipsen. Beim Klipsen können, bei entsprechender Ausführung, Toleranzen zwischen den zu fügenden Bauteilen besser ausgeglichen werden als bei anderen Fügeverfahren. Die Verwendung bewährter Verfahren reduziert darüber hinaus den Aufwand zur Optimierung des Fügeprozesses, da bereits Erfahrungswerte vorhanden sind.

3.5 Bewertung der Automatisierbarkeit

Je mehr Regeln der montage- und automatisierungsgerechten Produktgestaltung berücksichtigt werden, desto einfacher werden die Planung, der Aufbau und die Programmierung des Robotersystems. Zur Bewertung der Automatisierbarkeit wurden mehrere Methoden entwickelt. Diese befassen sich nicht nur mit dem Produkt, sondern auch mit dem Prozess, der automatisiert werden soll. Mit der Bewertung der Automatisierbarkeit sollen potenzielle Vorgänge identifiziert werden, die eine wirtschaftliche Automatisierung bzw. eine manuelle Fertigung rechtfertigen.

Die Automatisierbarkeit des zu betrachtenden Prozesses beschreibt, wie technisch anspruchsvoll bzw. wie wirtschaftlich seine Umsetzung sein kann [3.29]. Um die Automatisierbarkeit eines Produktionsprozesses zu bestimmen, kann in der Literatur eine große Auswahl an Verfahren gefunden werden [3.6; 3.13; 3.14; 3.26], die sich mit dieser Problematik beschäftigen (Bild 3.24). Die Methoden unterscheiden sich hinsichtlich der Voraussetzungen bezüglich der Erfahrungen und der quantifizierten Systeminformationen. Die Erfahrung bezieht sich hierbei auf die des Nutzers der Methoden im Bereich der Automatisierung. Die quantifizierbaren Systeminformationen enthalten Angaben zum geplanten Robotersystem, wie z. B. Flächenbedarf und Anschaffungskosten. Sie ermöglichen eine Aussage über die wirtschaftliche Automatisierbarkeit zu unterschiedlichen Zeitpunkten in der Planungsphase. Generell gilt: Je später die Automatisierbarkeit bestimmt wird, desto fortgeschrittener wird die Planungsdetaillierung sein und umso höher werden die Kosten einer später erkannten Fehlentwicklung sein. Manche Methoden ermöglichen zudem die vereinzelte Betrachtung von Teilprozessen eines Montageprozesses.

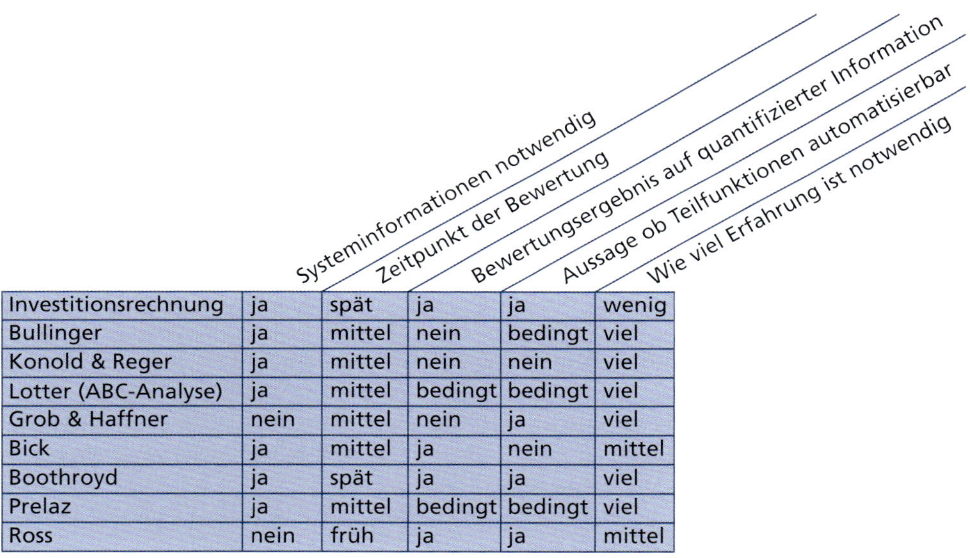

	Systeminformationen notwendig	Zeitpunkt der Bewertung	Bewertungsergebnis auf quantifizierter Information	Aussage ob Teilfunktionen automatisierbar	Wie viel Erfahrung ist notwendig
Investitionsrechnung	ja	spät	ja	ja	wenig
Bullinger	ja	mittel	nein	bedingt	viel
Konold & Reger	ja	mittel	nein	nein	viel
Lotter (ABC-Analyse)	ja	mittel	bedingt	bedingt	viel
Grob & Haffner	nein	mittel	nein	ja	viel
Bick	ja	mittel	ja	nein	mittel
Boothroyd	ja	spät	ja	ja	viel
Prelaz	ja	mittel	bedingt	bedingt	viel
Ross	nein	früh	ja	ja	mittel

Bild 3.24 *Methoden zur Bewertung der Automatisierbarkeit* [3.25]

Ross beschäftigt sich mit der Bewertung der Automatisierbarkeit [3.25]. In Tabelle 3.3 sind die von ihm aufgeführten Bewertungskriterien mit ihren Ausprägungen dargestellt. Die Kriterien ergeben sich aus den in Abschnitt 3.4 beschriebenen Gestaltungsregeln. Entsprechend des nötigen Aufwands zur Automatisierung des zugehörigen Montageprozesses ist jeder Ausprägung ein Wert zugeordnet. Die einzelnen Kriterien können je nach Vorzügen eines Unternehmens zueinander gewichtet werden. Hierzu kann beispielsweise die Methode des paarweisen Vergleichs verwendet werden.

Tabelle 3.4 stellt darüber hinaus dar, welche Kriterien einen Einfluss auf die Handhabung oder das Fügen haben. Der Montageprozess wird von allen Kriterien beeinflusst.

Die Automatisierbarkeit der Zellblockmontage für den EEBatt-Demonstrator wurde anhand der Methode von Ross [3.25], dargestellt in Bild 3.25, bewertet und im Folgenden und in Abschnitt 5.2.3 ausführlich beschrieben.

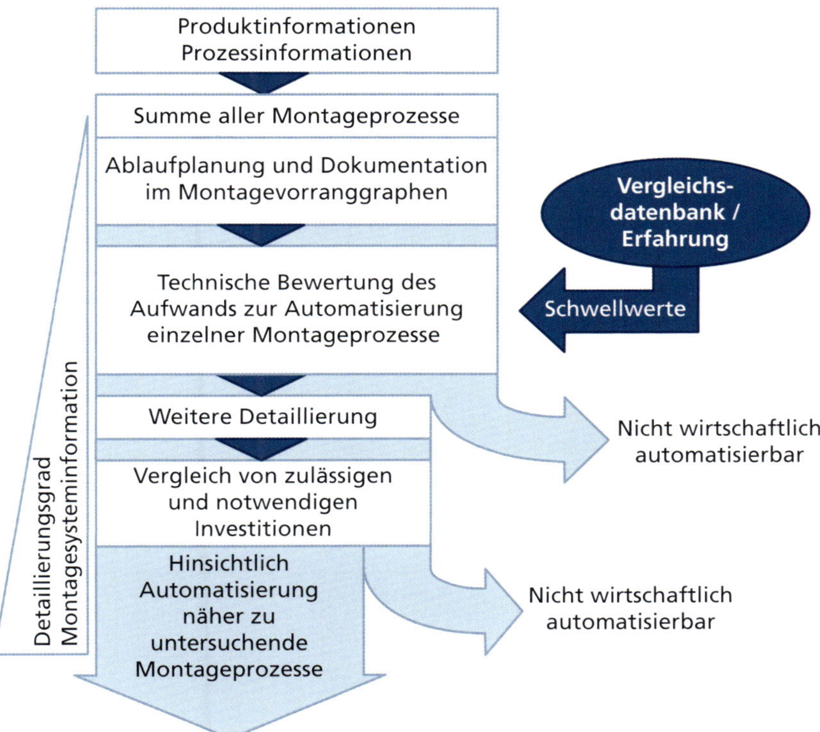

Bild 3.25 *Methode zur Bestimmung des Automatisierbarkeit von Montageprozessen* (nach [3.25])

INFOCLICK

Eine Vorlage zur Bewertung der Automatisierbarkeit finden Sie in unserem Onlineservice **InfoClick**.

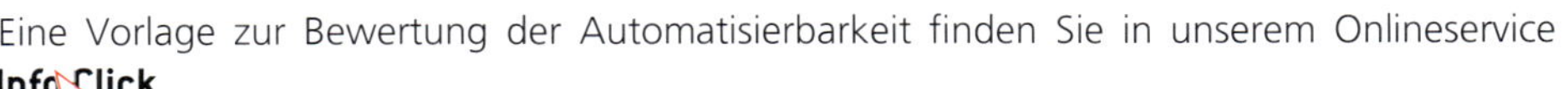

Im Projekt EEBatt wurde zu Beginn des Projektes, begleitend zur Konstruktion des Batteriespeichers, dessen montage- und automatisierungsgerechte Gestaltung kontrolliert und die Automatisierbarkeit der einzelnen Montageschritte bewertet und abgesichert. Dies erfolgte hauptsächlich für den Zellblock, da dieser in sehr hohen Stückzahlen benötigt wird und den Grundbaustein des Speichers bildet. Die einzelnen Montageschritte wurden bereits in Abschnitt 2.5.3 vorgestellt. Der Schritt «Temperatursensor befestigen» gliedert sich in die Punkte «Temperatursensor einsetzen und mit Wärmeleitpaste umhüllen» und «Kabel des Temperatursensors führen». Im Folgenden soll auf das Ergebnis der Bewertung der Automatisierbarkeit (Tabelle 3.5) für die Montageschritte des Zellblocks (siehe Bild 2.8) eingegangen werden.

Zellhalter bereitstellen

- Handhabbarkeit:
  Der Zellhalter kann durch eine geradlinige Bewegung in eine Vorrichtung eingesetzt werden. Während der Handhabung kann der Zellhalter durch entsprechende Greiffinger im Greifer gesichert werden. Zudem kann der Zellhalter im Schwerpunkt gegriffen werden. Weitere

Tabelle 3.3 *Kriterien zur Bewertung der Automatisierbarkeit [3.25]*

Kriterium	Aufwand für automatisierten Montageprozess			
	1	2	3	4
FBT formstabil	formstabil	reduziert formstabil	kaum formstabil	formlabil
FBT empfindlich	unempfindlich	kaum empfindlich	empfindlich	sehr empfindlich
Greifflächen	Greifflächen außen	Greifflächen innen	Magnetgreifer	Greifer mit Stoffschluss
Varianten	keine weitere	eine	zwei	mehr als zwei
Hüllvolumen (Länge / Breite / Höhe)	Alle 3 Abmessungen mittelgroß	Eine Abmessung klein oder groß	Zwei Abmessungen klein und/oder groß	Alle drei Abmessungen klein und/oder groß
Symmetrie	Kugel, Zylinder (rotationssymmetisch)	Würfel, Quader (flächen-symmetrisch)	ausgeprägt asymmetrisch/ keine Symmetrie	scheinbar symmetrisch
Stabile Lagen	bis zu vier	mehr als vier	stabile und instabile	nur instabile
Verhaken	nein	Haften bzw. Verklemmen möglich	Bauteildurchdringung möglich	Verhaken der Bauteile möglich
Fehlerhafte Bauteile	nie	sehr selten	selten	häufig
Zugänglichkeit Positionierbereich	sehr gut $1{,}5 < Q_p$	gut $1{,}2 < Q_p < 1{,}5$	befriedigend $1 < Q_p < 1{,}2$	AUSREICHEND $Q_p = 1$
Orientieren	keine Achse	eine Achse	zwei Achsen	drei Achsen
Fügebewegung	linear	Rotation	linear rotatorisch	Bahnbewegung
Kraft / Moment	kein(e)	gering	mittel	hoch
Fügehilfen	FBT und BBT	FBT	BBT	keine
Basisbauteile	ein	zwei	drei	mehr als drei
Kontaktstellen	eine	zwei nacheinander	zwei zeitgleich	mehr als zwei
Anschlag	ja		nein	
FBT gesichert	alle Richtungen	Schwerkraft und Formschluss	Schwerkraft und Reibung	zusätzliche Sicherung nötig
Freiraum beim Fügen	sehr gut $1{,}5 < Q_F$	gut $1{,}2 < Q_F < 1{,}5$	befriedigend $1 < Q_F < 1{,}2$	ausreichend $Q_F = 1$
Sonderoperationen notwendig	keine	eine	zwei	mehr als zwei

Sonderoperationen sind nicht erforderlich. Der Greifer kann jedoch nur für maximal 4 Komponenten oder Baugruppen in der geplanten Montage verwendet werden. Generell ist der Zellhalter aber problemlos handhabbar.

- Greifbarkeit:
  Der Zellhalter selbst ist formstabil und es sind außenliegende Greifflächen vorhanden. Er ist nicht symmetrisch, weist aber stabile Lagen auf. Eine Verschmutzung des Bauteils kann ausgeschlossen werden. Der Zellhalter kann somit als greifbar eingestuft werden. Durch seine filigrane Ausführung ist er jedoch empfindlich gegenüber hohen Greifkräften.

Tabelle 3.4 *Einfluss der Kriterien auf Handhabung und Fügen* [3.25]

Kriterium	Einfluss auf		
	Montageprozess	Handhabung	Fügen
Stückzahl	X	X	X
Losgrößen	X	X	X
Länge des Produktlebenszyklus	X	X	X
FBT formstabil	X	X	X
FBT empfindlich	X	X	X
Greifflächen für Handhabung und Fügen an FBT	X	X	X
Prozessrelevante Varianten des FBT	X	X	X
Hüllvolumen des FBT	X	X	
Symmetrie des FBT	X	X	
Anzahl stabiler Bauteillagen	X	X	
Verhaken oder aneinander haften der FBT	X	X	
Fehlerhafte FBT, Fremdteile, Verschmutzung	X	X	
Zugänglichkeit des Positionierbereiches	X	X	
Orientieren des FBT vor dem Fügen	X	X	
Fügebewegung	X		X
Fügekraft-/-moment	X		X
Fügehilfen vorhanden	X		X
Anzahl Basisbauteile	X		X
Anzahl Kontaktstellen des FBT	X		X
Fügen gegen einen Anschlag	X		X
FBT nach Fügeprozess gesichert	X		X
Freiraum beim Fügen	X		X
Sonderoperationen notwendig	X		

- Positionierbarkeit:
  Der Zellhalter muss beim Einsetzen in mehreren Richtungen orientiert werden. Darüber hinaus sind Fügehilfen nur am Basisbauteil, der Montagevorrichtung, vorgesehen. Die Zugänglichkeit zum Positionierbereich ist gut und durch die Konstruktion der Montagevorrichtung können die Kontaktstellen für das Einsetzen entsprechend einfach gestaltet werden. Der Zellhalter kann über Formschluss in der Vorrichtung gesichert werden. Er ist positionierbar.
- Erkenn- und Sortierbarkeit:
  Der Zellhalter kann aufgrund seiner Geometrie leicht erkannt werden. Bei geeigneter Zuführung kann kein Verhaken auftreten. Der Zellhalter kann problemlos erkannt und sortiert werden.
  Insgesamt ist der Schritt des Einsetzens des Zellhalters in die Montagevorrichtung als problemlos automatisierbar einzustufen.

Batteriezellen stecken (Bild 3.26)

- Handhabbarkeit:
  Die Zellen werden über eine lineare vertikale Fügebewegung in den Zellhalter eingesetzt. Während der Montage sind keine Sonderoperationen nötig und die Zelle kann in der

Tabelle 3.5 Bewertung der Automatisierbarkeit des Zellblocks

Montagevorgang	Bauteil	Handhabbarkeit	Greifbarkeit	Positionierbarkeit	Erkenn- und Sortierbarkeit	Gesamtfazit
Zellhalter bereitstellen	Zellhalter					problemlos automatisierbar
Batteriezellen stecken	Batteriezelle					automatisierbar
Zellhalter aufstecken	Zellhalter					automatisierbar
Ableiter aufstecken	Ableiter					automatisierbar
Temperatursensor einsetzen	Temperatursensor					bedingt automatisierbar
Kabel des Temperatursensors führen	Kabel					mit hohem Aufwand automatisierbar

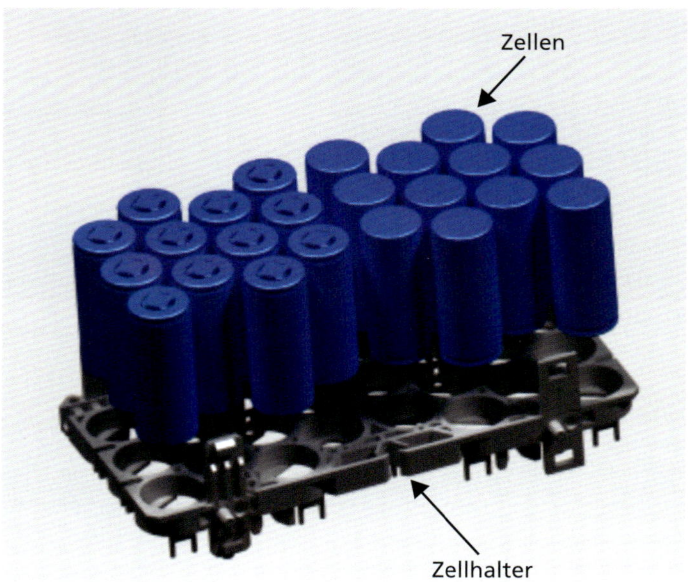

Bild 3.26 Montage der Zellen

Schwerpunktachse gegriffen werden. Die Zellen sind automatisiert zuführbar, jedoch sind diese im Greifer, der nur für die Handhabung der Zellen verwendet werden kann, nicht gesichert. Die Geschwindigkeit beim Handhaben der Zellen muss so eingestellt werden, dass die Zellen nicht herausfallen. Aufgrund der Konstruktion ist nicht ausreichend Platz für Greiffinger vorhanden und die Zellen müssen von oben gegriffen werden. Zudem besteht die Gefahr, dass die Zellen bei einem mechanischen Griff durch zu hohe Greifkräfte beschädigt werden. Die Zellen sind dennoch handhabbar.

- Greifbarkeit:
  Die Oberfläche der Zellen ist empfindlich. Die Zellen besitzen sowohl stabile als auch instabile Lagen. Eine Verschmutzung kann ausgeschlossen werden. Die Zellen sind formstabil und rotationssymmetrisch. Somit sind sie ebenfalls greifbar.
- Positionierbarkeit:
  Zur Montage müssen die Batteriezellen um zwei Achsen orientiert werden. Fügehilfen sind nur am Basisteil – hier dem Zellhalter – vorhanden. Die Zugänglichkeit zum Positionierbereich sowie zur Bereitstellung ist sehr gering, weshalb sich ein Sauggreifer anbietet. Es gibt nur eine Kontaktstelle beim Einsetzen der Zelle. Abhängig von der Einhaltung der Toleranzen der Zelle und der Aussparungen im Zellhalter können Fügekräfte auftreten. Diese bewegen sich jedoch im Rahmen derer, die vom Roboter aufgebracht und von den Batteriezellen ohne Beschädigung übertragen werden können. Der Sauggreifer unterstützt durch seine weiche Bauform den Toleranzausgleich passiv. Die Zellen sind nur über Schwerkraft im Zellhalter gesichert. Insgesamt sind die Zellen positionierbar.
- Erkenn- und Sortierbarkeit:
  Eine visuelle Erkennung der Zellen ist möglich, ein Verhaken der Zellen kann ausgeschlossen werden. Sie sind deshalb problemlos erkenn- und sortierbar.

Somit können die Zellen automatisiert in den Zellhalter eingesetzt werden.

Zellhalter aufstecken (Bild 3.27)

- Handhabbarkeit und Greifbarkeit:
  Beim Aufsetzen des Zellhalters ändern sich dessen Handhabbarkeit und Greifbarkeit im Vergleich zu dessen erstem Einsetzen in die Montagevorrichtung nicht.
- Positionierbarkeit:
  Beim Positionieren müssen jedoch alle 24 Zellen gleichzeitig in die entsprechenden Aussparungen im oberen Zellhalter eingefügt werden. Der Fügefreiraum an sich ist schwer zugänglich und die hohe Anzahl an Kontaktstellen und die Verwendung sehr starrer Klips resultieren in einer hohen Fügekraft. Dies kann dazu führen, dass eine Automatisierung nicht möglich ist. Nach dem Fügen des Zellhalters sind jedoch alle Bauteile gesichert und ein Verkippen oder Herausfallen beim anschließenden Transport ist ausgeschlossen. Der Zellhalter ist trotzdem nur noch bedingt positionierbar.
- Erkenn- und Sortierbarkeit:
  Durch die Verwendung von sechs Klipsen kann es zum Verhaken der beiden Zellhalter bei der Montage kommen. Der Zellhalter ist zwar erkennbar, aber aufgrund des Verhakens bei der Montage nur bedingt sortierbar.

Insgesamt ist das Aufsetzen des zweiten Zellhalters auf den Zellen automatisierbar.

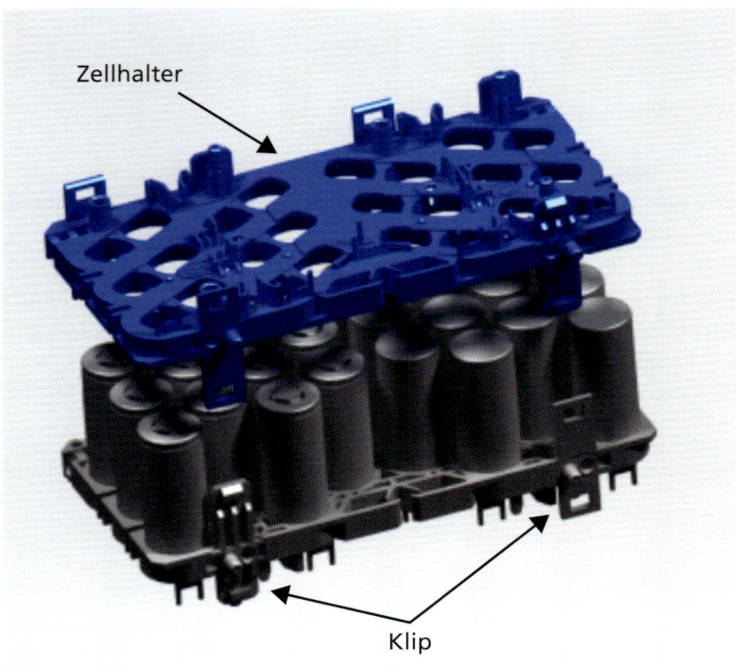

Bild 3.27 Montage des zweiten Zellhalters

Zellverbinder bzw. Ableiter aufstecken (Bild 3.28)

- Handhabbarkeit:
  Die Ableiter werden mit einer linearen, vertikalen Bewegung aufgesetzt. Sie können geordnet zugeführt werden. Da das Schweißen erst nach Abschluss der Zellblockmontage erfolgt, finden keine Sonderoperationen während der Montage statt. Der Greifer kann den Ableiter sicher am Schwerpunkt greifen. Der Greifer kann jedoch ausschließlich für die Ableiter verwendet werden. Die Ableiter sind dennoch automatisiert handhabbar.
- Greifbarkeit:
  Die Ableiter sind aufgrund des verwendeten Materials und dessen Stärke empfindlich. An sich sind sie jedoch formstabil. Die Ableiter können von außen gegriffen werden und weisen stabile Lagen auf. Der Ableiter besitzt keine Symmetrie und kann in seltenen Fällen Verschmutzungen aufweisen. Er ist insgesamt greifbar.
- Positionierbarkeit:
  Der Ableiter muss in mehreren Richtungen orientiert werden und es sind aufgrund der Materialstärke keine Fügehilfen vorgesehen. Eigenspannungen und die Toleranzen aufgrund des Stanzprozesses können zu Problemen bei der Positionierung führen. Er muss gleichzeitig in zwei Stifte (siehe Bild 3.29), die zur lagerichtigen Positionierung dienen, eingeführt werden. Es gibt ein Basisbauteil, den Zellhalter, und die Fügekraft ist gering. Der Fügebereich ist gut zugänglich. Der Ableiter kann als positionierbar eingestuft werden. Wäre ein Loch zur Positionierung als Langloch ausgeführt, würde sich die Positionierbarkeit erheblich verbessern.

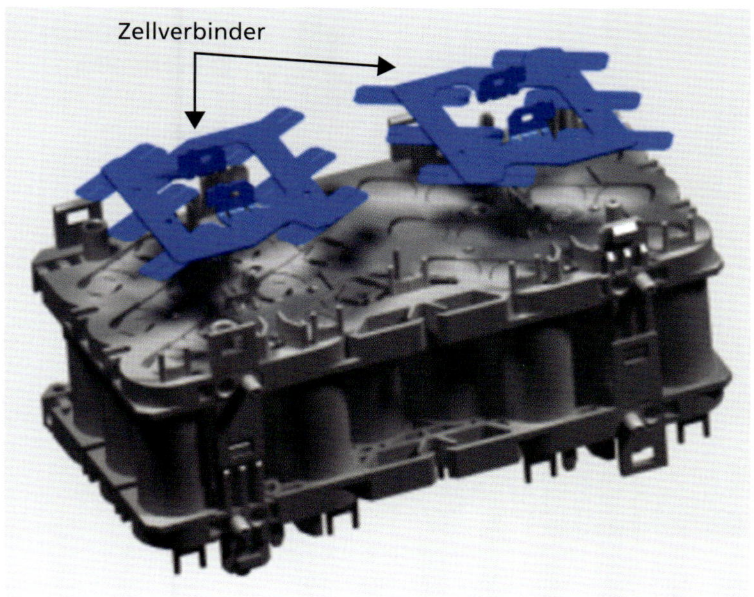

Bild 3.28 Montage der Zellverbinder

- Erkenn- und Sortierbarkeit:
  Aufgrund der metallischen Oberfläche ist eine visuelle Erkennung durch Reflexionen eingeschränkt. Es kann durch die abstehenden Enden zu einem Verklemmen der Ableiter kommen. Die Ableiter sind jedoch erkenn- und sortierbar.

Insgesamt kann das Aufsetzen der Ableiter automatisiert durchgeführt werden.

Ableiter anschweißen

Das Verschweißen der Zellverbinder mit den Batteriezellen wird in diesem Fall nicht betrachtet, da kein Bauteil gefügt werden muss und es sich um eine reine Prozessbetrachtung handelt. Der Prozess an sich ist automatisierbar. Die Schweißstellen sind zudem frei zugänglich. Die genauen Rahmenbedingungen und Voraussetzungen bei Verwendung unterschiedlicher Schweißverfahren müssen gesondert untersucht werden.

Temperatursensor einsetzen und mit Wärmeleitpaste umhüllen (Bild 3.29)

- Handhabbarkeit:
  Der Temperatursensor muss von oben linear in den Zellhalter eingefügt werden. Er kann z. B. über einen Schlauch geordnet zugeführt werden. Jedoch ist der Greifer nur für den Temperatursensor geeignet. Ein Greifen am Schwerpunkt ist nicht möglich und der Sensor ist beim Greifen nicht gesichert. Der Temperatursensor muss nach dem Einführen in die entsprechende Aussparung mit

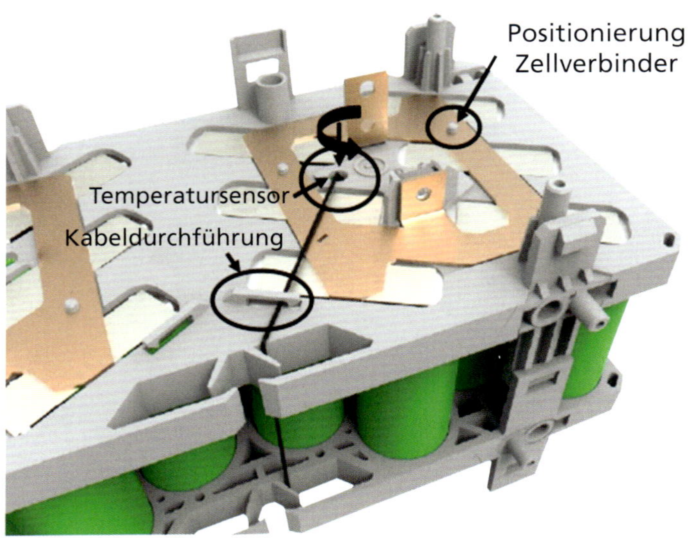

Bild 3.29 *Lage Temperatursensor und Positionierung Zellverbinder*

Wärmeleitpaste umspritzt werden. Es muss somit während der Montage eine Sonderoperation ausgeführt werden. Der Temperatursensor ist deshalb nur bedingt handhabbar.

- Greifbarkeit:
  Der Sensor ist empfindlich, formlabil, kann nur bedingt gegriffen werden, ist nicht symmetrisch, weist nur instabile Lagen auf und ist verhältnismäßig klein. Er ist jedoch nicht verschmutzt. In der Folge ist der Sensor nur mit hohem Aufwand greifbar.
- Positionierbarkeit:
  Der Sensor muss in eine Aussparung eingebracht werden, die sehr gut zugänglich ist. Es wird keine Fügekraft benötigt und eine Orientierung muss nur in zwei Achsrichtungen stattfinden. Die Position des Sensors ist jedoch nach der Montage nicht gesichert. Der Sensor ist automatisiert positionierbar.
- Erkenn- und Sortierbarkeit:
  Der Sensor ist aufgrund seiner kleinen Größe nur bedingt erkennbar. Die Kabel können sich verheddern, was eine Sortierbarkeit erschwert.

Zusammenfassend kann die Montage des Temperatursensors als bedingt automatisierbar eingestuft werden.

Kabel des Temperatursensors führen

- Handhabbarkeit:
  Das Kabel des Temperatursensors kann nicht automatisiert zugeführt werden. Es ist im Greifer nicht gesichert und muss über eine komplexe Bewegung im Zellhalter verlegt werden. Ein Greifen im Schwerpunkt ist nicht möglich. Das Kabel ist somit nur mit hohem Aufwand automatisiert handhabbar.

- Greifbarkeit:
  Das Kabel ist empfindlich, formlabil, kann nicht sicher und präzise gegriffen werden, ist nur scheinbar symmetrisch und sehr instabil. Das Kabel ist folglich nur bedingt greifbar.
- Positionierbarkeit:
  Das Kabel muss in drei Achsrichtungen orientiert werden. Fügehilfen sind nur am Basisteil vorhanden. Der Positionierbereich ist eingeschränkt zugänglich. Es sind mehr als zwei Kontaktstellen vorhanden. Eine Sicherung für das Kabel ist notwendig. Zusammenfassend ist das Kabel nur bedingt positionierbar.
- Erkenn- und Sortierbarkeit:
  Das Kabel ist aufgrund der unterschiedlichsten Verformungen nicht erkennbar und durch ein mögliches Verknoten der Kabel auch nur mit hohem Aufwand sortierbar.

Das Verlegen des Kabels ist somit nur mit hohem Aufwand automatisierbar.

Tabelle 3.5 zeigt die Zusammenfassung der Bewertung der einzelnen Montageschritte des Zellblocks.

Der Tabelle kann entnommen werden, dass eine Automatisierung gegen Ende der Montage komplizierter und aufwendiger wird. Jedoch ist es möglich, die Montage in eine automatisierte Station und eine daran angeschlossene manuelle Station zu unterteilen. Dadurch kann der hohe Aufwand des Einsetzens von 24 Batteriezellen automatisiert werden, die dann zwischen den Zellhaltern gesichert werden können. Ein Mensch kann anschließend die filigrane Arbeit des Verlegens des Temperatursensors durchführen.

Die montage- und automatisierungsgerechte Produktgestaltung ist ein Kernelement der Automatisierung. Sie ist die Ausgangsbasis für die Machbarkeit eines Automatisierungsprojektes.

3.6 Vergleich von Robotersystemen

Eine Entscheidung für oder gegen ein technisches System erfolgt anhand einer technisch-wirtschaftlichen Bewertung. Schimke unterscheidet drei unterschiedliche Bewertungsarten. Ihm zufolge gibt es die Bewertung der

- technischen Fähigkeiten,
- der zu erwartenden Zahlungsströme und
- der Einsatzmöglichkeiten unter firmenspezifischen Randbedingungen. [3.26]

Die Bewertung von Systemen geht jedoch immer mit dem Problem einher, dass monetäre Gesichtspunkte mit qualitativen Kriterien verglichen werden müssen. Zudem sind die einzelnen Ziele, die mit einem neuen System erreicht werden sollen, gegenläufig. Eine Forderung ist z. B. ein hochtechnisiertes System zu niedrigen Kosten. Es ergibt deshalb Sinn, die einzelnen Systeme zuerst getrennt anhand der quantitativen und der qualitativen Kriterien zu bewerten und anschließend in einer Gesamtbewertung gegenüberzustellen. Dieses Vorgehen ergibt ein 3-spuriges Bewertungsvorgehen (Bild 3.30). [3.26] Die qualitativen Kriterien werden dabei in einer Nutzwertanalyse gegenübergestellt. Das hierfür notwendige Vorgehen wird in Abschnitt 3.6.3 vorgestellt. Quantitative Kriterien fließen in eine Wirtschaftlichkeitsrechnung ein. Dieses Thema wird in Kapitel 4 ausführlich behandelt. Manche Kriterien können sowohl in der quantitativen als auch in der

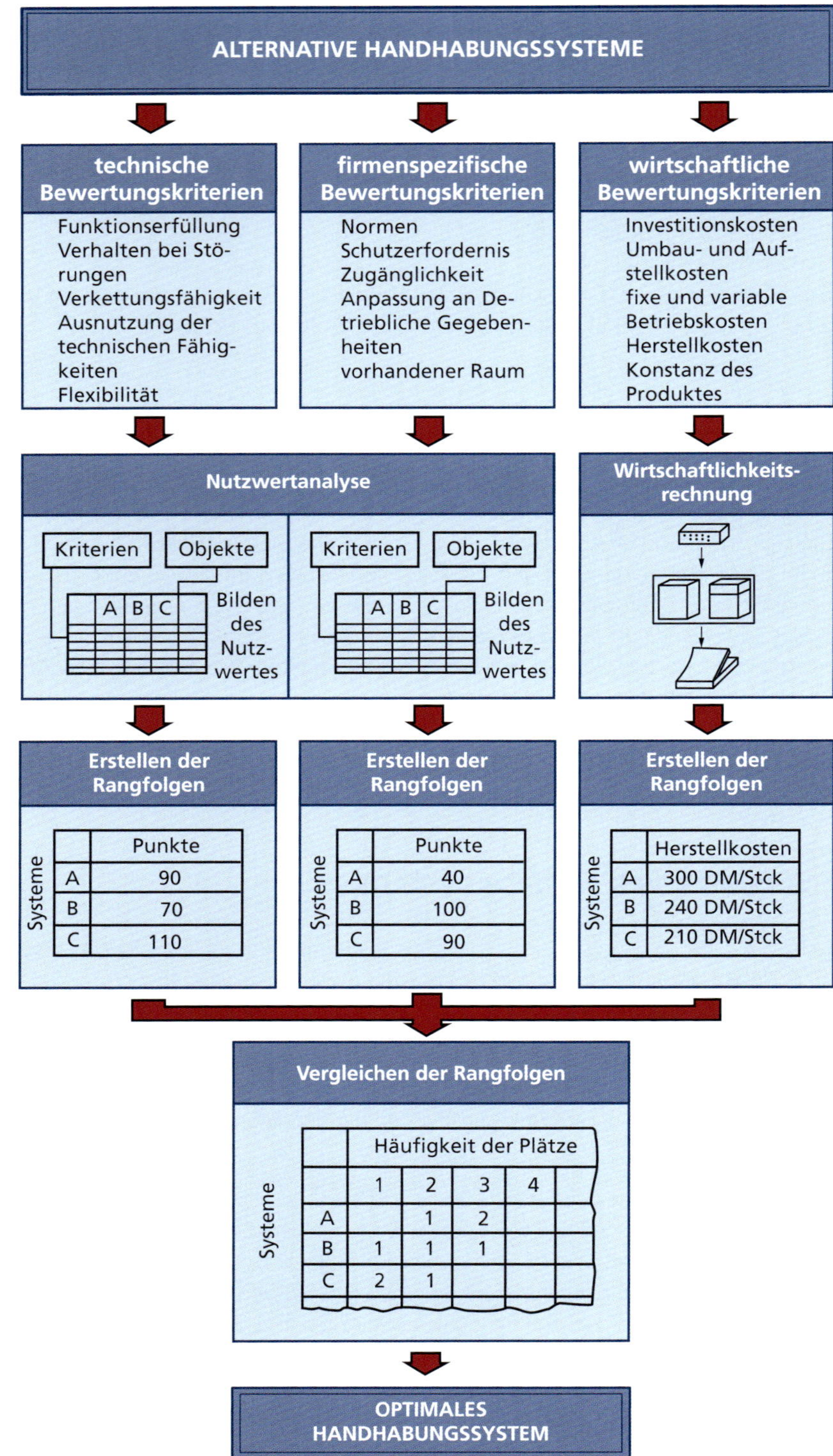

Bild 3.30 *Vorgehen bei der Bewertung von Fertigungssystemen* [3.26]

qualitativen Bewertung berücksichtigt werden. Ein Beispiel ist der Raumbedarf einer Anlage. Einerseits muss in der Bewertung geprüft werden, ob der vorhandene Platz für die Automatisierungslösung ausreicht. Andererseits fließt der nötige Flächenbedarf über die Raumkosten in die Wirtschaftlichkeitsbewertung ein. Um eine überproportionale Gewichtung von Kriterien, die auf mehrere Bereiche Einfluss haben, zu vermeiden, sollte dies in der Gesamtbewertung berücksichtigt werden. Es ist auch möglich, den Einfluss entsprechend ihrer Bedeutung in den einzelnen Bereichen zu gewichten.

Die Aussagekraft und Güte der Ergebnisse hängt entscheidend von der Vollständigkeit und Richtigkeit der verfügbaren Daten ab. Darüber hinaus haben die ausgewählten Kriterien zur Bewertung einen hohen Einfluss auf das Ergebnis. Schimke schlägt eine Gliederung der technischen Kriterien anhand der einzelnen Komponenten des Systems vor [3.26]. Dadurch soll ein Vergessen von Einflussgrößen vermieden werden. Zusätzlich zu den Kriterien, die auf den einzelnen Komponenten beruhen, gibt es noch übergeordnete Kriterien, die das Gesamtsystem betreffen. Bild 3.31 zeigt einige relevante Kriterien auf. Eine genauere Aufstellung ist bereits in Abschnitt 3.2 enthalten.

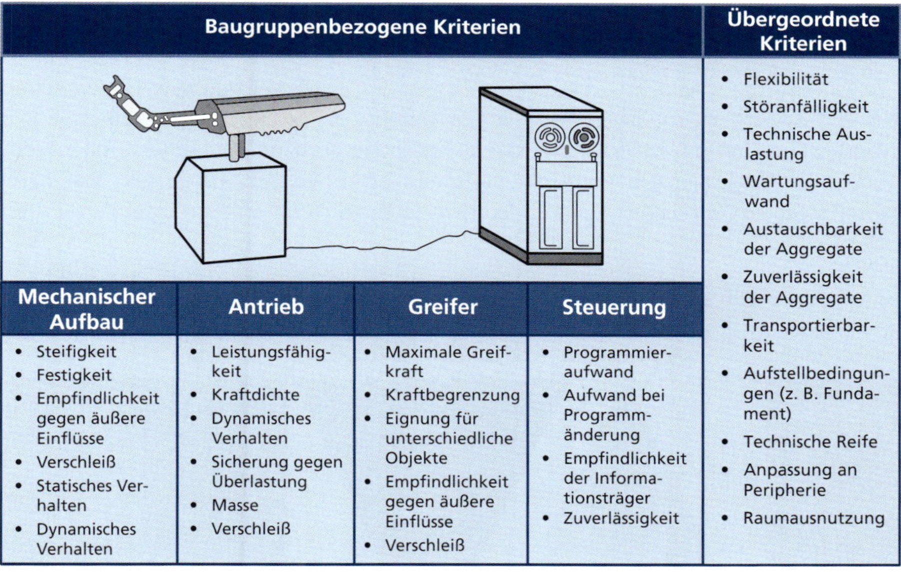

Bild 3.31 *Bewertungskriterien für Robotersystem* [3.26]

In den folgenden Abschnitten soll nach einem Exkurs zur Ermittlung von Vorgabezeiten, die als Eingangsdaten für nachfolgende Schritte dienen, zuerst auf die Primär-Sekundär-Analyse eingegangen werden. Anschließend wird das Vorgehen bei der Nutzwertanalyse beschrieben.

3.6.1 Bestimmung der Vorgabezeiten

Die Zeiten für die einzelnen Vorgänge können mit unterschiedlichen Verfahren ermittelt werden. Einerseits lassen sich die Zeiten anhand von Beobachtungen erfassen [3.23]. Dieses Vorgehen wird zum Beispiel bei der Grundanalyse verwendet. Andererseits können Systeme vorbestimmter Zeiten verwendet werden, wie es bei der Feinanalyse üblich ist. Mögliche Verfahren Methods-Time

Measurement (MTM), ***W**ork **F**actor* (WF) und ***M**aynard **O**perations **S**equence **T**echnique* (MOST) [3.17]. Das MTM-Verfahren lässt sich auch auf die Zykluszeiten eines Robotersystems übertragen [3.17]. Alternativ kann speziell für Robotersysteme die Methode der RTM (***R**obot **T**ime and **M**otion*) verwendet werden [3.19].

Das bekannteste System ist das MTM-Verfahren, das im Folgenden näher betrachtet wird. MTM gliedert jeden Bewegungsablauf in Grundbewegungen. Jeder Grundbewegung ist ein Normzeitwert zugeordnet. Die Normzeitwerte variieren entsprechend definierter Einflussgrößen. Einfluss haben zum Beispiel die Entfernung und die Masse eines Produktes oder dessen Ordnungszustand bei der Bereitstellung. Die Normzeitwerte werden zur Berechnung der Ausführungszeit mit der kleinsten Maßeinheit TMU (***T**ime **M**easurement **U**nit*) multipliziert. Diese beträgt 0,036 s. Im Laufe der Zeit haben sich unterschiedliche Ausprägungen des MTM-Verfahrens entwickelt. Je nach Anwendungsbereich lassen sich vier MTM-Verfahren anwenden:

- MTM-Grundverfahren (MTM-1)
- MTM-Standarddaten (MTM-SD)
- MTM-universelles Analysiersystem (MTM-UAS)
- MTM-Einzel- und Kleinserienfertigung (MEK)

Die Verfahren unterscheiden sich hauptsächlich in den dafür vorgesehenen Anwendungen. Während das MTM-1 Grundaufgaben mit einem hohen Detaillierungsgrad von etwa 8 TMU analysiert, betrachtet das MTM-UAS zusammengesetzte Vorgänge mit einer Größenordnung von über 100 TMU. Eine Übersicht der Verfahren ist in Bild 3.32 dargestellt. Das MTM-1-Verfahren stellt die Grundlage für alle anderen Verfahren dar und wird im Folgenden vorgestellt [3.6; 3.17].

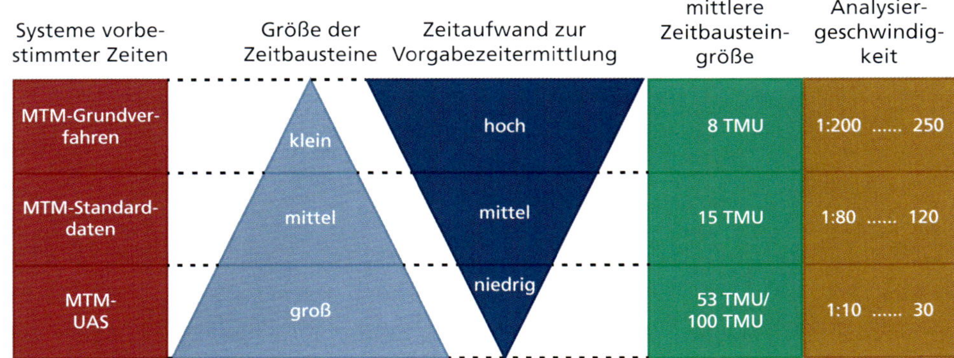

Bild 3.32 *Übersicht über die MTM-Verfahren und deren Zeitaufwand* [3.6]

In der Montage bestehen ca. 85% aller Arbeitsabläufe aus den fünf Grundbewegungen Hinlangen, Greifen, Bringen, Fügen und Loslassen. Die in Bild 3.33 dargestellte Reihenfolge ist dabei typisch für die Bewegungsabläufe.

In Bild 3.34 wird exemplarisch die Bestimmung der Vorgabezeit mit der Codierung der MTM-Normzeitwerte veranschaulicht. Jede MTM-Grundbewegung besitzt eine eigene Codierungstabelle. Beispielsweise wird die Codierung R26C für die Bewegung «Hinlangen zum Teil» nach der MTM-Normzeitwertkarte für Hinlangen folgendermaßen gebildet:

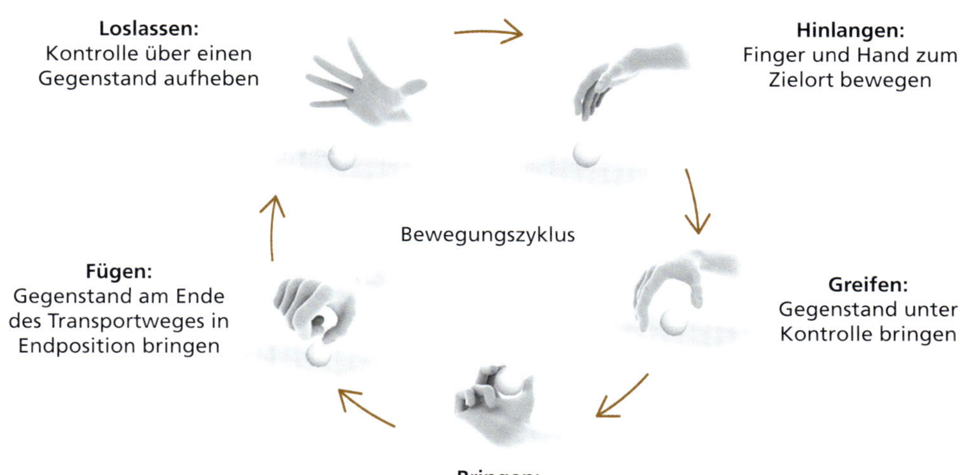

Bild 3.33 *MTM- Grundbewegungszyklus* [3.17]

Nr.	Linke Hand	Symbol	TMU	Symbol	Rechte Hand
1	Hinlangen zum Teil	R26C	13,0	R26C	Hinlangen zum Teil
2	Greifen Teil	G4B -	9,1 9,1	- G4B	- Greifen Teil
3	Bringen zur Fügeposition	M26C	13,7	M26C	Bringen zur Fügeposition
4	Fügen Teil	PISE	5,6	PISE	Fügen Teil
5	Loslassen	RL1	2,0	RL1	Loslassen

Ergebnis: TMU = 52,5

Bild 3.34 *Beispiel zur Bestimmung von Vorgabezeiten mit Codierung nach MTM-1* [3.17]

R: Reach (Hinlangen)

26: 26 cm Bewegungslänge

C: Hinlangen und Auswählen eines Gegenstandes, der mit gleichen oder ähnlichen Gegenständen vermischt ist.

Aus der MTM-Normzeitwertkarte für Hinlangen ergibt die Codierung R26C eine TMU von 13 Einheiten.

Bei Roboterzellen gelten für die Bewegungen des Roboters die fünf Grundbewegungen nach MTM in vollem Umfang analog. Bild 3.35 zeigt den Handhabungszyklus eines Roboters. Den

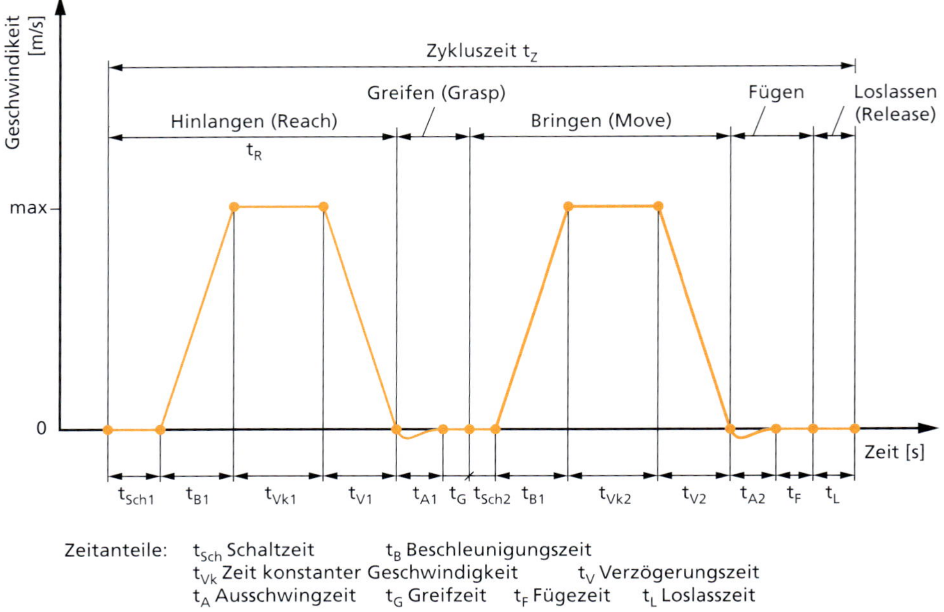

Bild 3.35 *Taktzeit eines Robotersystems* (IPA Stuttgart [3.16])

entsprechenden Zeitabschnitten sind die Grundbewegungen nach MTM zugeordnet. Der Roboter bewegt sich als Erstes zu einem Greifobjekt hin. Anschließend greift er dieses und fährt damit zum Fügeort. Dort fügt er das Bauteil und lässt es los. Die Zykluszeit t_Z eines Roboters kann dabei in beeinflussbare und weniger beeinflussbare Zeiten unterteilt werden. Zu den weniger beeinflussbaren Zeiten zählt die Schaltzeit des Roboters. Sie ist abhängig von der Steuerung und deren Komponenten. Die Beschleunigungs- und die Verzögerungszeit sind abhängig von der Roboterart und können in einem gewissen Rahmen bei der Programmierung variiert werden. Die Verfahrzeit mit konstanter Geschwindigkeit ist einerseits abhängig von der programmierten Geschwindigkeit und andererseits vom zurückgelegten Weg. Die Ausschwingzeit wird zum einen von der Steifigkeit des Roboters und zum anderen von der gegriffenen Masse beeinflusst. Die Greifzeit wird hauptsächlich von der Art der Bereitstellung bestimmt. Die Fügezeit ist von der Gestaltung des Produktes und der Fügestellen abhängig. [3.15; 3.17]

3.6.2 Primär-Sekundär-Analyse

Eine wirtschaftliche Produktion zeichnet sich dadurch aus, dass der überwiegende Anteil der durchgeführten Tätigkeiten und Vorgänge der Wertschöpfung eines Produktes dient. In der Montage wurde zur Bewertung der einzelnen Fertigungsschritte hinsichtlich deren Wertschöpfung die sogenannte **P**rimar-**S**ekundär-**A**nalyse (PSA) entwickelt. Diese lässt sich aber auch auf andere Fertigungsbereiche übertragen. Mithilfe dieser Analyse ist es möglich, den sog. wirtschaftlichen Wirkungsgrad als quantitatives Kriterium zu ermitteln, um auf Optimierungs- und Rationalisierungspotenzial aufmerksam zu machen. In der Primär-Sekundär-Analyse gelten die folgenden Definitionen gemäß Lotter:

«**P**rimär**v**orgänge (PV) sind alle Aufwendungen an Zeit, Energie, Informationen und Teilen zur Vervollständigung eines Produktes, die der Wertschöpfung während der Montage dienen. Beispiele sind Greifen, Einlegen oder Einschrauben von Teilen zur Vervollständigung des Produktes. Als Messgröße gilt die Zeitdauer des Vorganges.

Sekundär**v**orgänge (SV) sind alle aufgrund des gewählten Montageprinzips notwendigen Aufwendungen an Zeit, Energie und Informationen, ohne eine Wertschöpfung des Produktes zu bewirken. Beispiele sind Weitertransportieren, Wenden, Ablegen oder Neugreifen von Teilen, ohne dass sich das Produkt dem Endzustand nähert. Auch hier ist die Messgröße die Zeitdauer des Vorganges.» [3.16]

Der wirtschaftliche Wirkungsgrad W_M ist die Summe der Zeit, die für die Primärvorgänge aufgewendet wird, im Verhältnis zur Gesamtzeit, bestehend aus Primär- und Sekundärvorgängen (Gleichung 3.1).

$$W_M = \frac{\sum PV}{\sum PV + \sum SV} * 100[\%] \qquad \text{(Gl. 3.1)}$$

Der so errechnete wirtschaftliche Wirkungsgrad kann zum Vergleich unterschiedlicher Fertigungssysteme verwendet werden. Bild 3.36 stellt die Primärvorgänge im Vergleich zu den Sekundärvorgängen grafisch dar. Ein Vorgang kann hierbei einerseits rein primär (V3), rein sekundär (V5) oder eine Mischung aus beidem sein. Die gesamte Montage wird mit dem Aufwandsvektor |A| bezeichnet. Ziel einer Optimierung ist immer die Reduktion der Sekundärvorgänge im Verhältnis zu den Primärvorgängen. Dadurch wird die Steigung des Aufwandsvektors reduziert. Es ergibt sich das sogenannte primäre Optimierungskriterium Ok_P (Gleichung 3.2). Übergeordnetes Ziel ist die Verkürzung der gesamten Durchlaufzeit eines Produktes und somit eine Minimierung

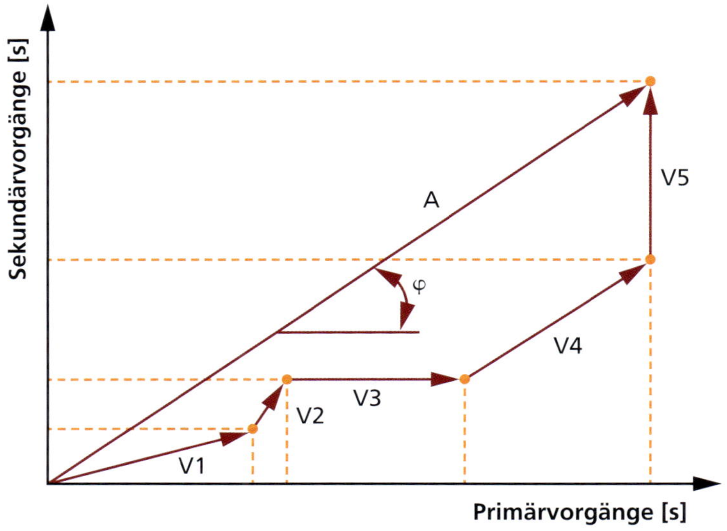

Bild 3.36 *Vergleich von Primär- zu Sekundärvorgängen* [3.16]

des Aufwandsvektors an sich. Dies stellt das sekundäre Optimierungskriterium Ok_S (Gleichung 3.3) dar. [3.30]

Es gilt entsprechend:

$$Ok_P = \tan\varphi = \frac{\sum SV}{\sum PV} \rightarrow \min \qquad \text{(Gl. 3.2)}$$

$$Ok_S = |A| = \sqrt{(\sum SV)^2 + (\sum PV)^2} \rightarrow \min \qquad \text{(Gl. 3.3)}$$

Die grafische Gegenüberstellung ermöglicht eine schnelle Ermittlung der ungünstigen Vorgänge.

Die Primär-Sekundär-Analyse kann in drei Genauigkeitsstufen durchgeführt werden: der Grundanalyse, bei der alle Vorgänge für einen Montageablauf zusammengefasst werden, der Feinanalyse, bei der jeder einzelne Vorgang separat betrachtet wird, und der erweiterten Analyse, die sich auf ein ganzes Montagesystem bezieht. Darüber hinaus wird nach dem Produkt in Klein- und Großgeräte und nach dem Automatisierungsgrad in manuelle Arbeitsplätze sowie halb- und vollautomatische Anlagen und Roboterzellen unterschieden.

Bei strenger Auslegung ist nur das Fügen ein primärer Vorgang. Eine Berechnung des Wirkungsgrades allein auf dieser Grundlage wäre nicht besonders aussagekräftig, da ein Einzelteil nicht ohne Aufwand lagerichtig zum Fügeort gelangt. Deshalb wird der notwendige Mindestaufwand als Primärvorgang definiert und alles, was darüber hinausgeht, als Sekundäraufwand. Diese Unterscheidung ist abhängig von der Produktgröße und den jeweils nötigen Arbeitsinhalten. Es wird dabei von einer für die Automatisierung möglichst günstigen Werkstückbereitstellung ausgegangen. Alle Bauteile haben dann den geringstmöglichen Abstand zum Fügeplatz. Die Entfernung, die in der realen Anlage zusätzlich zu dieser zurückzulegen ist, wird als Sekundäraufwand betrachtet. Beim Hinlangen gilt dies ebenso, wobei MTM zusätzlich nach unterschiedlichen Kontrollaufwänden unterscheidet.

Das Greifen eines Teils ohne zusätzlichen Aufwand ist ein klassischer Primäraufwand. Nachgreifen, Übergabe- und Auswählgriffe sind dagegen Sekundärvorgänge. Die Verwendung von Hilfsmitteln wie Pinzetten oder Zangen ist gemäß MTM nicht dem Greifen, sondern dem Bringen zuzuordnen.

Beim Bringen gilt dieselbe Entfernungsregel wie für das Hinlangen. Ist nach dem Bringen ein Nachordnen der Teile nötig, bei dem auch die zweite Hand verwendet wird, so handelt es sich dabei um einen zusätzlichen Sekundäraufwand.

Das Fügen ist generell ein Primärvorgang. Müssen zur Montage Werkzeuge zum Fügeort gebracht werden, gelten dieselben Entfernungsregeln wie bereits bekannt. Zusätzliche Aufwendungen, wie z. B. das Betätigen von Stellknöpfen, kann ebenfalls als Sekundäraufwand betrachtet werden.

Das Loslassen stellt den geringsten Aufwand aller Grundbewegungen dar und kann deshalb vereinfachend als Primärvorgang angesehen werden. Folgt dem Loslassen prozessbedingt eine Wartezeit, so ist diese als Sekundäraufwand zu betrachten.

Bei der Grundanalyse gilt zusammenfassend [3.16]:

- Wird ein Bauteil nur gegriffen und von A nach B befördert, ohne dass ein zweites Bauteil montiert wird, handelt es sich um einen Sekundärvorgang.

- Wird ein Bauteil gegriffen und auf ein bereits vorhandenes Bauteil montiert, handelt es sich um einen Primärvorgang.
- Muss aufgrund des Montagablaufs, z. B. in der getakteten Fließmontage, auf den nächsten Takt oder den nächsten Prozess gewartet werden, so handelt es sich hierbei auch um einen Sekundärvorgang. [3.16]

Bei der erweiterten Analyse müssen sowohl die Grundanalyse als auch die Feinanalyse der einzelnen Arbeitsplätze vorliegen. Die Grenzen der erweiterten Analyse müssen entsprechend der Aufgabenstellung festgelegt werden. Unter Umständen können auch Verpackungsarbeiten in den Betrachtungshorizont fallen. Hierbei wird einerseits die Verpackung, die nur für den Transport während der Fertigung nötig ist, unterschieden. Die Anbringung dieser wird als Sekundäraufwand betrachtet. Andererseits stellt die Endverpackung eines Produktes für den Versand zum Endkunden einen Primäraufwand dar, da dies eine sichtbare Wertschöpfung darstellt. Bei der erweiterten Analyse empfiehlt es sich, nicht mit Zeitaufwendungen, sondern mit monetären Größen zu rechnen, da die sekundären Vorgänge oft anderen Lohngruppen als Primärvorgänge unterliegen.

Für Robotersysteme gelten folgende Annahmen: Beim Hinlangen und auch beim Bringen sollte die Zeit für die Bewegung des Roboters mit der Zeit, die in der manuellen Montage für diesen Schritt verwendet wird, verglichen werden. Primärzeit ist hier die Zeit, die auch in der manuellen Montage als Primärzeit angesetzt wird. Alles, was darüber hinausgeht, ist Sekundäraufwand.

Die Zeit zum Greifen setzt sich aus der Ausschwingzeit und der Greifzeit zusammen. Die Ausschwingzeit stellt generell einen Sekundäraufwand dar. Das Schließen der Greiffinger ist Primäraufwand. Alle zusätzlichen Bewegungen des Greifers, wie beispielsweise das Drehen des Greifers oder das Einstellen der Greiffinger, sind Sekundäraufwand, solange sie nicht während der Primärzeit des Hinlangens durchgeführt werden. Die Zeit für einen Greiferwechsel ist der sekundären Zeit zuzurechnen.

Beim Fügen stellt die Ausschwingzeit ebenfalls einen Sekundäraufwand dar. Die Fügezeit ist eine primäre Zeit. Sind Hilfswerkzeuge notwendig, so gilt hier die gleiche Regel wie bei der manuellen Montage für die Bewegung zum Hilfswerkzeug hin und von diesem weg.

Für das Loslassen gilt die gleiche Regelung wie bei der manuellen Montage. Aufgrund ihrer geringen Dauer zählt sie zum primären Aufwand. Schließt sich der Zeit zum Loslassen eine Stillstandszeit an, so ist diese ein Sekundäraufwand.

Bei automatisierten Anlagen wird die störungsfreie Laufzeit als Primärzeit betrachtet. Steht eine automatisierte Anlage, so zählt diese Zeit als Sekundäraufwand. Der personelle Aufwand für die Betreuung einer automatisierten Anlage ist ebenfalls Sekundäraufwand. Da mit dem Automatisierungsgrad auch die Investitionskosten steigen, ist bei der Bewertung halb- und vollautomatischer Anlagen eine monetäre Bewertung sinnvoller als eine rein zeitliche. Zunächst werden die Zeiten festgehalten. Diese werden dann mit den entsprechenden Lohnsätzen, bestehend aus dem Stundenlohn und den Lohnnebenkosten (inkl. Schichtzulagen), und Maschinenstundensätzen, reduziert um die Raum- und Energiekosten, multipliziert. Die Berechnungsvorschriften finden sich in Abschnitt 4.2. [3.16]

3.6.3 Nutzwertanalyse

Die Nutzwertanalyse dient dazu, verschiedene Lösungen anhand von nicht-monetären, aber wenn möglich quantifizierbaren Kriterien zu bewerten. Dadurch soll eine Vergleichbarkeit von alternativen Umsetzungsmöglichkeiten sichergestellt werden. Darüber hinaus kann eine Rangfolge zwischen den einzelnen Lösungsalternativen ermittelt werden. Die Nutzwertanalyse wird vor allem bei komplexen Produkten oder Systemen verwendet, bei denen es eine große Anzahl relevanter Bewertungskriterien gibt. Für eine aussagekräftige Bewertung müssen die einzelnen Lösungsalternativen ausreichend bekannt sein.

INFOCLICK

Eine Vorlage für eine Nutzwertanalyse wird in unserem Onlineservice **InfoClick** zur Verfügung gestellt.

In einem ersten Schritt werden die relevanten Bewertungskriterien gesammelt. Diese ergeben sich aus den Anforderungen des Lasten- oder Pflichtenheftes. Die Kriterien orientieren sich dabei auch an der vorliegenden Entscheidungssituation. In die Nutzwertanalyse werden allerdings nur Kann-Kriterien aufgenommen, da die Nichterfüllung eines Muss-Kriteriums eine Alternative von vorneherein ausschließt. Anschließend werden die Kriterien zueinander gewichtet. Dies kann beispielsweise mithilfe des paarweisen Vergleichs erfolgen. Bei diesem wird jedes Kriterium anhand seiner Wichtigkeit mit jedem anderen Kriterium verglichen. Es gibt dabei drei Gewichtungsmöglichkeiten:

- 1 / 0: Kriterium 1 ist viel wichtiger als Kriterium 2.
- 0,5 / 0,5: Kriterium 1 und 2 sind gleich wichtig.
- 0 / 1: Kriterium 1 ist weniger wichtig als Kriterium 2.

Bei vielen Bewertungskriterien kann dieses Vorgehen sehr aufwendig werden. Dann ist es sinnvoll, die Bewertung in einem Team durchzuführen. Wichtig ist generell, dass die Summe aller Gewichtungen 1 ergibt.

INFOCLICK

Eine Vorlage für die Durchführung eines paarweisen Vergleichs steht in unserem Onlineservice **InfoClick** zur Verfügung.

Nach der Gewichtung der Bewertungskriterien wird der Erfüllungsgrad der einzelnen Lösungsalternativen für jedes Kriterium bestimmt. Die Vergabe von Punktwerten für die Erfüllungsgrade kann beispielsweise mit einer Wertfunktion geschehen. Lotter schlägt einen Wertebereich für den Erfüllungsgrad von 0 bis 10 vor. 0 steht hierbei für nicht erfüllt und 10 für voll erfüllt. [3.16] Auf der einen Seite kann jede Alternative einzeln hinsichtlich aller Bewertungskriterien beurteilt werden (Alternativen-orientiertes Vorgehen). Auf der anderen Seite können alle Alternativen nacheinander für dasselbe Kriterium bewertet werden (Kriterien-orientiertes Vorgehen). Bei der zweiten Möglichkeit ergibt sich der Vorteil, dass die Alternativen direkt bezüglich eines Kriteriums untereinander verglichen werden. Hierdurch wird der Unterschied zwischen einzelnen Varianten deutlicher hervorgehoben. Der Erfüllungsgrad wird nach dessen Festlegung mit der Gewichtung multipliziert. Das Ergebnis wird Teilnutzen genannt.

Durch die Aufsummierung der einzelnen Teilnutzen ergibt sich der absolute Nutzwert. Dieser kann – bezogen auf eine Ausgangssituation oder die Variante mit dem niedrigsten absoluten Nutzwert – zu einem relativen Nutzwert umgerechnet werden. Bei kritischen Fällen oder einem geringen Unterschied im Nutzwert der einzelnen Alternativen kann das Ergebnis der Bewertung mithilfe einer Plausibilitäts- oder Sensibilitätsanalyse kontrolliert werden. Das Ergebnis der Bewertung kann beispielsweise anhand eines Spinnendiagramms (Bild 3.37) dargestellt werden. Dabei ist der Gewichtungsfaktor über den Winkel eines Tortenstückes ersichtlich. Der Radius spiegelt den Erfüllungsgrad wider. Die Fläche eines Tortenstücks ergibt somit den Teilnutzen, die Gesamtfläche eines Spinnendiagramms den absoluten Nutzwert. Der äußere Kreis veranschaulicht den maximal erreichbaren Erfüllungsgrad. Mithilfe dieser Darstellung lassen sich die Vor- und Nachteile der einzelnen Lösungen besser erkennen als bei einer rein textuellen Gegenüberstellung der Ergebnisse.

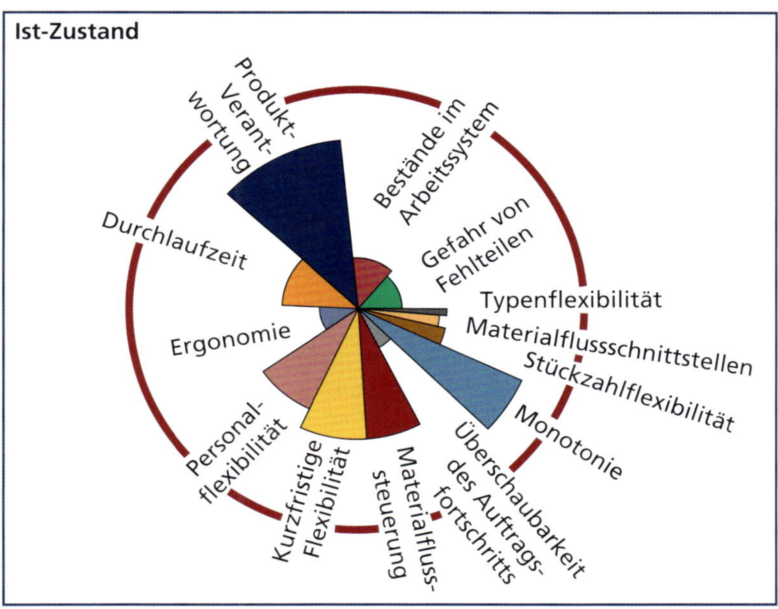

Bild 3.37 *Spinnendiagramm zur Darstellung des Bewertungsergebnisses* [3.16]

Die Nutzwertanalyse unterstützt eine intensive Auseinandersetzung mit den einzelnen Lösungsalternativen. Die Objektivität der Bewertung wird durch die hierarchische Struktur der Bewertungskriterien unterstützt. Die Anwendung der Nutzwertanalyse erhöht die Entscheidungssicherheit und dokumentiert zusätzlich die Entscheidungsfindung.

Die technische Machbarkeit eines Systems ist die Grundlage für das Gelingen eines Projektes. Zur Bewertung der Machbarkeit, des Nutzens und der Wirtschaftlichkeit einer Investition werden eine Vielzahl an Kriterien und Kennzahlen verwendet. Diese ergeben sich einerseits aus den Gründen für ein Robotersystem (siehe Abschnitt 3.1), andererseits aus der Anforderungsliste. Die Auswahl der Kennzahlen ist entscheidend für das Ergebnis. Dabei gilt die Regel, so viele Bewertungskriterien wie nötig und so wenige wie möglich zu verwenden, da der Aufwand zur Bewertung der Systeme mit deren Anzahl steigt. Die Kriterien lassen sich in die Bereiche Technik, Personal und Wirtschaftlichkeit einteilen. Darüber hinaus gibt es noch firmenspezifische und zum Teil organisatorische Kriterien.

Neben den bereits genannten Punkten sind auch die Sicherheit und die Einhaltung der rechtlichen und normativen Rahmenbedingungen ein zentrales Thema bei der Erstellung von technischen Anlagen, wie beispielsweise Robotersystemen. Die Risikoanalyse in den einzelnen Lebensphasen des Robotersystems ist ein wichtiger Schritt für dessen sicheren Betrieb. Des Weiteren ist die Maschinenrichtlinie 2006/42/EG ein bedeutendes Regelwerk für die Ausführung einer Maschine, die in der Industrie eingesetzt werden darf. An erster Stelle stehen dabei immer die Sicherheit der Bediener und der umgebenden Peripherie.

Die Einhaltung der Regeln der automatisierungsgerechten Produktgestaltung senkt den Aufwand zur Automatisierung einer Fertigung. Das Regelwerk kann in die Punkte Handhabbarkeit, Greifbarkeit, Positionierbarkeit, Erkenn- und Sortierbarkeit und Wirtschaftlichkeit eingeteilt werden. Die wichtigste allgemeine Regel lautet: «Vermeiden vor Vereinfachen vor Integrieren». Diese kann auch auf die Gestaltung des Fertigungsprozesses und der Anlage übertragen werden.

Aus den in Abschnitt 3.4 beschriebenen Regeln lassen sich die Kriterien für die Bewertung der Automatisierbarkeit ableiten. Werden alle Regeln eingehalten, ist ein Produkt problemlos automatisierbar. Andernfalls erhöht sich der Aufwand zur Automatisierung bis hin zur Unwirtschaftlichkeit. Wenn ein Produkt automatisiert herstellbar ist, können unterschiedliche Systeme hierfür ausgelegt werden. Die Planung eines solchen Systems wird in Kapitel 5 beschrieben. Die entstehenden Anlagen können anhand der in Abschnitt 3.6 vorgestellten Methoden verglichen werden. Wichtige Methoden sind die Primär-Sekundär- und die Nutzwertanalyse.

4 Wirtschaftlichkeitsbetrachtung

Die Wirtschaftlichkeit eines Robotersystems wird nicht durch eine rein monetäre Betrachtung der Kosten des Roboters an sich erreicht. Vielmehr ist es wichtig, die gesamte entstehende flexible Fertigungsanlage mit einer konventionellen Fertigung ohne Roboter zu vergleichen. Neben den Anschaffungskosten für den Roboter sind insbesondere die Kosten für die Peripheriegeräte und für Anpassungen an vorhandenen Maschinen sowie die Installationskosten zu berücksichtigen. Hinzu kommen weitere Kosten für die Planung, die Inbetriebnahme, den Betrieb, die Wartung und die Instandhaltung. Die Amortisationszeiten von Robotersystemen liegen bei 3 bis 4 Jahren. [4.19] Im Rahmen des Forschungsprojektes «SMERobotics» wurde ein frei verfügbares Werkzeug zur überschlägigen Wirtschaftlichkeitsbewertung von Robotersystemen entwickelt. Näheres hierzu in Kapitel 7.7.1.

Wie in Abschnitt 3.5 beschrieben, müssen zusätzlich zu den monetären Kriterien auch die qualitativen Aspekte in die Bewertung eines automatisierten Systems einbezogen werden. Des Weiteren muss auch die Flexibilität des Roboters entsprechend berücksichtigt werden: Ein Roboter kann nicht nur für eine einzelne Anwendung verwendet, sondern bei einer Umstellung der Produktion auch für andere Aufgaben eingesetzt werden. Die Wiederverwendung eines Roboters und von Teilen der Peripherie reduziert den Investitionsaufwand für neue Fertigungsanlagen in der Regel deutlich, so dass die Wirtschaftlichkeit von Robotersystemen im Vergleich zu konventionellen Systemen oft erst bei einer Produktionsumstellung oder einem Modellwechsel deutlich wird.

Im Folgenden wird auf die monetäre Bewertung von Robotersystemen eingegangen. Zuerst werden hierfür relevante Begriffe definiert. Anschließend werden die unterschiedlichen Investitions- und Kostenrechnungsverfahren vorgestellt. Wichtige Faktoren zum Vergleich unterschiedlicher Systeme sind die Amortisationszeit, die Montagestückkosten, der wirtschaftliche Automatisierungsgrad und die Grenzstückzahl. Auch eine Lebenszykluskosten-Betrachtung ist aufgrund der Wiederverwendung von Einzelkomponenten von Robotersystemen ein wichtiges Instrument für deren Bewertung. Aufbauend auf der Einteilung der Kosten in der Lebenszykluskostenrechnung werden die einzelnen Kostenarten, die im Zusammenhang mit Robotersystemen verwendet werden, aufgeführt. Diese dienen ebenso als Eingangsinformationen für die unterschiedlichen Kostenrechnungsverfahren. Abschließend wird auf die Sensitivitätsanalyse eingegangen, mit der Unsicherheiten bei Berechnungsdaten ausgeglichen werden sollen.

4.1 Begriffsdefinitionen

Kosten

«Kosten sind der in Geldeinheiten bewertete Verzehr an Gütern (Materialverbrauch, Abschreibungen usw.) und Dienstleistungen (Löhne, Sozialkosten usw.) zur Erstellung und zum Absatz der betrieblichen Erzeugnisse bzw. von Produktionsfaktoren, Fremdleistungen sowie öffentlichen Ausgaben, soweit sie zur Aufrechterhaltung der Betriebsbereitschaft dienen.» [4.31]

Kostenarten

Generell lassen sich die in einem gewissen Zeitraum anfallenden Kosten nach verschiedenen Kriterien gliedern. Die unterschiedlichen Gruppen werden **Kostenarten** genannt. [4.10]

Einzelkosten

Einzelkosten sind alle Kosten, die sich direkt einem bestimmten Kostenträger (beispielsweise Produkt oder Maschine) zuordnen lassen, z. B. Rohstoffkosten. Diese Art der Zuordnung wird **verursachungsgerecht** genannt. [4.10]

Gemeinkosten

Gemeinkosten sind alle Kosten, die nur indirekt einem bestimmten Kostenträger zugerechnet werden können. Bei dieser Art der Verrechnung kann das Verursachungsprinzip nicht eingehalten werden. Diese Kosten werden prozentual verrechnet. [4.10]

Fixe Kosten

Fixe Kosten sind Kosten, die nicht mit dem Beschäftigungsgrad, d.h. z. B. der Anzahl an gefertigten Teilen, variieren, wie z. B. die Raumkosten. [4.10]

Variable Kosten

Variable Kosten sind Kosten, die mit der Produktionsleistung variieren, wie beispielsweise die Materialkosten. [4.10]

Amortisationszeit

Die Amortisationszeit drückt aus, wie lange es dauert, bis sich eine Investition durch Kapitalrückflüsse in Form des Gewinns amortisiert. [4.32]

Break-Even

«Der Break-Even zeigt [...] auf Grundlage der gegebenen Kostenstrukturen an, wie viele Einheiten eines Produktes produziert und verkauft werden müssen, um die fixen und variablen Kosten abzudecken.» [4.31]

4.2 Investitions- und Kostenrechnungsverfahren

Im Folgenden werden die für eine Bewertung von Robotersystemen relevanten Investitions- und Kostenrechnungsverfahren kurz vorgestellt. Bei den Investitionsrechenverfahren wird zwischen statischen und dynamischen Verfahren unterschieden. Die statischen Verfahren beruhen auf Parametern, die zum Zeitpunkt der Berechnung gültig sind. Die dynamischen Verfahren berücksichtigen darüber hinaus die zeitliche Entwicklung der Kostenanteile. Dies geschieht über eine wertmäßige Diskontierung auf den Entscheidungszeitpunkt. Dadurch werden die Kosten und Erträge in den früheren Jahren aufgrund einer möglichen Reinvestition höher bewertet als Kosten und Erträge in späteren Jahren der Nutzung. [4.14]

Die statischen Verfahren werden bei ähnlichen Fertigungssystemalternativen verwendet. Wichtig sind hier eine vergleichbare Investitionshöhe und Nutzungsdauer der verglichenen Anlagen. Bei längeren Betrachtungszeiträumen und größeren Unterschieden zwischen den

Varianten, beispielsweise bzgl. Anschaffungskosten und Wiederverwendung der Anlage oder Teilen davon, werden eher die dynamischen Verfahren bevorzugt. [4.2]

Bild 4.1 zeigt eine Übersicht über die unterschiedlichen Investitionsrechnungsverfahren und gibt eine Entscheidungshilfe.

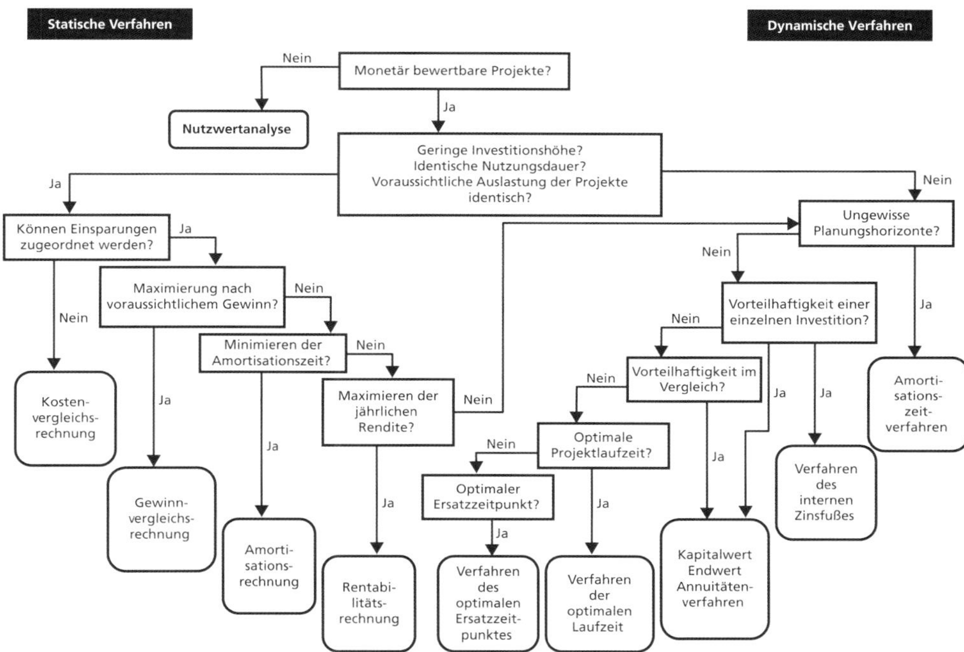

Bild 4.1 Entscheidungshilfe für Investitionsrechenverfahren [4.6]

Bei der Kostenvergleichsrechnung werden ausschließlich die Kosten einer Investition verglichen. Diese Variante wird vor allem bei kleineren Ersatz- und Rationalisierungsmaßnahmen verwendet, da sich hier der Nutzen nicht merklich ändert und die Ertragsseite deshalb vernachlässigt werden kann. [4.27]

Da bei automatisierten im Vergleich zu manuellen Systemen die Anschaffungskosten stark variieren können, ist ein reiner Vergleich der Kostenseite nicht aussagekräftig. Mit der Automatisierung einer Anlage wird neben einer Entlastung der Mitarbeiter auch eine Produktivitätssteigerung und damit eine Ertragssteigerung realisiert. Deshalb muss auch die Ertragsseite betrachtet werden. Eine Möglichkeit hierfür ist die Gewinnvergleichsrechnung. Sie stellt den durchschnittlichen Gewinn der einzelnen Alternativen gegenüber. Der Gewinn bildet sich aus der Verrechnung von Kosten und Ertrag. Eine Aussage über das Verhältnis von Kosten zu Gewinn, der sog. Rentabilität, wird jedoch nicht gemacht. [4.15]

Bei der Amortisationsrechnung wird die Dauer der Kapitalbindung bewertet. Anhand dieser kann das Risiko für ein Investitionsprojekt abgeschätzt werden. Wichtig hierbei sind gleiche Nutzungsdauern der Anlagen, da die Abschreibung in den jährlichen Erlös einfließt und von der Nutzungsdauer abhängt. Genauere Informationen zur Amortisationszeitrechnung können Abschnitt 4.2.1 entnommen werden. Die Amortisationszeit sollte jedoch nicht als einziges Bewertungskriterium herangezogen werden, da damit z. B. keine Aussage über den am Ende der Nutzungsdauer erwirtschafteten Kapitalwert gemacht werden kann.

Die Rentabilitätsrechnung beschreibt die Kosten im Verhältnis zum Gewinn. Sie veranschaulicht somit ein Aufwand-Nutzen-Verhältnis. Dabei wird von einem konstanten Gewinn über die Laufzeit ausgegangen. [4.27]

Das Verfahren zur Ermittlung des optimalen Ersatzzeitpunktes wird eher zur Bestimmung eines sinnvollen Zeitpunktes für eine Ersatzbeschaffung als zum Vergleich von Alternativen verwendet. Dagegen kann das Verfahren zur Ermittlung der optimalen Laufzeit zum Vergleich von Alternativen verwendet werden. Es bewertet die maximal mögliche technisch und wirtschaftlich sinnvolle Nutzungsdauer einer Anschaffung. [4.21]

Die Kapitalwert- bzw. Endwertmethode verzinst alle Zahlungen auf einen vorgegebenen Zeitpunkt, meist die Gegenwart. Mit Hilfe dieser beiden Bewertungsmethoden können Systeme mit unterschiedlicher Nutzungsdauer und Investitionshöhe verglichen werden. [4.11] Die Annuität transformiert dabei den Kapitalwert auf gleich hohe Zahlungen über die Nutzungsdauer [4.2].

Der interne Zinsfuß spiegelt die maximalen Kapitalkosten bei kompletter verlustfreier Fremdfinanzierung wider, da er diejenige Verzinsung berechnet, für die der Kapitalwert gleich null ist. Eine Anschaffung ist dann sinnvoll, wenn der interne Zinsfuß größer oder gleich dem kalkulatorischen Zinssatz ist. Beim Vergleich von Investitionsalternativen ist die Variante mit dem höheren internen Zinsfuß zu bevorzugen. Die Verwendung dieser Methode setzt jedoch eine gleich hohe Anfangsinvestition und Nutzungsdauer der Alternativen voraus. [4.11]

Die dynamische Amortisationszeitrechnung errechnet wie auch die Berechnung der statischen Amortisationszeit die Zeit, bis eine Investition durch den Gewinn zurückgezahlt ist, jedoch werden hier die Rückflüsse auf die Startperiode abgezinst. [4.14]

Die Eingangsdaten der oben genannten Investitionsrechenverfahren beruhen auf diversen Kostenrechnungsverfahren. Diese werden in zwei Gruppen eingeteilt: die Divisionskalkulation und die Zuschlagskalkulation. Die Kuppelkalkulation wird der Divisionskalkulation zugeordnet. Die einzelnen Verfahren können gemäß Bild 4.2 den einzelnen Fertigungstypen Einzel-, Serien-, Sorten-, Massen- und Kuppelfertigung zugeordnet werden. In der Einzelfertigung besteht ein unmittelbarer Bezug der Zahlungsflüsse zum Kunden oder Auftrag. Die Kosten können direkt zugeordnet werden, weshalb hierfür die differenzierte Zuschlagskalkulation verwendet wird. Bei der Serienfertigung werden unterschiedlichste Produkte in großen Mengen hergestellt. Für eine verursachungsgerechte Zuordnung wird auch hier die Zuschlagskalkulation verwendet. Da der Übergang zur Sorten- und Massenfertigung aber fließend ist, kann im Einzelfall auch die Divisionskalkulation verwendet werden. Darüber hinaus sind die Kosten in der Einzel- und Serienfertigung auf die einzelnen Leistungseinheiten sehr heterogen verteilt. Die Kosten werden entsprechend in Einzel- und Gemeinkosten aufgeteilt.

In der Sortenfertigung werden mehrere ähnliche Produkte gefertigt. Die Unterschiede zwischen den Produkten sind so gering, dass vereinfachte Kalkulationsverfahren, wie z. B. die Äquivalenzziffernkalkulation, Anwendung finden. Als eine Ausprägung der Divisionskalkulation wird hierbei dem Verursachungsprinzip Rechnung getragen.

Die Massenfertigung erlaubt durch die extrem hohen Stückzahlen eine Divisionskalkulation im engeren Sinne. Für Kuppelprodukte, bei denen bei der Produktion eines Produktes zwangsläufig ein anderes Produkt entsteht, z. B. in Raffinerien, wurden spezielle Verfahren entwickelt, da eine verursachungsgerechte Zuordnung nicht mehr möglich ist. [4.10]

Der Maschinenstundensatz ist eine Variante der Zuschlagskalkulation. Die Berechnung des Maschinenstundensatzes ist heutzutage ein Standardverfahren und wird in Abschnitt 4.2.2 gesondert beschrieben. Bild 4.3 zeigt den Unterschied zwischen der differenzierten Zuschlagskalkulation und der Berechnung des Maschinenstundensatzes. Es wird ersichtlich, dass die Berechnung des Maschinenstundensatzes deutlich detaillierter ist.

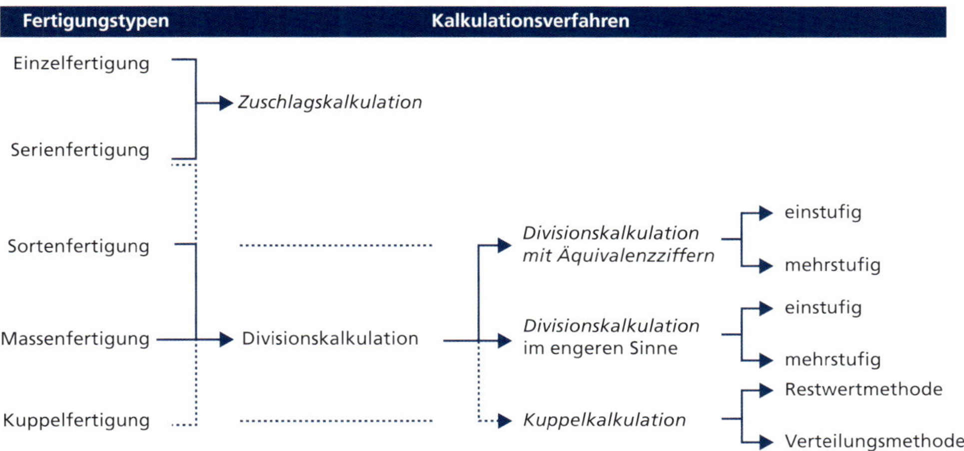

Bild 4.2 *Verwendung Zuschlags- und Divisionskalkulation* [4.10]

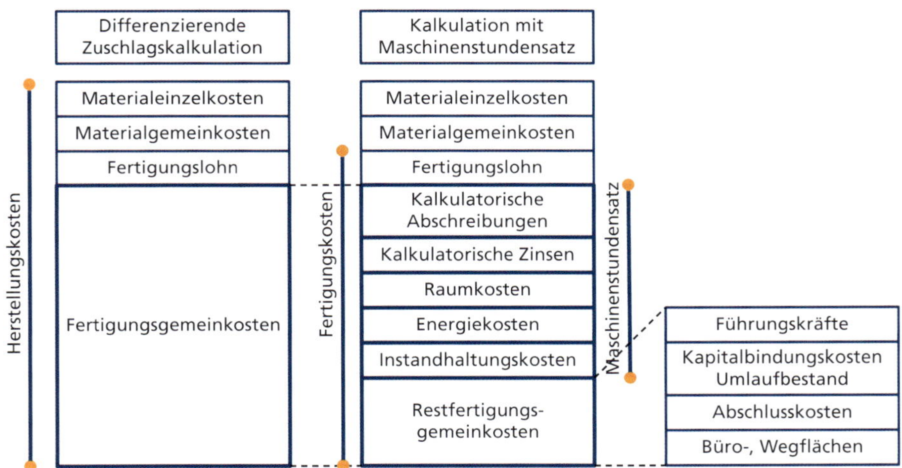

Bild 4.3 *Maschinenstundensatzrechnung* (in Anlehnung an [4.23])

4.2.1 Statische und dynamische Amortisationszeit

Eine häufig verwendete Planungs- oder Vergleichsgröße ist die Amortisationszeit. Sie gibt an, ab wann der Einsatz von Kapital durch die Erlöse wieder zurückgeführt ist. Bild 4.4 zeigt vereinfacht den Kapitalfluss einer Investition. Es gilt die Zeitspanne, in der Gewinne entstehen, möglichst zu verlängern und gleichzeitig die Planungs-, Anfertigungs- und Beschaffungszeit zu verkürzen. Die Amortisationszeit kann entweder statisch oder dynamisch berechnet werden. Für eine erste Beurteilung für oder gegen eine Planungsalternative ist die einfache statische Berechnungsvorschrift ausreichend. Beim Vergleich der Amortisationszeiten unterschiedlicher Varianten ist es wichtig, dass diese eine gleiche Ausbringungsmenge aufweisen. [4.28]

Die statische Amortisationszeit (Az_s) berechnet sich nach Gleichung 4.1:

$$Az_s = \frac{A_0}{E} \qquad \text{(Gl. 4.1)}$$

Hierbei steht A_0 für den gesamten Kapitaleinsatz für das Robotersystem in €. E kann die jährlichen Einsparungen (bei einem Vergleich eines neuen mit einem alten System) oder die Gewinne (beim Vergleich mehrerer alternativer Lösungen) in € darstellen. Daraus errechnet sich die statische Amortisationszeit Az_s in Jahren. Die Einsparungen ergeben sich aus der Differenz zwischen den ausgabewirksamen Kosten des bisherigen und des geplanten Fertigungssystems. Hierzu zählen die laufenden Kostenarten des Systems, bei denen durch den Einsatz der neuen Anlage eine Reduzierung gegenüber dem Ausgangszustand zu erwarten ist, wie beispielsweise Kosten für

- Personal,
- Materialbereitstellung,
- Qualitätssicherung,
- Energie,
- Instandhaltung,
- Ausschuss,
- Lager.

Bei der dynamischen Amortisationszeit (Az_d) werden zusätzlich das Risiko des Kapitaleinsatzes und dessen Auswirkung auf die Liquidität berücksichtigt. Dazu werden die Erträge über die Nutzungsdauer abgezinst (Gl. 4.2). Der Abzinsungsfaktor wird gemäß Gleichung Gl 4.3 berechnet. Hierdurch verlängert sich die dynamische Amortisationszeit um einen Faktor von 1,3 bis 1,6 [4.12] gegenüber der statischen.

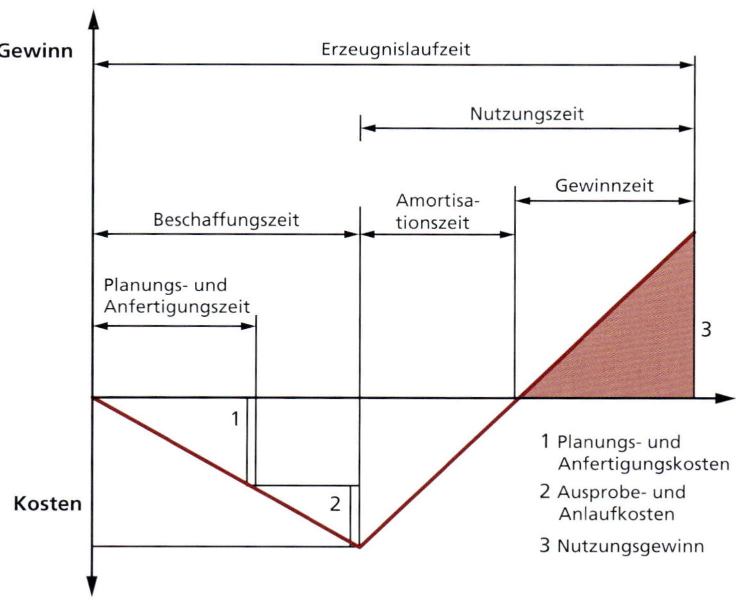

Bild 4.4 *Kapitalfluss einer Investition* [4.12]

$$A_0 = \sum_{t=0}^{Az_d} [(E_t - A_t) * (1+i)^{-t}] + L_N * (1+i)^{-Az_d} \quad \text{(Gl. 4.2)}$$

$$\text{Abzinsungsfaktor} = \frac{1}{(1+i)^t} \quad \text{(Gl. 4.3)}$$

Bild 4.5 vergleicht die statische mit der dynamischen Amortisationszeit für eine Investition von 7,2 Mio. €. Die Nutzungsdauer beträgt 10 Jahre und der kalkulatorische Zinsfuß 5%.

INFOCLICK
Eine Vorlage zur Berechnung der Amortisationszeit wird in unserem Onlineservice **InfoClick** zur Verfügung gestellt.

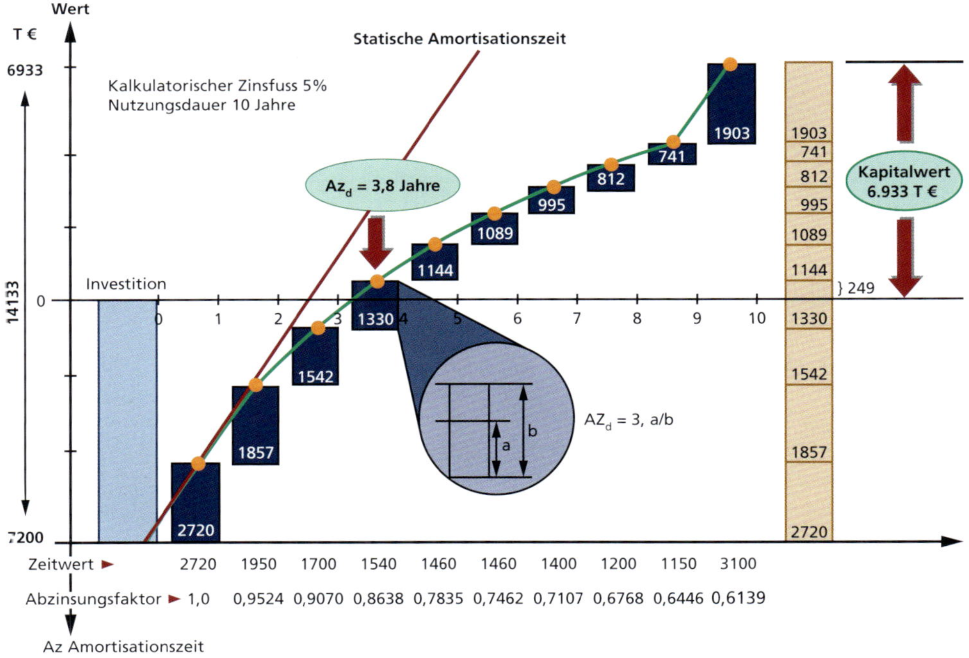

Bild 4.5 *Vergleich von statischer und dynamischer Amortisationszeit* [4.14]

4.2.2 Berechnung des Maschinenstundensatzes

Das zweite weit verbreitete statische Verfahren zur Bewertung einer Investition bzw. zum Vergleich von Lösungsalternativen ist die Montagestückkostenkalkulation. Die Montagestückkosten sind Bestandteil der Herstellkosten und dienen vermehrt dazu, Zielkosten bei neuartigen Produkten zu bestimmen. Die Berechnung basiert auf einer Platzkostenkalkulation, bei der einerseits der Maschinenstundensatz und andererseits der Personalkostensatz ermittelt werden. Das Vorgehen bei der Montagestückkostenkalkulation ist in Bild 4.6 dargestellt. [4.14]

Eingangsgrößen		
Anschaffungskosten	A_0	[€]
Nutzungsdauer	N	[Jahren]
Nettoleistung	N_L	[Stück/h]
Nutzungszeit	T_N	[h/Jahr]
Kalkulatorischer Zinssatz	i	[%]

Maschinenstundensatz		
Kalk. Abschreibung	K_A	[€/Jahr]
Kalk. Zinsen	K_Z	[€/Jahr]
Raumkosten	K_R	[€/Jahr]
Energiekosten	K_E	[€/Jahr]
Instandhaltungskosten	K_I	[€/Jahr]
Maschinenstundensatz	K_{MH}	[€/h]

Personalkostensatz		
Lohn-/ Gehaltskosten	L_K, G_K	[€/h]
Personalnebenkosten	L_{NK}, G_{NK}	[€/h]
Schichtzulage	K_S	[€/h]
Personalkostensatz	K_P	[€/h]

Ausgangsgrößen		
Montagekosten	K_M	[€/h]
Montagestückkosten	K_{ST}	[€/Stück]

Bild 4.6 *Kalkulationsschema Montagestückkosten* [4.14]

Der Maschinenstundensatz berücksichtigt fünf Kostenarten:

Kalkulatorische Abschreibung – K_A

Die kalkulatorische Abschreibung berechnet sich als Quotient aus dem Wiederbeschaffungswert und der Nutzungsdauer der Anlage, siehe Gleichung 4.4. Der Wiederbeschaffungswert enthält neben den Investitionskosten auch die Installations- und Anlaufkosten. Die Nutzungsdauer kann je nach Produkt mit dessen Produktionszeitraum gleichgesetzt werden. Bei einer geplanten anschließenden Weiterverwendung von Teilen der Anlage kann die Nutzungsdauer N auch länger gewählt werden.

$$K_A = \frac{A_0}{N} \qquad \text{(Gl. 4.4)}$$

Kalkulatorische Zinsen – K_Z

Die kalkulatorischen Zinsen ergeben sich aus der Multiplikation des kalkulatorischen Zinssatzes i mit 50% des Wiederbeschaffungswertes, wie in Gleichung 4.5 dargestellt. Dies setzt eine lineare Abschreibung des Anlagenwertes voraus.

$$K_Z = i \cdot 50\% \cdot A_0 \qquad \text{(Gl. 4.5)}$$

Raumkosten - K_R

Die Raumkosten setzen sich aus der notwendigen Produktionsfläche und den Kosten pro Flächeneinheit zusammen. Zur Produktionsfläche zählen die Betriebsmittelgrundfläche, die Fläche für die Bedienung, Wartung und Reparatur der Anlage sowie der Bereich für die Materialbereitstellung.

Energiekosten - K_E

Die Energiekosten werden für ein Jahr kalkuliert. Hierunter fallen die Kosten für Strom, Wasser, Druckluft und Prozessmedien. Je nach Anwendung können die Kosten bei investitionsintensiven Betriebsmitteln für eine erste Näherung vernachlässigt werden.

Instandhaltungskosten - K_I

Die Instandhaltungskosten enthalten die Kosten für die Wartung und Reparatur innerhalb der Nutzungsdauer. Diese dienen der Erhaltung der Funktionsfähigkeit des Robotersystems. Im Ein-Schicht-Betrieb kann für eine erste Näherung ein Anteil von 3% bis 5% des Wiederbeschaffungswertes angesetzt werden, beim Zwei-Schicht-Betrieb von 6% bis 10%. [4.14]

Die Summe der fünf oben genannten Kostenarten ergibt die Anlagenkosten pro Jahr.

Werden diese durch die Nutzungszeit T_N (Gl. 4.6) pro Jahr geteilt, ergibt sich der Maschinenstundensatz K_{MH} (Gl. 4.7) [4.14]. Bei einer automatisierten Anlage besteht die Schwierigkeit, dass es sich hierbei nicht um eine einzelne Maschine handelt, sondern um ein System aus mehreren Einzelkomponenten. Die jeweiligen Komponenten besitzen unter Umständen unterschiedliche Abschreibungszeiträume. [4.28] Bei einem modularen Aufbau kann dann die kalkulatorische Abschreibung gesplittet werden. Für Sondereinrichtungen kann eine Abschreibung von zwei bis drei Jahren angenommen werden, bei Standardsystemen und -elementen von fünf bis sechs Jahren. Zu beachten ist, dass eine nochmalige Nutzung bei einer langen Nutzungsdauer aufgrund eines möglicherweise höheren Instandhaltungs- und Reparaturaufwands ein hohes Risiko mit sich bringt. [4.12]

$$T_N = T_G - (T_{IZ} + T_{ST}) \qquad \text{(Gl. 4.6)}$$

$$K_{MH} = \frac{K_A + K_Z + K_R + K_E + K_I}{T_N} \qquad \text{(Gl. 4.7)}$$

Der Personalkostensatz K_P (Gleichung 4.8) bezieht sowohl das direkte (MA_{direkt}) als auch das indirekte Personal ($MA_{indirekt}$) in die Berechnung mit ein. Zum indirekten Personal zählen hierbei anteilig Vorarbeiter und Meister. Der Kostensatz berechnet sich über die Lohn- (L_K) und Gehaltskosten (G_K), die Personenanzahl sowie die entsprechenden Nebenkosten (L_{NK}, G_{NK}). Schichtzulagen (K_S) müssen ebenfalls berücksichtigt werden.

$$K_P = (L_K + L_{NK}) \cdot MA_{direkt} + (G_K + G_{NK}) \cdot MA_{indirekt} + K_S \quad \text{(Gl. 4.8)}$$

Die Montagestückkosten K_{ST} ergeben sich gemäß Gleichung 4.9 aus der Summe von Maschinenstunden- und Personalkostensatz, geteilt durch die Ausbringungsmenge N_L des Robotersystems.

INFOCLICK
Für die Berechnung des Maschinenstundensatzes und die Montagestückkosten ist in unserem Onlineservice **InfoClick** eine Vorlage zu finden.

$$K_{ST} = \frac{K_{MH} + K_P}{N_L} \quad \text{(Gl. 4.9)}$$

4.2.3 Weitere dynamische Berechnungsverfahren

Neben der dynamischen Amortisationszeit zählt auch der Kapitalwert zu den wichtigen Entscheidungskennzahlen, die über dynamische Berechnungsverfahren ermittelt werden. Der Kapitalwert bezeichnet den abgezinsten Gegenstandswert der Summe der Ein- und Auszahlungen nach der geplanten Nutzungsdauer. Je höher ihr Kapitalwert, desto rentabler ist die Anschaffung einer Anlage. Die Ein- und Auszahlungen werden über den Diskontierungsfaktor abgezinst. Frühere Zahlungsströme werden somit höher bewertet als Ein- und Auszahlungen zu einem späteren Zeitpunkt. Neben der Berücksichtigung unterschiedlicher Rückflüsse über die Nutzungsdauer kann auch der Zinssatz für jede Periode angepasst werden. Wichtig beim Vergleich unterschiedlicher Varianten ist eine gleiche Nutzungsdauer der Systeme. Der Kapitalwert berechnet sich nach Gleichung 4.10. Eine Investition ist dann gewinnbringend, wenn der Kapitalwert am Ende der Nutzungsdauer größer oder gleich null ist. Je höher der Kapitalwert einer Investition, desto vorteilhafter ist sie.

$$K_0 = -A_0 + \sum_{t=1}^{N} (E_t - A_t) \cdot (1+i)^{-t} + L_N (1+i)^{-N} \quad \text{(Gl. 4.10)}$$

Bei geringen verfügbaren Mitteln wird der interne Zinsfuß als Vergleichskriterium herangezogen, da dadurch das Risiko einer Fremdfinanzierung abgeschätzt werden kann. «Der interne Zinsfuß stellt die tatsächlich erreichte Verzinsung des eingesetzten Kapitals einer Investition dar.» [4.14] Es wird dabei diejenige Verzinsung gesucht, bei der der Kapitalwert gleich null wird. Der interne Zinsfuß wird durch Umstellen der Gleichung 4.11 nach r berechnet.

$$0 = -A_0 + \sum_{t=1}^{N} (E_t - A_t) \cdot (1+r)^{-t} + L_N (1+r)^{-N} \quad \text{(Gl. 4.11)}$$

Ist der interne Zinsfuß größer als der Kalkulationszinsfuß i, deutet dies auf eine vorteilhafte Investition hin. Ist der interne Zinsfuß kleiner als der Kalkulationszinsfuß, so ist die Investition vermutlich unvorteilhaft.

4.3 Wirtschaftlicher Automatisierungsgrad und Grenzstückzahl

Bei jeder Investitionsentscheidung zur Automatisierung einer Fertigungsaufgabe stellt sich die Frage nach dem wirtschaftlichen Automatisierungsgrad. Der Automatisierungsgrad A_G ergibt sich dabei gemäß Gleichung 4.12 als Quotient der Anzahl an automatisierten Funktionen und der Gesamtzahl aller Funktionen. Ein Automatisierungsgrad von 0% beschreibt eine manuelle Fertigungsanlage. Bei einem Automatisierungsgrad von 100% werden alle Tätigkeiten vollautomatisch ausgeführt und der Mensch muss nicht mehr taktgebunden in den Fertigungsablauf eingreifen. Findet die Bestückung von Montageautomaten durch einen Mitarbeiter statt, so ist der Automatisierungsgrad bereits geringer als 100%.

$$A_G = \frac{\text{automatisierte Funktionen}}{\text{manuelle Funktionen} + \text{automatisierte Funktionen}} \cdot 100(\%) \qquad \text{(Gl. 4.12)}$$

Bild 4.7 zeigt die Ermittlung des wirtschaftlich optimalen Automatisierungsgrades. Dieser ergibt sich aus den Maschinenkosten und den Personalkosten. Mit steigendem Automatisierungsgrad steigen die Anlagenkosten bei gleichzeitig sinkenden Personalkosten. In vielen Fällen liegt der wirtschaftliche Automatisierungsgrad zwischen 50% und 80%. [4.12]

Beim Vergleich von mehreren Varianten kann auch die Grenzstückzahl der Anlage ein Kriterium für die Investitionsentscheidung darstellen. Bei der Rationalisierung oder dem Ausbau von Fertigungsanlagen aufgrund von steigenden Absatzzahlen ist es sinnvoll, einen Anlagenausbau in mehreren Stufen zu planen. Die Grenzstückzahl wird über die Anschaffungskosten und die laufenden Kosten der zu vergleichenden Anschaffungen ermittelt. Gleichung 4.13 stellt den Vergleich zweier Varianten dar, wobei x in diesem Fall die Grenzstückzahl bezeichnet. Bild 4.8 stellt diesen Zusammenhang grafisch dar.

INFOCLICK

Die Grenzstückzahl kann mit Hilfe einer in unserem Onlineservice **InfoClick** zur Verfügung gestellten Vorlage berechnet werden.

$$x = \frac{A_{0,1} - A_{0,2}}{K_{lfd,2} - K_{ldf,1}} \qquad \text{(Gl. 4.13)}$$

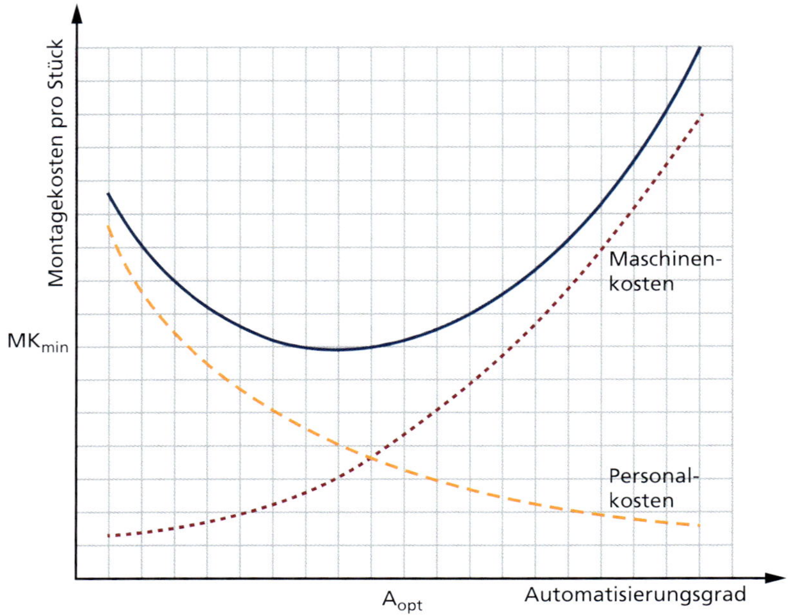

Bild 4.7 *Wirtschaftlicher Automatisierungsgrad* [4.12]

4.4 Lebenszykluskostenrechnung

Neben den Anschaffungskosten spielen auch die Kosten während des Betriebs und für die Verwertung einer Anlage eine entscheidende Rolle für die Wahl eines Produktionssystems. Für die ganzheitliche Betrachtung einer Anschaffung wurde der Begriff der Lebenszykluskostenrechnung eingeführt. Mit dem VDMA-Einheitsblatt 34 160 wurde versucht, neben den vielen unternehmensspezifischen Ansätzen einen universellen Standard für die Betrachtung der Lebenszykluskosten zu erstellen. Der vorgestellte Ansatz enthält neben der standardisierten Grundstruktur die Möglichkeit zur Erweiterung und Anpassung der zu berücksichtigenden Elemente. [4.4]

Die Lebenszykluskosten umfassen dabei alle wiederkehrenden und nicht wiederkehrenden Kosten eines Systems während der gesamten Lebensdauer. Die Lebensdauer umfasst die Planung, die Konstruktion, die Beschaffung, die Inbetriebnahme, den Anlauf, den Betrieb und die Stilllegung. In der Berechnung werden sowohl die direkten als auch die indirekten Kosten berücksichtigt. [4.29] Durch die ganzheitliche Betrachtung wird ein Vergessen von Kostenposten vermieden. Darüber hinaus sind die Betriebs- und Verwertungskosten teilweise um das 5- bis 10-fache höher als die Kosten in der Entstehungsphase. [4.8]

Der im VDMA-Einheitsblatt 34 160 [4.30] beschriebene Ansatz fasst die oben aufgeführten Bereiche in die drei Phasen Entstehung, Betrieb und Verwertung zusammen (Bild 4.9). Die Entstehungsphase wird bestimmt von den Beschaffungskosten. Zusätzlich müssen zu diesen noch die Kosten für die Inbetriebnahme und die eventuell notwendige Schaffung der benötigten Infrastruktur berücksichtigt werden. Die Betriebsphase setzt sich aus den für den Produktionsprozess notwendigen Kosten zusammen. Aus dem entsprechenden Eingangsmaterial wird über die Zufuhr von Energie, Betriebsstoffen und Aufwand für Personal, Wartung und Instandhaltung ein Produkt erstellt. Neben wertschöpfenden Tätigkeiten umfasst eine Anlage auch immer nicht

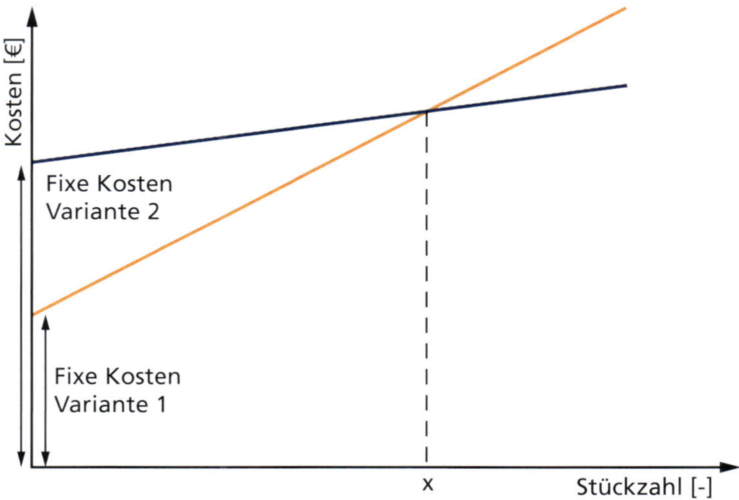

Bild 4.8 Grafische Darstellung der Grenzstückzahl

wertschöpfende Tätigkeiten (siehe Abschnitt 3.6.2). Diese sollten auf ein Minimum beschränkt werden. In der Verwertungsphase können Einnahmen aus dem Verkauf von Anlagenteilen und Kosten für den Rückbau entstehen.

Im vorgestellten Modell können für die Bewertung der Lebenszykluskosten unterschiedliche Detaillierungsstufen verwendet werden. Die niedrigste Detaillierungsstufe umfasst nur die Angabe der Gesamtkosten in den drei vorgestellten Phasen. Die höchste Detaillierungsstufe stellt eine Berechnung anhand der Baugruppenstruktur und der Einsatzbedingungen dar. In der mit-

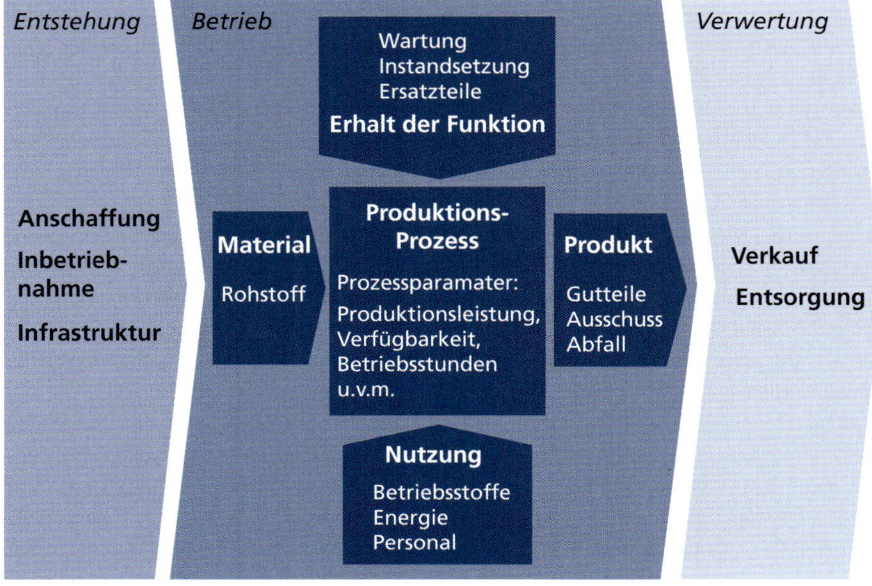

Bild 4.9 Phasen der Lebenszykluskostenrechnung (nach [4.30])

tleren Stufe stehen unterschiedliche Kostenposten zur Verfügung, die je nach Wichtigkeit für die einzelne Anwendung berücksichtigt oder vernachlässigt werden können. Darüber hinaus können firmen- oder anwendungsspezifische Posten ergänzt werden. [4.3] Diese Detaillierungsstufe bietet hinsichtlich des Verhältnisses von Aufwand zu Nutzen den größten Benefit in der Beurteilung von Robotersystemen.

Das Vorgehen bei der Ermittlung der Lebenszykluskosten beginnt mit der Festlegung der relevanten Kostenelemente. Dieser Schritt legt auch die Detaillierungsstufe fest, was einen großen Einfluss auf den Umfang und das Ergebnis der Berechnung hat. Daran anschließend wird der Anwendungsfall beschrieben. Hierin werden die Einsatzbedingungen, wie beispielsweise das Belastungsprofil der Maschinen, die geplante Stückzahl und die Verfügbarkeit der Anlage festgelegt. Der Betrachtungszeitraum beginnt mit der Anschaffung und endet mit der Verwertung nach einer festgelegten Nutzungsdauer. Nach der anschließenden Datenbeschaffung beginnt die eigentliche Berechnung. Zur Vereinfachung kann hier mit Durchschnittswerten gerechnet werden. Abschließend werden die Daten noch hinsichtlich Plausibilität bewertet und entsprechend der Anforderungen aufbereitet und ausgewertet. [4.3]

Im Folgenden sollen die Kostenelemente der zweiten Detaillierungsstufe genauer betrachtet werden. Im Rahmen der Bewertung von Robotersystemen sind vor allem die Entstehungs- und Betriebskosten ausschlaggebend. Bild 4.10 zeigt die einzelnen Kostenelemente nach dem VDMA-Einheitsblatt 34 160 [4.30]. Die einzelnen Kostenarten, die speziell für Robotersysteme betrachtet werden, sind in Abschnitt 4.5 nochmals ausführlich erläutert.

Die Beschaffungskosten sind ein großer Kostentreiber in der Entstehungsphase. Die Beschaffungsnebenkosten, wie Anlieferung, Versicherung oder Verwaltung, können in einem ersten Schritt vernachlässigt werden. Zusätzlich entstehen in der Entstehungsphase noch Kosten für die Planung, die Installation und die Inbetriebnahme der Anlage. Bei der Planung wird einerseits die Auslegung der Anlage – auch deren Einzelteile, wie beispielsweise die Peripherie – und andererseits die Fertigungsplanung inkl. der Programmierung und des Prüf- und Qualitätsmanagements berücksichtigt. Zur Planung zählt auch der Aufwand für die Konstruktion von Komponenten. Zu den Installations- und Inbetriebnahmekosten zählen neben den eigentlichen Kosten für den Aufbau auch die Kosten für den Anlauf und die Schulung von Mitarbeitern. Ein Risikozuschlag für unvorhersehbare Schwierigkeiten sollte ebenfalls berücksichtigt werden.

Die Kosten während des Betriebs können in geplante und ungeplante Kosten unterteilt werden. Bei den geplanten Kosten kann eine weitere Unterteilung in fixe und variable Kosten vorgenommen werden. Die Kosten für Wartung und Inspektion dienen der Sicherstellung der Funktionsfähigkeit der Maschine. Von einer geplanten Instandhaltung wird bei einem verschleißbedingten Austausch von Komponenten der Anlage gesprochen. Hierbei fallen Kosten für die Ersatzteile, den Verbrauch von Schmier- und Betriebsstoffen, das Wartungspersonal und den eventuellen Stillstand der Anlage an. Ungeplante Instandsetzungsmaßnahmen fallen bei einem Maschinenausfall oder einer Störung an. Hierbei entstehen Kosten aufgrund des Stillstands der Produktion. Die Raumkosten zählen, wie die geplanten Instanthaltungskosten, zu den geplanten fixen Kosten. Hierzu zählen zudem die Kosten für Versicherungen.

Die Kosten für Material, Energie, Hilfs- und Betriebsstoffe, Entsorgung von Fertigungsabfällen, Personal, Werkzeug und das Rüsten der Maschinen zählen zu den variablen Kosten während des Betriebs. Bei automatisierten Systemen nehmen die Energiekosten einen großen Kostenanteil ein. Hierzu zählen neben den Stromkosten auch die Kosten für Druckluft. Diese Kosten werden ebenso wie die der Hilfs- und Betriebsstoffe verbrauchsabhängig kalkuliert. Die Personalkosten werden anhand der Betriebszeiten berechnet, wobei je nach Qualifikationsgrad des Mitarbeiters unterschiedliche Kostensätze verwendet werden.

Kostenelement	Kostenelement
Entstehung Beschaffung Infrastrukturkosten Sonstige Entstehungs-kosten **Verwertung** Rückbau Restwert Sonstige Verwertungs-kosten	**Betrieb** Wartung und Inspektion Instandsetzung Ungeplante Instandsetzung Raumkosten Materialkosten Energiekosten Hilfs- und Betriebskosten Entsorgungskosten Personalkosten Werkzeugkosten Rüstkosten Lagerkosten Sonstige Betriebskosten

Bild 4.10 *Kostenelemente in der mittleren Detailierungsstufe* (nach [4.30])

Bei der Verwertung der Anlage entstehen vor allem Kosten für den Rückbau der Anlage. Hierunter fallen sowohl Kosten für das Personal als auch für die Entsorgung der Betriebsstoffe und die nicht wiederverwendbaren Komponenten der Anlage.

4.5 Kostenarten bei Robotern

Die Gliederung der Kosten kann nach folgenden Kriterien erfolgen:

- dem Zeitbezug der Kosten (Ist-, Normal- und Plankosten),
- der Art der Verursachung (z. B. Personal-, Material-, Kapitelkosten),
- der Art der Zurechnung (Einzelkosten, Gemeinkosten),
- der Abhängigkeit vom Beschäftigungsgrad (fixe und variable Kosten),
- der Häufigkeit des Auftretens (einmalige und laufende Kosten) sowie
- dem betrieblichen Funktionsbereich (Beschaffungs-, Fertigungs-, Vertriebskosten usw.).

Da Robotersysteme generell in einem Fertigungsbereich aufgestellt werden, liefert eine Einteilung der Kosten nach betrieblichem Funktionsbereich zum Vergleich solcher Anlagen keinen Mehrwert. Einzelne Komponenten können bei einer Produktumstellung weiter genutzt werden. Somit sind die Kosten im gesamten Lebenszyklus relevant und die Systeme lassen sich am besten über eine Aufteilung der Kosten nach Anschaffungs-, Betriebs- und Verwertungskosten miteinander vergleichen. Die einzelnen Kostenarten können dann noch weiter untergliedert werden. Dies ist in den nachfolgenden Abschnitten beschrieben.

4.5.1 Anschaffungskosten

Bei den Anschaffungskosten können die einzelnen Komponenten für sich betrachtet oder Komponentengruppen gebildet werden. So können die Roboterkosten mit den Kosten der Peripheriegeräte verglichen werden. Zudem können die Kosten für einzelne Komponenten eines Robotersystems (vgl. Abschnitt 2.6), z. B. Sicherheitstechnik, Materialflusssysteme, Sensoren, Endeffektoren, einander gegenüberstehen und so Optimierungspotenzial sichtbar gemacht werden. Die Kosten für den Roboter an sich sind nur ein kleiner Anteil der gesamten Anschaffungskosten.

Die Investitionskosten für den Roboter werden vor allem durch dessen Kenngrößen (Abschnitt 2.4) beeinflusst. Hierzu zählen die Traglast TL, die Reichweite Rw und die Genauigkeit Pg. Zusätzlich hat die Anzahl der Achsen n_A einen Einfluss auf die Kosten eines Roboters. Es ergeben sich für einen Industrieroboter, abhängig von den oben genannten Faktoren, folgende Anschaffungskosten K_{IR} (Stand 1993) [4.28]:

SCARA-Bauweise:

$$K_{IR} = 1007\frac{DM}{kg} \cdot TL + 8389\,DM \cdot n_A + 1{,}7\frac{DM}{mm} \cdot Rw + \frac{703}{Pg}DM \cdot mm + 13\,804\,DM \qquad \text{(Gl. 4.14)}$$

Nicht-SCARA-Bauweise:

$$K_{IR} = 1111\frac{DM}{kg} \cdot TL + 15\,092\,DM \cdot n_A + 1{,}7\frac{DM}{mm} \cdot Rw + \frac{703}{Pg}DM \cdot mm + 19\,682\,DM \qquad \text{(Gl. 4.15)}$$

Für Sechsachs-Knickarmroboter kann nach eigenen Recherchen (Stand 2013) folgende Berechnungsvorschrift verwendet werden:

$$K_{IR} = 12{,}9\frac{€}{kg} \cdot TL + 20{,}3\frac{€}{mm} \cdot Rw + 14\,211€ \qquad \text{(Gl. 4.16)}$$

Bei der Berechnung für einen Sechsachs-Knickarmroboter entfällt die Achsanzahl bei der Berechnung, da in diesem Fall nur Sechsachs-Knickarmroboter verglichen wurden. Beim Vergleich heutiger Standardroboter hat die Positioniergenauigkeit keinen signifikanten Einfluss und wurde deshalb ebenfalls vernachlässigt. Gleichung 4.16 basiert auf Daten aus dem Jahr 2013. Bei der Gegenüberstellung der Ergebnisse aus Gleichung 4.15 mit denen aus Gleichung 4.16 liegen die Kosten aus Gl. 4.15 um ca. 50 000 € über denen nach Gl. 4.16. Dies liegt an der Weiterentwicklung, die Industrieroboter in den 20 Jahren zwischen der Ermittlung der Formeln durchlaufen haben. Die Herstellung von Industrierobotern ist günstiger geworden, wodurch der Preis deutlich gesenkt werden konnte.

Für universelle Parallelbackengreifer kann ebenfalls eine Berechnungsvorschrift für die Anschaffungskosten K_{Gr} aufgestellt werden. Die zu berücksichtigenden Faktoren sind hier die Greifkraft Gk und der Greifhub Gh.

$$K_{Gr} = 19{,}3\,\frac{€}{mm} \cdot Gh + 0{,}2\,\frac{€}{N} \cdot Gk + 407{,}80\,€ \qquad \text{(Gl. 4.17)}$$

Bei Greifern gibt es viele Sonderbauformen mit extrem kleinem Hub bei hoher Greifkraft oder mit extrem großem Hub. Für diese Sonderbauformen weichen die Kosten deutlich von denen für sog. Universalgreifer ab. Für eine erste Näherung kann Gleichung 4.17 für die Greifer jedoch verwendet werden. Über eine anschließende Sensitivitätsanalyse (Abschnitt 4.6) kann durch Variation der unterschiedlichen Kosten die Unsicherheit bei der Bewertung verringert werden.

Bei aktuellen Roboteranwendungen werden zum Schutz des Mitarbeiters Sicherheitszäune zur Abgrenzung der Bereiche eingesetzt (Abschnitte 2.6.5 und 3.3). Für Schutzzäune aus Metall kann mit Kosten zwischen 100 €/lfm und 200 €/lfm kalkuliert werden. Werden Schutzzäune mit Kunststoffscheiben oder mit speziellen Beschichtungen benötigt, beispielsweise für Schweißzellen, können die Kosten höher sein.

Die Preise für die notwendigen Materialflusssysteme nehmen einen nicht unbedeutenden Anteil an den Anschaffungskosten eines Robotersystems ein. Getaktete Rundschalttische, die häufig für Schweißanlagen verwendet werden, können je nach Größe und Taktung zwischen 1800 € (Tellerdurchmesser 120 mm) und 17 000 € (Tellerdurchmesser 1000 mm) kosten. Auf diesen wird noch ein Aufsatzteller aufgebracht, der je nach Material, Größe, Oberfläche und Sonderausrüstungen zwischen ein paar hundert und mehreren tausend Euro liegen kann.

In der Montage werden häufig Vibrationswendelförderer zur Materialbereitstellung verwendet (Abschnitt 2.6.3). Die Kosten für diese variieren zwischen 10 000 € und 100 000 €. Die meisten Systeme liegen jedoch zwischen 20 000 € und 40 000 €. Die große Preisspanne ergibt sich einerseits aus der Größe der Bauteile und der daraus resultierenden Größe des Fördertopfes. Andererseits hat die Gestalt des Fördergutes einen großen Einfluss auf die Kosten, da diese die Schikanen-Geometrie bestimmen. Manche Bauteile erfordern zusätzlich aktive Sortiermechanismen, wie z. B. Druckluftventile.

In [4.12] ist eine Übersicht gegeben über Komponenten, die in der Montage benötigt werden. Den einzelnen Komponenten sind Preisstufen zugeordnet. Aufgeführt werden sowohl manuelle Montageplätze als auch Preise für kleinere SCARA- und Knickarmroboter. Komponenten für den Transport und die Speicherung von Bauteilen sind ebenfalls in der Aufstellung enthalten sowie Sicherheitstechnik. Die Preise beziehen sich teilweise auf bestimmte Hersteller und Ausführungen. Auch Rahmenbedingungen und Eigenschaften werden jeweils beschrieben. Die Kosten für kleinere Knickarmroboter betragen hier zwischen 12 500 € und 30 000 €. Dies entspricht in etwa den Kosten für einen kleinen Sechsachs-Knickarmroboter nach Gleichung 4.16.

Bei der Betrachtung der gesamten Anschaffungskosten zeigt sich, dass bei komplexen Anwendungen auch die Anschaffungskosten deutlich höher sind als bei einfacheren Anwendungen. Dieser Zusammenhang gilt auch für die Programmierung und die Installation der Anlage. Tabelle 4.1 gibt eine Übersicht über unterschiedliche Roboteranwendungen, ihren Komplexitätsgrad und einen Bereich für die Anschaffungskosten.

Tabelle 4.1 Anwendungen mit Angabe der Komplexität und Preisspanne (Stand 2013)

Anwendung	Verfahren	Komplexität	Preisspanne [€]
(Werkstück-)Handhabung/ Maschinenbestückung	Pressen	2	100 000 – 150 000
	Schmiedemaschinen/-pressen	2	100 000 – 150 000
	Druck-/Spritzgussmaschinen	3	100 000 – 150 000
	Werkzeugmaschinen	6	150 000 – 200 000
	Palettieren	7	200 000 – 250 000
	Kommissionieren	8	200 000 – 250 000
	Verpacken	8	250 000 – 300 000
	Messen / Prüfen	6	250 000 – 300 000
Schweißen/ Löten	Punktschweißen	4	300 000 – 400 000
	Bahnschweißen	5	300 000 – 400 000
	Löten	5	250 000 – 300 000
Dosieren	Beschichten / Kleben / Dichten	8	500 000 – 650 000
Bearbeiten	Plasmaschneiden / Brennschneiden / Wasserstrahlschneiden / Trennen / Fräsen / Schleifen / Polieren / Bürsten	8	300 000 – 400 000
Montage	Einlegen / Auflegen / Ineinanderschieben / Einpressen / Federnd einspreizen (Klipsen) / Schrauben / Trennen / Demontieren	10	500 000 – 650 000

4.5.2 Betriebskosten

Wie in Abschnitt 4.4 beschrieben, werden die Betriebskosten einerseits in die Kostenarten Instandhaltungskosten, Raumkosten, Energiekosten, Kosten für Hilfs- und Betriebsstoffe, Personalkosten und Werkzeugkosten unterschieden. Diese Kosten sind stark vom Produktionsprozess und nicht – wie bei den Anschaffungskosten – von den Eigenschaften des Systems abhängig. Dadurch kann es vorkommen, dass die Betriebskosten über die Nutzungszeit stark variieren. Zu den Betriebskosten zählen andererseits die Material-, Rüst-, Lager- und Entsorgungskosten. Diese sind stark vom hergestellten Produkt abhängig und werden deshalb im Rahmen des Buches nicht näher beschrieben. In der Kalkulation müssen sie jedoch berücksichtigt werden.

Die geplanten Instandhaltungskosten umfassen gemäß Abschnitt 4.4 die Kosten für Wartung, Inspektion und Instandsetzung. Sie werden von der Art, Dauer und Häufigkeit der Instandhaltungsmaßnahmen beeinflusst. Die Instandhaltung der Systeme ist für die Verfügbarkeit des Systems verantwortlich. Sie beeinflusst auch die Wahrscheinlichkeit eines ungeplanten Ausfalls der Maschinen. Damit unterliegt die geplante Instandhaltung dem Zielkonflikt zwischen einer hohen Verfügbarkeit des Systems und niedrigen Instandhaltungskosten. Dabei wird zwischen der Ausfallstrategie, der Präventivstrategie und der Inspektionsstrategie unterschieden.

Für die Ermittlung der Instandhaltungskosten sind zuverlässigkeitsrelevante Kennzahlen der verbauten Komponenten erforderlich. Die «**M**ean **T**ime **B**etween **F**ailures» (MTBF) ist beispielsweise die erwartete Zeit zwischen zwei aufeinanderfolgenden Ausfällen. Für eine erste Näherung können die Instandhaltungskosten über einen Faktor kalkuliert werden. Ein typischer Wert für die jährlichen Instandhaltungskosten sind 10% der Beschaffungskosten des Systems, was einem Faktor von 0,1 entspricht. [4.13; 4.24]

Die Raumkosten werden maßgeblich vom Layout des Robotersystems und dem dafür notwendigen Raumbedarf (m^2) beeinflusst. Sie ergeben sich aus der Multiplikation des Raumbedarfs mit dem firmenspezifischen Raumkostensatz. Der Raumbedarf wird dabei vom Handhabungsgerät und dessen Reichweite sowie dem Flächenbedarf für die benötigten Peripheriegeräte definiert. Durch die Anbindung des Endeffektors am Roboter fällt sein Arbeitsraum in denjenigen des Roboters. Großen Einfluss auf den Raumbedarf haben die Materialfluss- und Bereitstellungsstrategie und die dafür notwendigen Anlagen. Ist das Robotersystem durch einen Schutzzaun umgeben, kann für den entsprechenden Flächenbedarf die Fläche innerhalb dieses Zauns angesetzt werden. Die außerhalb dieses Bereichs angebrachte Peripherie darf jedoch nicht vernachlässigt werden.

Die Energiekosten eines Robotersystems umfassen die Kosten für Strom und Druckluft und werden von dem Energieverbrauch der einzelnen Systemkomponenten und deren Nutzungsdauern beeinflusst. Die Nutzungszeit ist – wie auch in der Maschinenstundensatzberechnung – die Zeit, in der die Komponenten tatsächlich in Betrieb sind. Hierbei ist zu beachten, dass die Energiekosten über die Nutzungsdauer nicht konstant sind.

Die Hauptstromverbraucher eines automatisierten Systems sind Roboter und Steuerung sowie applikationsbedingte Ausrüstungen, wie beispielsweise beim Schweißen Schweißtisch, Schweißstromquelle bzw. Transformator und der Laser. Bei Schweißanwendungen sind die Energieverbräuche von Brennerreinigungseinrichtung, Elektrodenkappenfräser und -wechsler sowie der aktiven Laserschutzwand gegenüber den anderen Verbrauchern zu vernachlässigen.

In der Praxis ist der Energieverbrauch des Roboters von der Größe, der Reichweite, der Traglast, der Beschleunigung und der Verfahrgeschwindigkeit abhängig [4.20]. Eine Abschätzung anhand der Anschlussleistung ist nicht zielführend, da sie deutlich über der tatsächlich aufgenommenen Leistung liegt. Der VDMA hat deshalb ein Standardverfahren für die Bestimmung des Energieverbrauchs von Industrierobotern veröffentlicht. Dieses enthält einen Prüfzyklus, innerhalb dessen der Roboter die äußeren Kanten eines definierten Prüfwürfels abfährt. Die Ergebnisse dienen jedoch eher dem Vergleich unterschiedlicher Roboter als der Ermittlung des tatsächlichen Energieverbrauchs für eine Anwendung. [4.20; 4.x1]

Der Energieverbrauch anderer Peripheriekomponenten, die einen Motor besitzen, kann über die Motorleistung und die Zeit, in der sich der Motor bewegt, abgeschätzt werden. Ebenso kann auch der Energieverbrauch von elektrischen Geräten über die Angabe der Nennleistung abgeschätzt werden.

Pneumatisch angetriebene Komponenten benötigen eine Druckluftversorgung. Die Kosten für die benötigte Druckluft ergeben sich aus dem Druckluftverbrauch und den Kosten für die Erzeugung der Druckluft. Ist kein firmeninterner Faktor für die Drucklufterzeugung vorhanden, kann ein Wert zwischen 1,5 ct/m^3 und 5 ct/m^3 angenommen werden.

Die Kosten für Hilfs- und Betriebsstoffe ergeben sich aus der Effizienz der jeweiligen Komponenten und Prozesse im Rahmen der Fertigungsaufgabe. Beim Metallschutzgasschweißen ist vor allem der Verbrauch von Schutzgas und Schweißdraht zu nennen. Der Verbrauch von Kühlwasser kann bei entsprechenden Rückführungssystemen entfallen. Für die Reinigung der Brennerdüsen wird ein Trennmittel benötigt. Für die Gase beim Schweißen und Plasmaschneiden können die in Tabelle 4.2 dargestellten Faktoren angesetzt werden.

Die Personalkosten hängen einerseits von der Anzahl an notwendigen Mitarbeitern und deren Ausbildungsstand und andererseits von der Arbeitszeit ab. Die Kosten beziehen sich hierbei auf das gesamte Robotersystem und nicht auf einzelne Komponenten. Die Personalkosten teilen sich vor allem in die zwei Bereiche Programmierung und Bedienung auf. Hochautomatisierte Anlagen benötigen kein Bedienpersonal. Es müssen lediglich für wenige Anlagen Mitarbeiter vorhanden sein, die im Fall einer Störung eingreifen können. Bei teilautomatisierten Anlagen müssen hingegen Mitarbeiter eingesetzt werden, die z. B. den Roboter mit Einzelteilen versorgen.

Tabelle 4.2 *Kosten für diverse Prozessgase (Stand 2013)*

Gas	Kostenfaktor
Schutzgas (Argon)	0,3 ct/l
Plasma-/ Wirbelgas Luft	0,7 ct/l
Plasmagas H_2	0,4 ct/l
Plasmagas Ar	0,3 ct/l
Plasma-/ Wirbelgas O_2	0,3 ct/l
Plasma-/ Wirbelgas N_2	0,3 ct/l
Plasma-/ Wirbelgas F5	0,5 ct/l

Werkzeugkosten fallen vor allem in denjenigen Anwendungen an, bei denen ein Fertigungsprozess mithilfe des Roboters durchgeführt wird. Beim Schweißen werden diverse Schweißdüsen oder Elektroden benötigt. Beim Fräsen mit dem Roboter müssen die Fräswerkzeuge – wie bei einer Werkzeugmaschine – nach Erreichen einer Verschleißgrenze ausgetauscht werden. Bei Parallelbackengreifern fallen neben den Anschaffungskosten keine Werkzeugkosten an. Bei Sauggreifern kann es erforderlich werden, die einzelnen Sauger auszutauschen.

4.5.3 Verwertungskosten

Die Verwertungsphase gliedert sich in die zwei Bereiche Verkauf des Systems oder Verwertung in Form von Recycling oder Entsorgung. Die Flexibilität des Systems beeinflusst dabei den Restwert. Je flexibler ein System ist, desto höher ist der Restwert der Anschaffung. Da ein flexibleres System auch höhere Anschaffungskosten mit sich bringt, können die Verwertungskosten gemäß Gleichung 4.18 prozentual zu den Anschaffungskosten berechnet werden. Einfluss auf den Restwert haben auch die Betriebsstunden des Systems. Die Kosten für den Aufwand zum Rückbau der Anlage müssen ebenfalls berücksichtigt werden. Bei der Entsorgung des Systems werden ebenfalls zwei Kategorien unterschieden. Einerseits entsteht metallischer Schrott, der verkauft werden kann. Dadurch entsteht eine Einnahme. Andererseits entsteht Schrott, der gegen Gebühren entsorgt werden muss. Je nach Verwertungsmöglichkeit entsteht so entweder eine Einnahme oder eine Ausgabe aus der Verwertung.

$$\text{Verwertungskosten} = \text{Verwertungsfaktor} \cdot A_0 \qquad \text{(Gl. 4.18)}$$

4.6 Kalkulation mit Unsicherheiten

Bei der Neuplanung eines automatisierten Systems muss eine hohe Investition getätigt werden. Die Planung ist hierbei immer mit Unsicherheiten behaftet. Es gibt mehrere Möglichkeiten, dieses Risiko abzuschätzen. Eine Variante ist die Sensitivitätsanalyse, eine andere die Risikoanalyse. Darüber hinaus können unterschiedliche Szenarien mit Hilfe der Szenariotechnik analysiert und verglichen werden. Im Folgenden werden diese drei Möglichkeiten kurz beschrieben.

Die Sensitivitätsanalyse ergänzt die Kostenrechnungsverfahren. Es wird angenommen, dass die Eingangsgrößen der Kosten- und Investitionsrechenverfahren um einen geschätzten Wert schwanken können. Durch systematisches Verändern der Eingangswerte soll in einem ersten Schritt herausgefunden werden, welche Parameter einen besonders großen Einfluss auf das Ergebnis haben. In einem zweiten Schritt wird dann überprüft, wie stark die im ersten Schritt festgelegten Parameter schwanken dürfen, ohne dass sich die Vorteilhaftigkeit einer Variante verändert.

Beim ersten Schritt werden einzelne oder mehrere Eingangsgrößen variiert. Unterliegt das Ergebnis nur geringen Schwankungen, kann für diese Größen die Unsicherheit bei der Kalkulation vernachlässigt werden. Bei großen Schwankungen des Ergebnisses sind die entsprechenden Parameter vorrangig für eine instabile Vorteilhaftigkeit verantwortlich und müssen genauer untersucht werden. Der zweite Schritt bestimmt dann die Grenzen des Risikos.

Die Sensitivitätsanalyse dient hierbei nicht der Entscheidungsfindung. Sie bewertet lediglich den Einfluss der Unsicherheit, die bei der Planung vorliegt. Somit kann durch die Sensitivitätsanalyse das Risiko bei der Investitionsentscheidung abgeschätzt werden. [4.32]

Im Gegensatz zur Sensitivitätsanalyse untersucht die Risikoanalyse nicht den Einfluss der Eingangs-, sondern die Risikostruktur der Ergebnisgrößen. Durch eine kombinierte Variation der Eingangswerte soll eine Wahrscheinlichkeitsverteilung der Ergebnisse ermittelt werden. Es gibt drei Lösungsansätze für die Risikoanalyse, wobei die Vollenumeration im Folgenden aufgrund ihres großen praktischen Anwendungsfeldes beschrieben werden soll. [4.32]

Bei der Risikoanalyse werden mehrere Varianten hinsichtlich der Einflussgrößen festgelegt und deren Eintrittswahrscheinlichkeiten angegeben. Anschließend werden die Ergebnisse für die jeweiligen Varianten ermittelt und daraus eine Wahrscheinlichkeitsverteilung gebildet. Aus dieser kann dann das Risikoprofil gebildet werden, das beispielsweise wie in Bild 4.11 dargestellt aussehen kann. Es lässt sich ablesen, dass in 75% aller Fälle ein Wert größer 0 erreicht wird. Da dem Beispiel aus Bild 4.11 die Berechnung des Kapitalwertes zugrunde liegt, ist eine Anschaffung in 75% aller Fälle gewinnbringend. Für einen risikofreudigen Planer mag dies noch kein Investitionshindernis sein, für einen risikoscheuen Unternehmer unter Umständen schon. Das Risikoprofil leistet hier eine wertvolle Entscheidungshilfe. [4.32]

Als weitere Unterstützung der Auswahl gemäß Risikoprofil kann der Mittelwert der Ergebnisse und deren Standardabweichung berechnet werden. Risikoneutrale Entscheider entscheiden lediglich nach dem Mittelwert, risikoscheue Investoren nach dem (μ, σ)-Prinzip. Beim (μ, σ)-Prinzip wird bei gleichem Erwartungswert μ die Alternative mit der niedrigeren Streuung σ und bei gleicher Streuung σ die Variante mit dem höheren Erwartungswert μ bevorzugt. [4.32]

Die Szenariotechnik geht nochmals über die Risikoanalyse hinaus. Hierbei werden aus vorliegenden Trendanalysen mögliche Szenarien gebildet. Die unterschiedlichen Szenarien werden dann in der Wirtschaftlichkeitsrechnung berücksichtigt. Es gibt vier Unterscheidungsmerkmale bei der Entwicklung von Szenarien [4.7]:

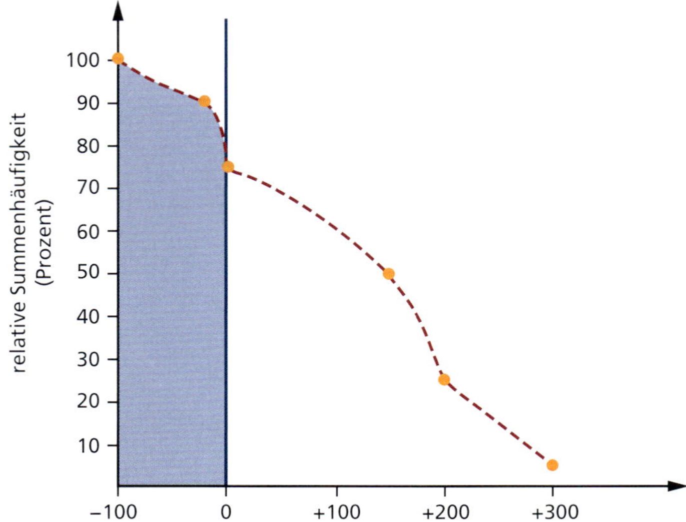

Bild 4.11 *Beispiel eines Risikoprofils* [4.32]

- Ausgangspunkt: explorative oder antizipative Szenario-Entwicklung
- Richtung: induktive und deduktive Verfahren
- Zielgerichtetheit: deskriptiv oder präskriptiv
- Komplexität: modellgestützt oder intuitiv

GÖTZE identifiziert acht Kriterien, um die unterschiedlichen Ansätze zu charakterisieren. Diese werden im Folgenden kurz beschrieben. [4.9]

- Einbeziehung der Zeitdimension
- Zahl der berücksichtigten Faktoren und Vorgehen bei deren Reduktion
- Vorgehen bei der Entwicklung von Rohszenarien
- Art der Elemente
- Auswahl der Szenarien
- Bestimmung von Wahrscheinlichkeiten
- Thematische Anordnung der Szenarien
- Zahl der Szenarien

Der zeitliche Horizont wird hinsichtlich Kausalität und Wirksamkeit unterschieden. Von der Gegenwart ausgehend, werden einerseits explorativ Entwicklungsmöglichkeiten für die Zukunft identifiziert. Andererseits werden Entwicklungen festgelegt, die eintreten müssen, damit ein angenommener Zustand am Ende des Planungszeitraumes eintritt (antizipativ). Der Unterschied wird in Bild 4.12 grafisch dargestellt. [4.5]

Für die Zahl der Kriterien und das Vorgehen bei deren Reduktion und für das Vorgehen zur Entwicklung der Rohszenarien stehen entweder induktive oder deduktive Verfahren zur Wahl. Beim deduktiven Vorgehen wird zuerst ein Betrachtungsrahmen festgelegt. In diesem werden dann Aussagen über die einzelnen Faktoren getroffen. Beim induktiven Verfahren werden mögliche Werte für die einzelnen Faktoren gesammelt und dann zu Rohszenarien zusammengestellt.

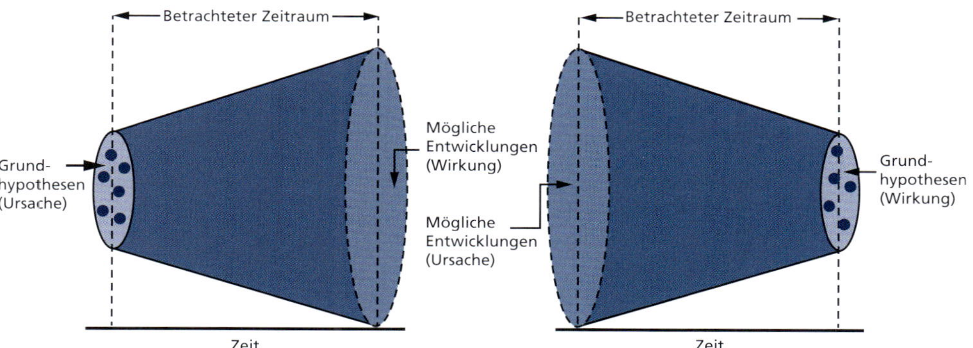

Bild 4.12 *Zeitlicher Horizont eines Szenarios* [4.5]

Zusätzlich gibt es noch ein inkrementelles Verfahren, bei dem als Ausgangspunkt die wahrscheinliche Zukunft dient, d.h. das Szenario, das am wahrscheinlichsten eintritt. [4.9]

Die Art der Elemente können entweder Trends, Ereignisse oder eine Kombination daraus sein. Ereignisse sind einmalig auftretende Phänomene, während Trends einer fortlaufenden, graduellen Entwicklung unterliegen. [4.18]

Die Auswahl der Szenarien und deren Entwicklung unterliegen einem achtstufigen Verfahren, das im Folgenden erläutert wird. [4.1; 4.26]

Zu Beginn wird das Problem analysiert. Hierzu muss das System über Systemgrenzen eingeschränkt werden. Die Grenzen sollten weder einen zu großen noch einen zu kleinen Bereich umfassen. Des Weiteren muss geprüft werden, ob das System einen Zweck hat und aus Systemelementen (Schlüsselfaktoren) und Wirkungen besteht. Ansonsten handelt es sich nicht um ein System. Systeme können zusätzlich nicht geteilt werden, ohne ihren Zweck zu ändern oder zu verlieren.

Als Nächstes wird eine Umfeldanalyse durchgeführt, um die beeinflussbaren und nicht beeinflussbaren Faktoren festzulegen. Die Zahl der Schlüsselfaktoren sollte dabei nicht zu groß oder zu klein gewählt werden.

Die Schlüsselfaktoren werden anschließend in einem Wirkungsnetz dargestellt und in einer Einflussmatrix quantifiziert. Dadurch werden Deskriptoren und Zukunftsannahmen aufgestellt. Darüber hinaus wird festgelegt, ob die Elemente eher aktiv oder passiv sind. Aktive Elemente beeinflussen dabei andere Elemente, während passive Elemente von anderen Elementen beeinflusst werden.

Im vierten Schritt werden für die Schlüsselfaktoren mindestens zwei mögliche Ausprägungen festgelegt. Das Rohszenario besteht dann aus einer Bündelung von je einer Annahme pro Faktor. Aus diesen in sich konsistenten Rohszenarien lassen sich dann mögliche Szenarien intuitiv oder modellgestützt ableiten. Der intuitive Ansatz ist abhängig vom Wissensstand, der Glaubwürdigkeit und der Kommunikationsfähigkeit des Entwicklungsteams. Der modellgestützte Ansatz basiert auf mathematischen Algorithmen. [4.7]

Die einzelnen Szenarien werden zur Veranschaulichung anhand ihrer Schlüsselfaktoren und deren Einflüsse in verständlichen Geschichten beschrieben und interpretiert.

Nach der Interpretation der Szenarien folgt die Trendbruchanalyse. Trendbrüche sind kurzfristig eintretende Ereignisse, die die Szenarien stark verändern. Hierdurch soll eine Sensibilisierung für Störungen erreicht und die Anpassungsfähigkeit des Unternehmens überprüft werden.

Abschließend folgen die Schritte Auswirkungsanalyse und Maßnahmenplanung. In der Auswirkungsanalyse werden Konsequenzen und Handlungsempfehlungen abgeleitet. Daraus werden abschließend konkrete Maßnahmen in einem Maßnahmenplan festgehalten.

Bei der Vernetzung der Schlüsselfaktoren zum Bilden der Szenarien können deskriptive und präskriptive Techniken eingesetzt werden. Die Entwicklungsziele werden nur beim präskriptiven Verfahren direkt in der Szenarienentwicklung berücksichtigt, da diese Szenarien auf Finalitätsbeziehungen basieren (Mittel–Ziel). Deskriptive Szenarien berücksichtigen hingegen Kausalitätsbeziehungen (Ursache–Wirkung). [4.7]

Bei der thematischen Anordnung wird zwischen Trend- und Extrem-Szenarien unterschieden. Trend-Szenarien stellen die Zukunft bei konstanten Einwicklungen dar. Bei den Extrem-Szenarien findet die Unterscheidung basierend auf besonders positiven oder besonders negativen Entwicklungen zwischen Best-case- und Worst-case-Szenarien statt. Das Eintreten von Extrem-Szenarien ist zwar eher unwahrscheinlich, diese sollen jedoch trotzdem berücksichtigt werden. Da Extrem-Szenarien alle möglichen Entwicklungen berücksichtigen, sind sie den Trend-Szenarien sogar vorzuziehen. Ein Übersehen von Verbesserungspotenzialen wird somit verringert. [4.25]

Die Zahl der Szenarien sollte zwischen zwei und fünf liegen. Pillkahn bewertet die Anzahl der Szenarien wie folgt:

- 1: Die Wahl des Szenarios mit der größten Eintrittswahrscheinlichkeit berücksichtigt keine Alternativen.
- 2: Bei der Wahl zweier Szenarien werden in der Regel zwei Extrem-Szenarien gewählt, die schwer zu bewerten sind.
- 3: Die Wahl von drei Szenarien wird von vielen Forschern empfohlen, birgt jedoch die Gefahr, sich auf das wahrscheinlichste zu verlassen.
- 4: Bei der Wahl von vier unterschiedlichen Szenarien herrscht noch ein gutes Kosten-Nutzen-Verhältnis.
- 5: Bei der Wahl von fünf unterschiedlichen Szenarien wird das Kosten-Nutzen-Verhältnis schon deutlich schlechter. Eine Anwendung auf fünf Szenarien ist aber möglich.
- Mehr als 5: Die Betrachtung von mehr als fünf Szenarien ist mit hohen, nicht vertretbaren Kosten verbunden. [4.22]

Das Ziel der Szenario-Analyse fasst Millett mit Antworten auf unterschiedliche Fragestellungen zusammen. [4.17]

- Soll die Nachfrage nach Produkten hinterfragt werden, müssen Faktoren wie Kundenwünsche, verfügbares Einkommen, Zinssätze, Verkaufstendenzen, demografische Entwicklungen usw. berücksichtigt werden.
- Die Entwicklung der Marktbedingungen kann beispielsweise über die Faktoren Steuern, Gesetze, Vertriebsnetze oder Interessensverbände hinterfragt werden.
- Die Faktoren der ersten beiden Fragestellungen können auch das Potenzial für neue Produkte bewerten.
- Eine Änderung von Prozessen und Technologien hat einen großen Einfluss auf den Produktionsprozess. Es kann eine größere Anzahl an teils neuen Produkten mit höherer Qualität zu niedrigeren Preisen gefertigt werden.

- Bei der Frage nach dem Verhalten der Wettbewerber sollten neben ähnlichen Produkten auch Ersatzprodukte berücksichtigt werden. Dieser Punkt kann jedoch bei Ansätzen, die die Nachfrage fokussieren, vernachlässigt werden.
- Um den beherrschbaren Grad der Unsicherheit bewerten zu können, sollte die Flexibilität des Unternehmens nicht missachtet werden.

Bei der Szenario-Analyse sollte ein Zeithorizont von fünf bis zehn Jahren gewählt werden. Bei Szenarien mit einem Horizont unter fünf Jahren besteht die Gefahr sich zu sehr an der aktuellen Situation zu orientieren und dadurch keine neuen Erkenntnisse zu generieren. Bei KMUs wird geraten, nicht zu weit in die Zukunft zu prognostizieren, da sonst der große Vorteil der schnellen Anpassungsfähigkeit verloren geht. [4.16]

4.7 Bewertung der Wirtschaftlichkeit an einem Beispiel

Im Rahmen einer Masterarbeit innerhalb des Projektes EEBatt wurden mehrere Ausbaustufen für die Zellblock- und Modulmontage entwickelt und wirtschaftlich gegenüber gestellt. Im Folgenden soll das entwickelte System für die Grundstufe mit dem System der ersten Ausbaustufe anhand von Montagestückkosten und Amortisationszeit verglichen werden. Als Ausgangsbasis wurde festgelegt, dass in der Grundstufe 1000 Module und somit 8000 Zellblöcke gefertigt werden sollen. In der ersten Ausbaustufe sollten dann bereits 4000 Module respektive 32 000 Zellblöcke hergestellt werden. Die Zielmontagestückkosten ohne das zur Produktion notwendige Material sollen bei 240 €/Modul liegen. Die Betriebsdauer der Anlage soll 20 Jahre betragen. Die Kennzahlen in Tabelle 4.3 dienen ebenfalls als Eingabedaten für die Berechnung der Montagestückkosten gemäß Gleichung 4.9 und der Amortisationszeit gemäß Gleichung 4.1.

Tabelle 4.3 *Allgemeine Eingaben zur Bewertung der Wirtschaftlichkeit*

Kennzahl	Wert
Anzahl an Schichten p.d. [1/d]	1
Anzahl an Arbeitstagen p.a. [d/a]	220
Arbeitsstunden p.d. [h/d]	8
Arbeitsstunden p.a. [h/a]	1760
Abschreibungsdauer [a]	6
Kalkulatorischer Zinssatz [%]	10
Raumkostensatz p.a. [€/m^2]	120
Kilowattkosten [€/kWh]	0,15
Mitarbeiterstundensatz [€/h]	60

Der Mitarbeiterstundensatz ist ein Durchschnittswert für die Gesamtlohn-/-gehaltskosten der Mitarbeiter. Er berücksichtigt bereits Lohn-/Gehaltsnebenkosten. Aufgrund des Einschichtbetriebs fallen keine Schichtzulagen an. Es wird von einer Systemverfügbarkeit von 90% ausgegangen. Aufgrund der Größe und Ausstattung der Systeme wird mit einem Instandhaltungsfaktor von 0,05 gerechnet. Für die Maschinenstückkosten wird in diesem Fall mit der vorgegebenen Stückzahl und nicht mit der maximal möglichen Ausbringung der Anlage gerechnet.

Die Grundstufe verzichtet aufgrund der niedrigen Produktionsleistung und dem Ziel geringer Investitionskosten auf die Automatisierung. Um eine Erhöhung der Produktionsmenge zu ermöglichen, werden zusätzliche Arbeitsplätze für eine Überkapazität vorgesehen. Das finale Layout der Grundstufe ist in Bild 4.13 dargestellt.

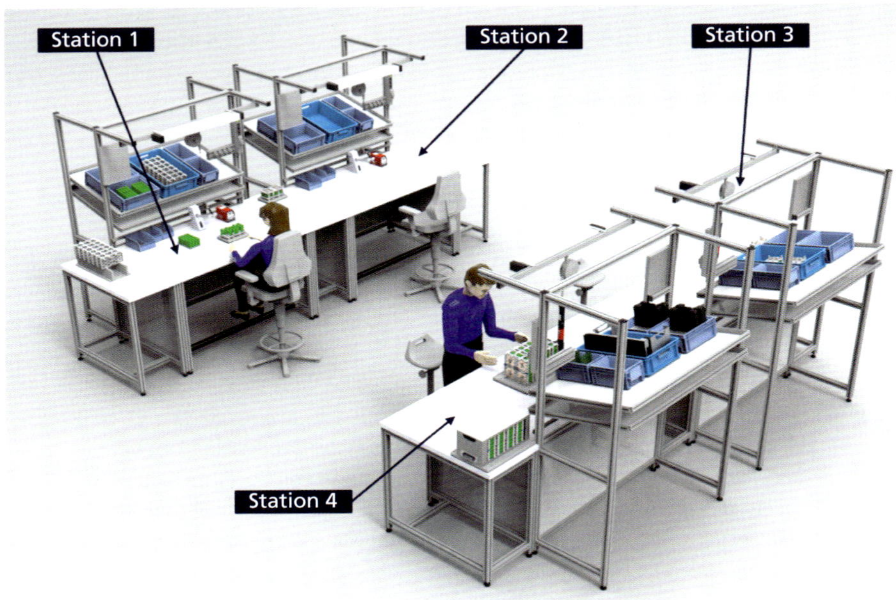

Bild 4.13 *Finales Layout der Grundstufe (Station 1 und 2 Zellblockmontage, Station 3 und 4 Modulmontage)*

Die Anlagenfläche beträgt 50 m^2 bei einer Investitionssumme von 80 000 €. Die Investitionskosten setzten sich aus den Kosten für die vier Arbeitstische in Höhe von je 7500 € und sonstigen kleineren Invests für Schrauber, einfache Schweißsysteme und weitere in Höhe von 50 000 € zusammen. Insgesamt können mit zwei Mitarbeitern maximal 1770 Module und 13 563 Zellblöcke pro Jahr gefertigt werden. Bei erhöhter Nachfrage kann die Produktionsmenge unter Zuhilfenahme zweier weiterer Mitarbeiter auf 27 148 Zellblöcke und 3290 Module erhöht werden. In dieser Stufe werden ca. 2 kWh Strom pro Stunde verbraucht.

Tabelle 4.4 fasst die einzelnen Werte, die sich entsprechend der Gleichungen 4.4 bis 4.9 ergeben, zusammen.

Die Montagestückkosten betragen 236 €/Stück. Die Amortisationszeit liegt bei 18,73 Jahren.

In Ausbaustufe 1 können alle Betriebsmittel der Grundstufe wiederverwendet werden. Dies senkt die Investitionskosten im Vergleich zu einer Neuinvestition und den Aufwand zum Umbau der Anlage. Für die Kalkulation wird jedoch mit der Gesamtinvestition gerechnet, um vergleichbare Werte zu erhalten. Die Gesamtinvestition beträgt 157 000 € bei einer Amortisationszeit von 0,41 Jahren. Neben den Kosten aus der Grundstufe fallen für einen zusätzlichen Arbeitstisch Investitionskosten in Höhe von 7500 € und für das kleine Robotersystem in Höhe von 75 000 € an. Durch den Roboter erhöht sich der Energieverbrauch auf 5 kWh. Die Anlage besitzt

Tabelle 4.4 *Werte Montagestückkostenrechnung Grundstufe*

Kalkulatorische Abschreibung K_A	13 333 €/a
Kalkulatorische Zinsen K_Z	4000 €/a
Raumkosten K_R	6000 €/a
Energiekosten K_E	528 €/a
Instandhaltungskosten K_I	667 €/a
Maschinenstundensatz K_{MH}	13,94 €/h
Personalstundensatz K_P	120 €/h
Montagestückkosten K_{ST}	235,73 €/Stück

einen Flächenbedarf von 60 m^2. Die Anlage kann mit fünf Mitarbeitern maximal 4631 Module und 40 723 Zellblöcke pro Jahr produzieren. Eine Erhöhung der Ausbringung ist hier nur durch eine Erhöhung der Betriebsstunden möglich. Die Montagestückkosten betragen 143 €. Das Layout der Ausbaustufe 1 ist in Bild 4.14 dargestellt.

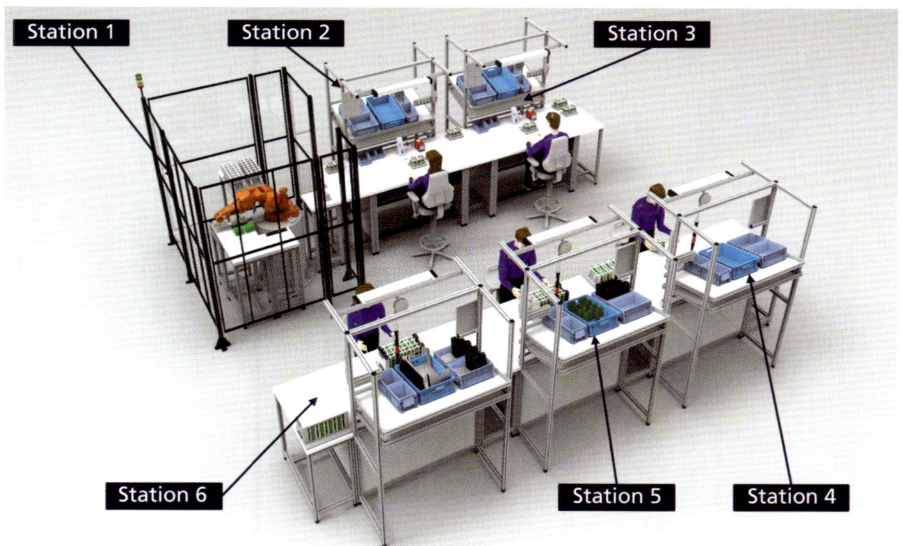

Bild 4.14 *Finales Layout der ersten Ausbaustufe (Station 1–3 Zellblockmontage, Station 4–6 Modulmontage)*

Tabelle 4.5 zeigt die einzelnen Berechnungswerte gemäß den Gleichungen 4.4 bis 4.9.

Die Gegenüberstellung der beiden Systeme zeigt, dass die erste Ausbaustufe bei gleichen vorgegebenen Montagestückkosten von 240 €/Stück bereits nach einem Jahr amortisiert ist. Im Projekt EEBatt wurde die Montage von Batteriesystemen erforscht. Da es sich hierbei um ein neues Gebiet handelt, sind die akzeptierten Verkaufspreise noch hoch. Mit der Zeit wird jedoch mit Produkt- und Produktionsverbesserungen zu rechnen sein, die zu einer Senkung der Kosten und auch der Verkaufspreise führen. Realistisch gesehen, wird also in der ersten Ausbaustufe der Erlös von knapp 100 € pro Modul nicht erreicht werden können.

Tabelle 4.5 Werte Montagestückkostenrechnung erste Ausbaustufe

Kalkulatorische Abschreibung K_A	26 250 €/a
Kalkulatorische Zinsen K_Z	7875 €/a
Raumkosten K_R	7200 €/a
Energiekosten K_E	1320 €/a
Instandhaltungskosten K_I	1312,50 €/a
Maschinenstundensatz K_{MH}	24,98 €/h
Personalstundensatz KP	300 €/h
Montagestückkosten K_{ST}	142,99 €/Stück

Das Beispiel zeigt, wie wichtig die Eingabedaten der Anlagen für die Vergleichbarkeit sind. Bereits in Abschnitt 4.2.1 wurde darauf hingewiesen, dass beim Vergleich der Amortisationszeiten eine gleiche Ausbringungsmenge betrachtet werden muss. Dies ist im obigen Beispiel nicht der Fall, weshalb die Anlagen nicht anhand der Amortisationszeit verglichen werden können. Auch deshalb sollte die Bewertung immer mehrere Kriterien berücksichtigen, um eine Verfälschung der Vergleichsergebnisse über einzelne Kennzahlen zu vermeiden.

Die wirtschaftliche Bewertung von Robotersystemen erfolgt mit den aus der Industrie bekannten Kosten- und Investitionsrechenverfahren. Diese statischen und dynamischen Kalkulationsmethoden dienen einerseits zur Bewertung einzelner Anlagen und andererseits zum Vergleich unterschiedlicher Anlagen. Die wichtigsten Verfahren sind die Berechnung der Amortisationszeit und die Maschinenstundensatzrechnung.

Zwei weitere wichtige Größen sind der wirtschaftliche Automatisierungsgrad und die Grenzstückzahl. Über den wirtschaftlichen Automatisierungsgrad kann ermittelt werden, bis zu welchem Anteil sich die Automatisierung eines Fertigungsprozesses rentiert. Dieser liegt meist zwischen 50% und 80%. Die Grenzstückzahl stellt die fixen und variablen Kosten unterschiedlicher Systeme gegenüber und zeigt auf, ab welcher Stückzahl welches System vorteilhafter ist.

Wichtig ist bei Robotern jedoch eine Betrachtung des gesamten Lebenszyklus. Da Robotersysteme neben teils nicht weiterverwendbaren anwendungsspezifischen Komponenten aus vielen Standardkomponenten bestehen, die i.d.R. weitergenutzt werden können, senken sich die Investitionskosten für eine spätere Anlage deutlich. Die einzelnen Kosten für die Anschaffung, den Betrieb und die Verwertung können je nach Planungs- und Wissensstand Schätzungen erfordern. Für den Umgang mit unsicheren Kennzahlen eignen sich weitere Methoden, wie die Sensitivitäts-, die Risikoanalyse und die Szenariotechnik.

Bei der wirtschaftlichen wie bei der technischen Bewertung sollte immer das Kosten-Nutzen-Verhältnis betrachtet werden. Die verwendeten Kriterien, Methoden und Verfahren sollten bereits zu Beginn eines Projektes festgelegt und nicht nachträglich zugunsten eines favorisierten Systems verändert werden.

5 Konzeption und Planung

Dieses Kapitel soll dem Leser einen Überblick über die Arbeitsschritte geben, die mit der Konzeption und der Planung eines Robotersystems verbunden sind. Um Robotersysteme in einer effizienten Weise in die Produktion zu integrieren, ist es notwendig, systematische Planungsmethoden anzuwenden. In der Literatur existiert eine große Anzahl an Planungsmethoden [5.1–5.5], die sich in vielen Fällen stark ähneln. Die Struktur dieses Kapitels orientiert sich an der Methode von Bullinger. Im Laufe des Kapitels werden gelegentlich Referenzen zu anderen Methoden genannt.

Die Methode von Bullinger ist vorteilhaft, da sie leicht darzustellen und für die Planung von Montageanlagen mit einem beliebigen Automatisierungsgrad geeignet ist. Obwohl diese Methode schon seit längerer Zeit existiert, bleibt ihre Allgemeingültigkeit bestehen. Zudem hat sie sich in der Industrie in vielen Anwendungsfällen bewährt. Die Vorgehensweise nach Bullinger ist in fünf grobe Planungsphasen unterteilt (Bild 5.1). Die ersten drei Schritte werden im Laufe dieses Kapitels detailliert.

In der Phase der Konzeption werden alle Anforderungen an die Montageanlagen aufgenommen und für die nächsten Schritte aufbereitet. Anschließend werden in der Ablaufplanung die Montageaufgaben beschrieben. Darauf folgt die Phase des Montagesystementwurfs, die die Unterphasen der Grob- und Feinplanung umfasst. In der Phase der Grobplanung wird mithilfe der generierten Daten zum einen auf die Auswahl der Hauptkomponenten eines Robotersystems, zum anderen auf die Erstellung und Auswertung des Layouts eingegangen. Schließlich werden in der Phase der Feinplanung die konkreten Details des Layouts beschrieben. Den Abschluss bilden die Phasen der Realisierung und der Inbetriebnahme. Die Inbetriebnahme des Robotersystems wird in Kapitel 6 näher erläutert.

Der Schwerpunkt dieses Kapitels liegt in der allgemeingültigen, methodischen und praktischen Umsetzung eines Produktionsprozesses mittels eines Robotersystems. Die vorgestellte Methodik wird im Laufe des Kapitels anhand der Entwicklung und Umsetzung des in Kapitel 2 eingeführten EEBatt-Demonstrators veranschaulicht.

Aufgabe

Ergebnis

5.1 Konzeption

- Definition von Anforderungen
- Lastenheft und Pflichtenheft

Ziele	Beschreibung
Hohe Automatisierung (Z1):	Die Automatisierung von Montageprozessen der Batteriemodulfertigung steht im Vordergrund. Logistische Prozesse wie Materialbereitstellung und -anlieferung können manuell erfolgen.
Produktflexibilität (Z2):	Der Demonstrator soll verschiedene Zellformate handhaben können.
Integration von Prüfprozessen (Z3):	Prüfprozesse sollten zu einem späteren Zeitpunkt in den Aufbau des Demonstrators integriert werden.

5.2 Ablaufplanung

- Montageablaufstruktur
- Automatisierbarkeit

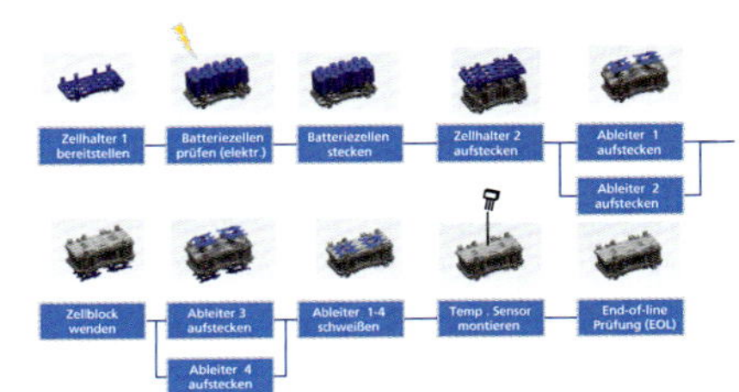

5.3 Montagesystementwurf

- Auswahl von Komponenten
- Layouterstellung undauswertung

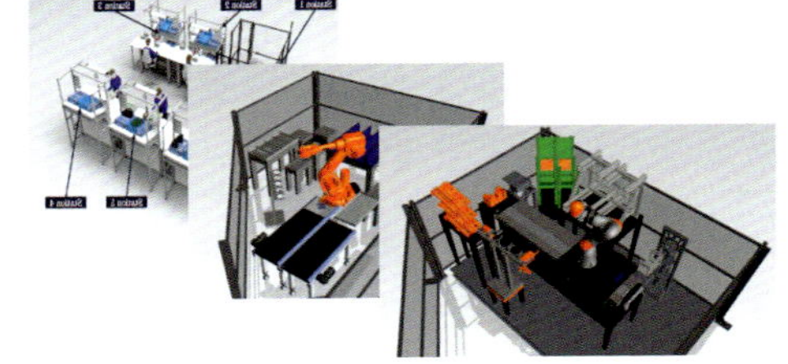

5.1 Konzeption

Den Startpunkt des Vorgehensmodells stellt die Phase der Konzeption dar. In dieser Phase werden die projektspezifischen Anforderungen in Form eines Lastenheftes definiert. Zur Erstellung des Lastenheftes werden in einem ersten Schritt Planungsdaten ermittelt. Anschließend werden Ziele für das Projekt definiert und priorisiert.

5.1.1 Lastenheft und Pflichtenheft

Lasten- und Pflichtenheft bilden eine Grundlage für die Entwicklung und Beschaffung von Anlagenkomponenten.

Lastenheft

Zur Planung, Montage und Inbetriebnahme wird ein Lastenheft erstellt. Es soll primär ein gemeinsames Verständnis über die Anforderungen der Montageanlage zwischen internen und externen Beteiligten (Hersteller, Systemintegrator, Lieferanten) schaffen. Durch das Lastenheft

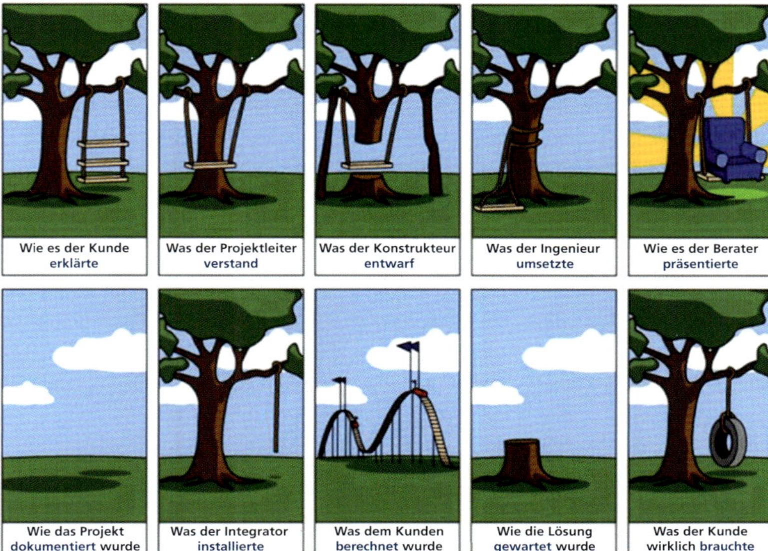

Bild 5.2 *Interpretationen von Projekten* [Quelle unbekannt]

muss eine einheitliche Beschreibung der Anlage gewährleistet werden, um spätere Verständnis- und Kommunikationsprobleme, wie in Bild 5.2 überspitzt dargestellt, zu verhindern.

Laut der Richtlinie VDI/VDE 3694 ist «das Lastenheft eine Zusammenstellung aller Anforderungen des Auftraggebers hinsichtlich Liefer- und Leistungsumfang.» [5.6]. Das Lastenheft beschreibt darüber hinaus die Randbedingungen, die von den Lieferanten erfüllt werden müssen. Lastenhefte werden bei der Neuanschaffung oder bei der Anpassung von Maschinen und Anlagen, aber auch bei der Integration externer Dienstleistungen erstellt. Sie stellen die Basis für die Ausschreibung dar. Die Aufgabe des Auftraggebers ist es, so viele Informationen wie möglich für das Lastenheft zu sammeln. Durch ausführliche Beschreibungen der Inhalte des Lastenhefts können unnötige Rückfragen vermieden werden.

Inhalt des Lastenheftes

Zur Vorbereitung des Lastenheftes werden intern Daten gesammelt. Die Inhalte und Anforderungen werden nach der Richtlinie VDI/VDE 3694 in die folgenden acht Bereiche klassifiziert [5.6]:

1. Übersicht des Projektes: Definition von Zielen, Verwendungsumfeld, Termine, Personal, Kostenrahmen
2. Erfassen der Ausgangssituation (Ist-Zustand): Beschreibung der Anlage, des Prozesses, der Organisationsstruktur, der Aufgaben, der Datendarstellung
3. Aufgabenstellung (Soll-Zustand): Änderungen bezüglich Ist-Zustand
4. Anforderungen an Kommunikationsschnittstellen: Schnittstellenbeschreibung zwischen Mensch, Anlage und Prozess
5. Anforderungen an die Systemtechnik: Datenverwaltung, Hardware, Software
6. Anforderungen an die Systementwicklung, die Inbetriebnahme und den Einsatz: Dokumentation, Montage, Inbetriebnahme, Abnahme
7. Anforderungen an die Qualität: Hardware und Software
8. Anforderungen an die Projektabwicklung: Projekt-, Risiko- und Änderungsmanagement

Vom Lastenheft zum Pflichtenheft

Mithilfe des Lastenheftes erstellen verschiedene potenzielle Lieferanten ein Angebot. Diese Angebote beschreiben, wie die im Lastenheft geforderte Leistung erbracht werden soll und welche Kosten dafür entstehen. Die Punkte des Lastenheftes werden dabei in ein sogenanntes Pflichtenheft übernommen und mit der Darstellung der Lösung ergänzt. «Das Pflichtenheft ist die Beschreibung der Realisierung aller Anforderungen des Lastenheftes.» [5.6]. Im Pflichtenheft wird definiert, «wie» und «womit» die Anforderungen zu realisieren sind. Es enthält die Ideen und Lösungen des Auftragnehmers für das Problem des Auftraggebers. Zur Pflichtenhefterstellung ist eine intensive Zusammenarbeit zwischen dem Auftraggeber und dem Roboterintegrator oder -hersteller notwendig. Der Auftragnehmer prüft bei der Erstellung die Widerspruchsfreiheit und Realisierbarkeit der genannten Anforderungen. Das Pflichtenheft bedarf schließlich der Genehmigung durch den Auftraggeber. Anschließend gilt dieses als verbindliche Vereinbarung für die Realisierung und Abwicklung des Projektes für Auftraggeber und Auftragnehmer.

5.1.2 Zielkriterien

Ein sehr wichtiger Punkt im Kontext des Lastenheftes ist die Definition von Zielen, die die Montageanlage erfüllen soll. Eine frühzeitige Definition dieser Ziele kann bei der Montageplanung helfen, Entscheidungen entlang des Prozesses, besonders bei der Erstellung und Auswertung von Layouts, zu treffen. Es ist gute Praxis, eine Kategorisierung der Ziele vorzunehmen. Zum Beispiel können diese in Muss-, Soll- und Wunschziele klassifiziert werden. Auch im Rahmen des EEBatt-Forschungsprojektes wurden solche Zielkriterien erstellt und kategorisiert (Tabelle 5.1).

Tabelle 5.1 *Planungsziele für den EEBatt-Demonstrator*

Priorisierung	Ziel	Vorgabe
Muss	Max. Modulkosten	500 € (davon Montagekosten: 240 €)
	Maximale Anlagenfläche	500 m^2
	Produktionsvolumen	15 000 Module pro Jahr
Soll	Betriebsdauer der Anlage	20 Jahre
	Stückzahlflexibilität	Steigerung um Faktor 20
	Erweiterbarkeit	Baukastenartiges Stufenkonzept
	Taktzeit Modul	4,8 min
	Taktzeit Zellblock	36 s
Wunsch	Montagetechnologie	Mensch-Roboter-Kollaboration
	Materialbereitstellung	Kanban

Andererseits können in der frühen Phase eines Projektes nicht immer konkrete Angaben über die Ziele gemacht werden. In so einem Fall hilft es trotzdem, abstrakte Ziele, die im Laufe des Projektes konkretisiert werden, zu definieren. Die abstrakten Ziele des EEBatt-Demonstrators sind in Tabelle 5.2 dargestellt.

Tabelle 5.2 *Ziele des EEBatt-Demonstrators*

Ziele	Beschreibung
Hohe Automatisierung (Z1):	Die Automatisierung von Montageprozessen der Batteriemodulfertigung steht im Vordergrund. Logistische Prozesse wie Materialbereitstellung und -anlieferung können manuell erfolgen.
Produktflexibilität (Z2):	Der Demonstrator soll verschiedene Zellformate handhaben können.
Integration von Prüfprozessen (Z3):	Prüfprozesse sollten zu einem späteren Zeitpunkt in den Aufbau des Demonstrators integriert werden.
Niedrige Investitionskosten (Z4):	Eine Umsetzung des Demonstrators zu vertretbaren Kosten ist zu gewährleisten.
Taktzeit (Z5):	Die Taktzeit muss so gering wie möglich sein.
Inbetriebnahme (Z6):	Eine einfache, schnelle Inbetriebnahme sowie ein schneller Umbau bei möglichen Anpassungen oder dem Austausch von Betriebsmitteln sind zu gewährleisten.
Geringer Flächenverbrauch (Z7):	Der Demonstrator darf das vorgesehene Flächenangebot nicht überschreiten.

Eine weit verbreitete Methode aus der Wirtschaft zur Priorisierung von Anforderungen ist die Präferenzmatrix zum paarweisen Vergleich [5.7]. Dabei wird jedes Kriterium mit jedem anderen Kriterium bezüglich seiner Wichtigkeit verglichen und anschließend zueinander gewichtet. Die Tabelle wird Zeile für Zeile ausgefüllt. Es gelten folgende Gewichtungskriterien:

- 2: Kriterium 1 (horizontal) ist viel wichtiger als Kriterium 2 (vertikal),
- 1: Kriterium 1 und Kriterium 2 sind gleich wichtig,
- 0: Kriterium 1 ist weniger wichtig als Kriterium 2.

Allerdings erweist sich das Verfahren bei einer großen Anzahl (mehr als zehn) an Kriterien als ungeeignet [5.4]. Dieses Verfahren wurde zur Priorisierung der Anforderungen aus Tabelle 5.2 angewandt und ist in Tabelle 5.3 veranschaulicht.

Tabelle 5.3 *Gewichtung der Ziele für den EEBatt-Demonstrator*

Ziele		Z1	Z2	Z3	Z4	Z5	Z6	Z7	Summe	Gewichtung
Z1	**Hohe Automatisierung**		1	2	2	2	2	2	11	0,26
Z2	**Produktflexibilität**	1		2	2	2	2	2	11	0,26
Z3	**Integration von Prüfprozessen**	0	0		2	2	2	2	8	0,19
Z4	**Niedrige Investitionskosten**	0	0	0		2	2	2	6	0,14
Z5	**Taktzeit**	0	0	0	0		0	1	1	0,02
Z6	**Inbetriebnahme**	0	0	0	0	2		2	4	0,10
Z7	**Geringer Flächenverbrauch**	0	0	0	0	1	0		1	0,02

5.2 Ablaufplanung

Nach der Definition der Ziele und Anforderungen folgt die Analyse des Montageablaufs. Hierbei werden alle notwendigen Daten für die Erstellung eines Ideallayouts erarbeitet. Die Ablaufplanung ist in folgende Schritte eingeteilt:

1. Erstellung des Montagevorranggraphen
2. Bestimmung der Vorgabezeit
3. Bildung der Arbeitsinhalte

5.2.1 Montagevorranggraph

Der **M**ontage**v**orrang**g**raph (MVG) ist eine Darstellungsart, um Teilverrichtungen oder Fügevorgänge und deren Beziehungen zueinander anzugeben. Dabei werden die Vorgänge als Knoten und die Beziehungen zwischen den Knoten in Form eines Netzplans dargestellt (Bild 5.3) [5.1].

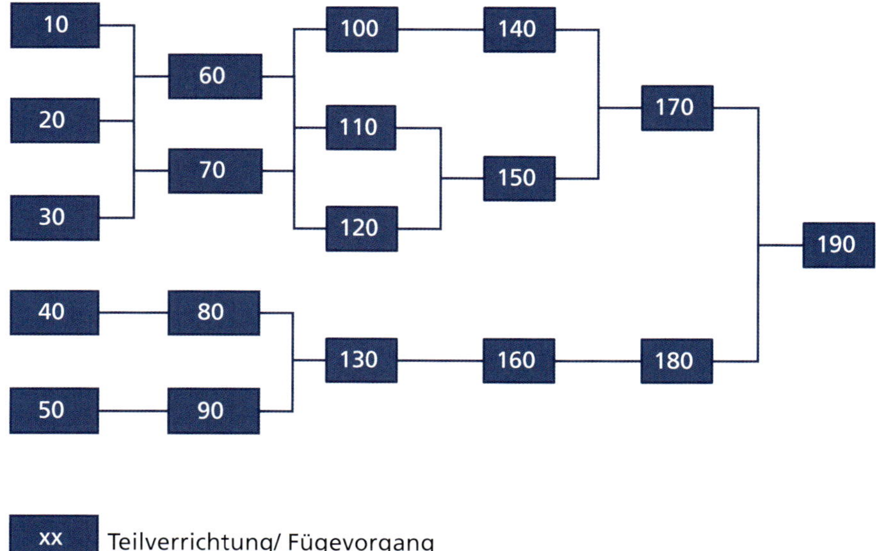

Bild 5.3 *Montagevorranggraph*

Erstellung

Die Montageschritte werden zum Zeitpunkt der frühesten Ausführbarkeit eingetragen. Eine Teilaufgabe kann nicht gestartet werden, bevor nicht die vorherigen verknüpften Schritte ausgeführt sind. Die Beziehungen zwischen den Knoten lassen sich anhand dreier möglicher Verbindungsarten klassifizieren (Bild 5.4).

a) Die einfache Struktur bedeutet, dass die Teilverrichtung TV2 nach der Teilverrichtung TV1 durchgeführt werden kann.
b) Bei der Struktur mit Verzweigung können die Teilverrichtungen TV2 und TV3 erst nach der Teilverrichtung TV1 durchgeführt werden, z. B. weil bei TV2 und TV3 ein Bauteil aus

TV1 benötigt wird. Hierbei können beliebig viele Teilverrichtungen parallel eingetragen werden.

c) Hierbei werden Teilverrichtungen TV1 und TV2 parallel durchgeführt und anschließend zur TV3 zusammengeführt. Es können unbegrenzt viele Teilverrichtungen parallel durchgeführt werden. Hier ist zur Ausführung von TV3 das Abschließen von TV1 und TV2 erforderlich.

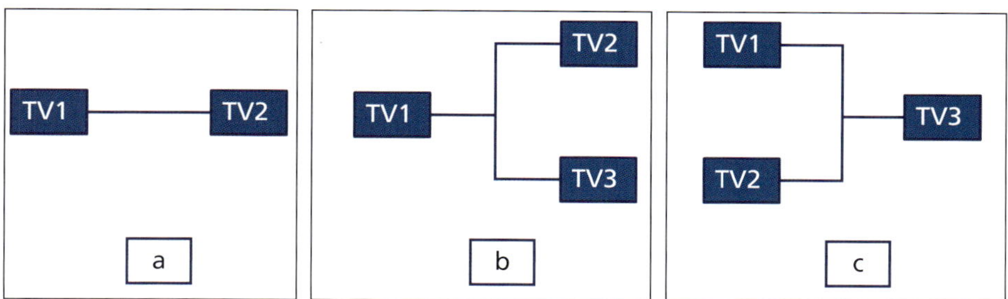

Bild 5.4 *Verbindungsarten von Montagevorranggraphen*

Da der Vorranggraph eine Analyse des Produktes darstellt, werden in einem ersten Schritt noch keine automatisierten oder manuellen Prozesse betrachtet. Diese können zu einem späteren Zeitpunkt bei der Aufbereitung des Vorranggraphen aufgezeigt werden. Die Knoten des Vorranggraphen können um weitere Informationen ergänzt werden, z. B. durch Eintragen von erforderlichen Bauteilen oder durch Angabe von Vorgabezeiten.

Für den EEbatt-Demonstrator wurde der Montagevorranggraph eines Zellblocks erstellt. Dieser ist in Bild 5.5 zu sehen. Der Temperatursensor ist ein empfindliches Bauteil, das beispielsweise beim Schweißen des Ableiters beschädigt werden könnte. Aus diesem Grund wurde die Montage des Temperatursensors im letzten Schritt durchgeführt.

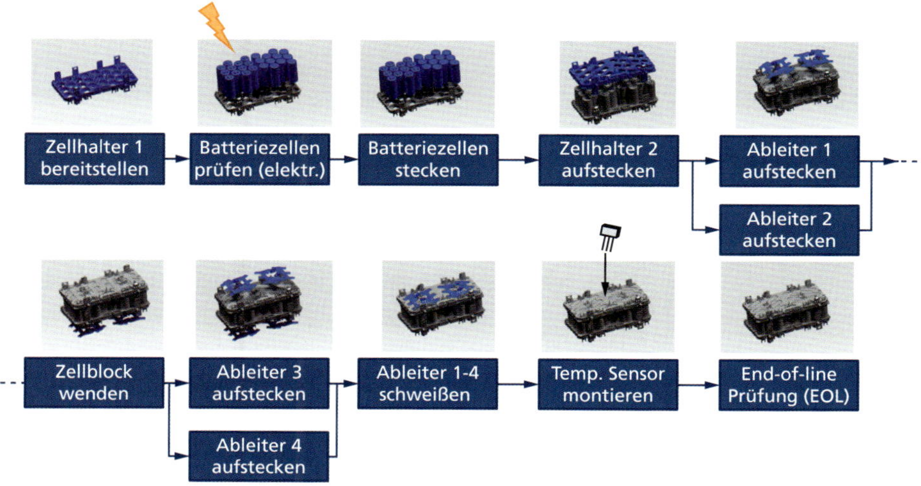

Bild 5.5 *Übersicht über die Montageschritte eines Zellblocks*

5.2.2 Bestimmung der Vorgabezeiten am Beispiel

In Abschnitt 3.6.1 wurde bereits das MTM-Verfahren zur Berechnung der Vorgabezeiten eines Produktionsprozesses eingeführt.

Insbesondere bei der Einführung von neuen oder komplexen Produktionsprozessen kann die Zeitaufnahme der Einzelvorgänge zu aufwendig oder unmöglich sein. In vielen Fällen werden die Vorgabezeiten durch Vergleichen und Schätzen ermittelt. Das Schätzen gilt als die ungenaueste Methode der Vorgabezeitermittlung. Trotzdem wird diese in der Praxis häufig angewendet. Dabei bedarf eine sinnvolle Vorgabezeitermittlung einer weitreichenden Erfahrung mit dem Produkt und dessen Produktionsprozess. [5.1]

Bei der Herstellung der Zellblöcke des EEBatt-Moduls handelte es sich um eine Neuentwicklung, bei der keine Vorgabezeiten vorhanden waren. Die Vorgabezeiten wurden anhand mehrerer durchgeführter Versuchsreihen mithilfe von Prototypen ermittelt und durch Expertenbefragungen (bezogen auf die Vorgabezeiten der Montageschritte) ergänzt. Tabelle 5.4 zeigt die Ergebnisse.

Tabelle 5.4 *Schätzung der Vorgabezeiten für die Zellblockmontage*

Vorgang	Vorgabezeit [s]
Zellhalter 1 bereitstellen	5
Batteriezellen prüfen (elektrisch)	1
Batteriezellen stecken	80
Zellhalter 2 aufstecken	15
Ableiter 1 aufstecken	20
Ableiter 2 aufstecken	20
Zellblock wenden	5
Ableiter 3 aufstecken	20
Ableiter 4 aufstecken	20
Ableiter 1–4 schweißen	240
Temperatur Sensor montieren	35
End-of-Line-Prüfung (EOL)	30

5.2.3 Bewertung der Automatisierbarkeit am Beispiel

Nach Bestimmung der Montagezeiten erfolgt eine Analyse des Montagevorranggraphen hinsichtlich der Automatisierbarkeit der Teilverrichtungen. Mit der Bewertung der Automatisierbarkeit einer Montageaufgabe sollen potenzielle Vorgänge identifiziert werden, die eine wirtschaftliche Automatisierung bzw. eine manuelle Montage rechtfertigen.

Die Automatisierbarkeit der Zellblockmontage für den EEBatt-Demonstrator wurde anhand der Methode von Ross [5.8] bewertet und in Abschnitt 3.4 ausführlich beschrieben. Aus der Analyse ergaben sich sechs potenzielle Teilvorgänge für eine Automatisierung. Diese umfassen zum einen das Handhaben des Zellblocks und zum anderen das Schweißen des Ableiters. Zudem erwies sich das Handhaben des Temperatursensors als kompliziert und eignet sich deshalb nicht zur Automatisierung. Eine manuelle Montage wird für diesen Montageschritt bevorzugt. Bild 5.6 stellt den vollständigen Montagevorranggraphen mit den Vorgabezeiten und den Automatisierungsbereichen der Zellblockmontage dar.

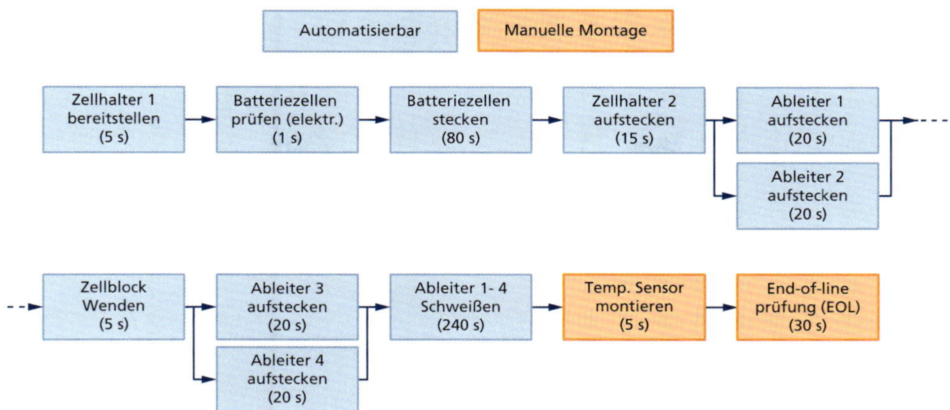

Bild 5.6 *Montagevorranggraph mit Vorgabezeiten und automatisierbaren Prozessen der Zellblockmontage*

5.3 Montagesystementwurf

Mit der Definition der Anforderungen, des Ziels und des Arbeitsinhalts des Projektes können im nächsten Schritt Layouts für ein Montagesystem erstellt werden. Dabei werden mehrere Konzepte mit mehreren Montagesystemen entworfen und anschließend bewertet. Bullinger definiert ein Layout innerhalb der Fertigungstechnik als «einen grafischen oder modellhaft angelegten Entwurf zur visuellen Darstellung einer Anordnung von Betriebsmitteln (Arbeitsplätze, Maschinen, Verkettungsmittel usw.) in einem Raum oder auf einer Fläche unter Berücksichtigung der Flächenabmessungen, Verkehrswege, Materialbereitstellungsflächen sowie sonstiger Nebenflächen.» Bild 5.7 zeigt einen vereinfachten Überblick über die Phasen des Montagesystementwurfs, die in diesem Abschnitt erläutert werden. In einem ersten Schritt erfolgt die Auswahl des IRs und seiner Peripherie, wie z. B. Endeffektor, Sensoren, Materialfluss- und Sicherheitseinrichtungen (siehe Abschnitt 2.6). In folgenden Abschnitten wird die Auswahl eines Greifers und des IRs näher erläutert.

5.3.1 Greiferauswahl

In Abschnitt 2.6 wurde das breite Spektrum an Endeffektoren vorgestellt, das ein Robotersystem besitzen kann. Insbesondere Greifersysteme gehören zu den häufig eingesetzten komplexeren Endeffektoren. Aus diesem Grund stellt dieser Abschnitt einen Überblick über das Verfahren zur Auslegung von Greifersystemen dar.

Greifer sind immer anwendungsspezifisch und können deshalb in ihrer Konstruktion stark variieren. Die Auswahl und Auslegung von Greifersystemen sind mit einem hohen Expertenwissen über den Handhabungsprozess und über Greifertechnik selbst verbunden, da eine Vielzahl von Faktoren in die Entscheidungsfindung einfließt.

Der Grundablauf der Greiferauswahl wird in mehrere Hauptschritte unterteilt [5.9]. Die hier verwendete Vorgehensweise ist in Bild 5.8 dargestellt. Die Arbeitsschritte sollten hierbei nicht als lineare Abfolge angesehen, sondern in einem iterativen Prozess bearbeitet werden.

Im ersten Schritt werden die Prozessanforderungen beschrieben. Hier werden Informationen über das Greifobjekt, die Bewegungstrajektorien und den Arbeitsraum definiert. Mit der

Bild 5.7 *Übersicht der Phasen des Montagesystementwurfs*

Definition der Anforderungen ist es möglich, diese in einem Lastenheft zusammenzufassen. Danach kann dieses an einen ausgewählten Greiferhersteller übergeben oder die Auslegung und Konstruktion intern in Auftrag gegeben werden.

Nachdem die Anforderungen des Bearbeitungsprozesses in einem Lastenheft definiert wurden, kann mit der Auslegung des Greifers begonnen werden. Im ersten Schritt wird der Greifertyp in Abhängigkeit des Greifprinzips ausgewählt. Je nach Gewicht, Abmessungen und Material des zu greifenden Werkstücks eignen sich unterschiedliche Greifertypen. Hierzu kann Bild 5.9 zur Hilfe genommen werden. Weiterhin haben FANTONI et al. eine Korrelation zwischen Greifprinzip und dessen industrieller Anwendung gefunden [5.10]. Diese Statistik kann ebenfalls als Ausgangspunkt zur Auswahl des Greifprinzips genutzt werden (siehe Bild 5.10). Nach der Festlegung des Greifprinzips und des Greifertyps erfolgt eine erste Auslegung des Greifers, die anhand statischer und dynamischer Analysen evaluiert wird. Hierbei wird einerseits untersucht, ob der Greifer den notwendigen statischen und dynamischen Kräften standhält. Andererseits wird geprüft, ob eine Begrenzung der Kraft notwendig ist, um das Werkstück nicht zu beschädigen. Sollte eine beschädigungsfreie Handhabung nicht möglich sein, muss der Prozess der Auslegung oder sogar die Auswahl des Greifprinzips und Greifertyps wiederholt werden.

Ist der Greifer korrekt dimensioniert, werden in der darauffolgenden Phase der Feinplanung zunächst detaillierte Anforderungen an das System gestellt, wie z. B. Positioniergenauigkeit, notwendige Sensorik und Lebensdauer. Auch in dieser Phase erfolgt die Ausarbeitung des Greiferkonzepts in einem iterativen Prozess, bis alle Anforderungen erfüllt sind. Wenn der Greifer alle Anforderungen und Analysen zur Zufriedenheit erfüllt, kann zur letzten Phase – der Realisierung – übergegangen werden.

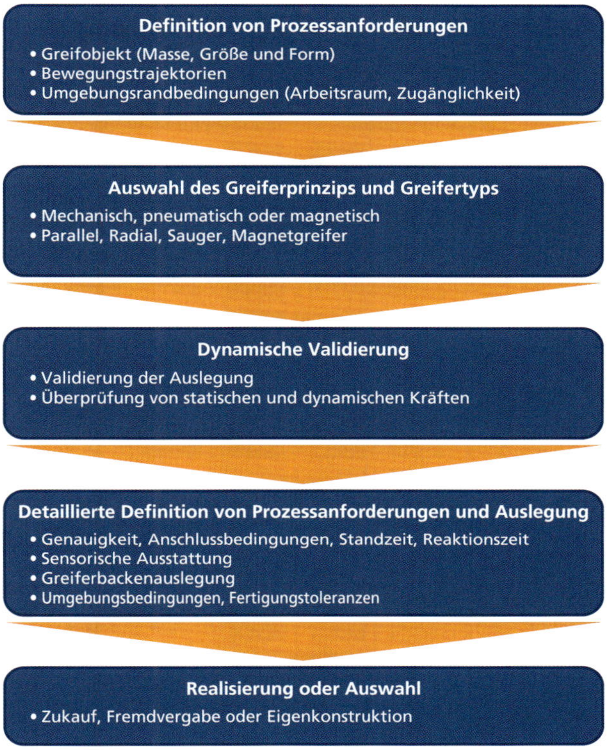

Bild 5.8 *Hauptschritte bei der Greiferauswahl oder -auslegung* (in Anlehnung an [5.9])

TIPP

Mit der Auslegung des Greifers und der Definition der Anforderungen der Handhabungsaufgabe ist es möglich, die Fertigung des Greifers direkt bei einem Hersteller zu beauftragen. Alternativ kann – je nach Komplexität der Greiferfertigung – diese auch intern beauftragt werden.

5.3.2 Roboterauswahl

Die Roboterinvestition repräsentiert ca. ein Viertel der gesamten Kosten einer Montageanlage. Die Kosten eines Roboters können stark variieren und sind von verschiedenen Faktoren abhängig. Den ersten entscheidenden Faktor stellt der Robotertyp dar, in der Regel sind Sechsachs-Knickarmroboter teurer als SCARA-Roboter. Aus diesem Grund empfiehlt es sich, den Robotertyp frühestmöglich festzulegen. Damit soll der Montageplaner erkennen, welche Kostenarten bei der Montage dominieren, um frühzeitig kostengünstige alternative Lösungen in Betracht zu ziehen. Bei der Auswahl des Robotertyps sollten die erstellten Zielkriterien, beschrieben in Abschnitt 5.1.2, in der Entscheidung mitberücksichtigt werden. Weiterhin müssen zusätzliche Randbedingungen des Bearbeitungsprozesses, wie beispielsweise die benötigte Taktzeit oder der verfügbare Ar-

Physikalisches Prinzip		mechanisch				pneumatisch	magnetisch	
Greifobjekt	Greifertyp	Parallel-greifer	Radial-greifer	Winkel-greifer	3-Punkt-greifer	Sauger-greifer	Dauer-magnet	Elektro-magnet
Masse	0,2 bis 1kg	■	■	■	■	■	■	
	1 bis 10 kg	■	□	■	■	■		
	10 bis 50 kg	◧	□	■	■	■		■
	größer 50 kg	□		■	■	◧		
Abmessung	20 bis 50 mm	■	■	■	■	■	■	■
	50 bis 300 mm	■	□	■	◧	■	■	■
	300 mm bis 1 m	■		■	□	■		■
	mehr als 1 m	■		■		■		■
Innengriff-Flächen		■		□	■			◧
Oberfläche	glatt	■	■	■	■	■	■	■
	rau	■	■	■	■			◧
	porös	■	□	□	□	□		◧
	empfindlich	□			□	■	■	■
Rundteile	Scheibe	◧	■		■	■	■	■
	Kurzzylinder	■	■	■	■	■		■
	Welle, Stange	◧		■				◧
Prismateile	Blockteil	■	■	■		■	■	◧
	flach / kurz	□	■	□		■	■	■
	flach / lang			□		■	◧	■
Kunststoffe		■	□	□		■		
Textilien						□		
Folien						◧		
Glass		□	◧	◧	◧	■		
Steingut		□	◧	◧	◧	□		
Eisenblech		◧		◧		■	■	■

Volles Band = gut geeignet; leeres Band = bedingt geeignet

Bild 5.9 *Grobe Zuordnung zwischen Greifobjekt und Greifertyp* (in Anlehnung an [5.9])

beitsraum, in die Entscheidung miteinbezogen werden. Eine Übersicht der verschiedenen Robotertypen kann aus Abschnitt 2.2 entnommen werden.

Anhand der erstellten Zielkriterien aus Abschnitt 5.1.2 wurde der Robotertyp des EEBatt-Demonstrators definiert. Bei der Auswahl wurden die folgenden drei unterschiedlichen Robotertypen analysiert: Portalroboter, SCARA-Roboter und Sechsachs-Knickarmroboter. Die Entscheidungsfindung wurde mithilfe einer Nutzwertanalyse durchgeführt. Bei der Nutzwertanalyse (siehe Abschnitt 3.6.3) werden die Zielkriterien in Bezug auf den Grad ihrer Erfüllung anhand einer definierten Skala bewertet. Die Multiplikation des Erfüllungsgrades mit der Gewichtung des jeweiligen Auswahlkriteriums ergibt den Teilnutzen [5.4]. Die Summe der Teilnutzen gibt wiederum den Gesamtnutzen an. Der Robotertyp mit dem höchsten Gesamtnutzen wird schließlich für den Demonstrator ausgewählt. Tabelle 5.5 zeigt das Ergebnis der Nutzwertanalyse.

Industrieanwendungen	Elektrostatisch	Kraftschluss	Formschluss	Magnetisch	Vakuum	Bernulli/Coanda	Van-der-Waals-Kräfte	Oberflächenspannung	Chemisch	Kryogenik	Nadel	Laser	Ultraschall
Mechanische Montage	nicht einsetzbar	meistverwendet	meistverwendet	meistverwendet	meistverwendet	nicht einsetzbar	oft verwendet	nicht einsetzbar	nicht einsetzbar	nicht einsetzbar	nicht einsetzbar	nicht einsetzbar	nicht einsetzbar
Luft- und Raumfahrtindustrie	nicht einsetzbar	meistverwendet	meistverwendet	oft verwendet	meistverwendet	nicht einsetzbar	nicht einsetzbar	nicht einsetzbar	nicht einsetzbar	nicht einsetzbar	nicht einsetzbar	nicht einsetzbar	nicht einsetzbar
Demontage	nicht einsetzbar	meistverwendet	einige Anwendungen	meistverwendet	meistverwendet	nicht einsetzbar	nicht einsetzbar	nicht einsetzbar	nicht einsetzbar	nicht einsetzbar	nicht einsetzbar	nicht einsetzbar	nicht einsetzbar
Textil- und Lederindustrie	oft verwendet	meistverwendet	einige Anwendungen	meistverwendet	meistverwendet	nicht einsetzbar	nicht einsetzbar	nicht einsetzbar	oft verwendet	oft verwendet	oft verwendet	nicht einsetzbar	oft verwendet
Gefährliche Güter	nicht einsetzbar	meistverwendet	meistverwendet	meistverwendet	oft verwendet	nicht einsetzbar	nicht einsetzbar	nicht einsetzbar	nicht einsetzbar	nicht einsetzbar	nicht einsetzbar	nicht einsetzbar	nicht einsetzbar
Montage elektronischer Baugruppen	gefährlich	oft verwendet	oft verwendet	nicht einsetzbar	meistverwendet	oft verwendet	nicht einsetzbar	gefährlich	nicht einsetzbar	nicht einsetzbar	nicht einsetzbar	nicht einsetzbar	oft verwendet
Mikromontage	einige Anwendungen	einige Anwendungen	oft verwendet	oft verwendet	meistverwendet	oft verwendet	oft verwendet	einige Anwendungen	oft verwendet	oft verwendet	oft verwendet	oft verwendet	oft verwendet
Logistik	oft verwendet	meistverwendet	meistverwendet	nicht einsetzbar	einige Anwendungen	nicht einsetzbar	nicht einsetzbar	nicht einsetzbar	oft verwendet	oft verwendet	einige Anwendungen	nicht einsetzbar	nicht einsetzbar
Integrierte Greifprozesse	nicht einsetzbar	meistverwendet	nicht einsetzbar	nicht einsetzbar	nicht einsetzbar	nicht einsetzbar	nicht einsetzbar	nicht einsetzbar	nicht einsetzbar	nicht einsetzbar	nicht einsetzbar	nicht einsetzbar	nicht einsetzbar
Lebensmittelindustrie	nicht einsetzbar	nicht einsetzbar	meistverwendet	nicht einsetzbar	oft verwendet	meistverwendet	nicht einsetzbar	nicht einsetzbar	nicht einsetzbar	oft verwendet	oft verwendet	nicht einsetzbar	nicht einsetzbar

(Spaltenüberschrift: Greiferprinzipien)

Legende:

- meistverwendet
- oft verwendet
- einige Anwendungen
- gefährlich
- nicht einsetzbar

Bild 5.10 *Vorauswahl des Greiferprinzips* (in Anlehnung an [5.10])

Nach der Festlegung des Robotertyps – in diesem Fall eines Sechsachs-Knickarmroboters – werden nun die genaueren Anforderungen an den Roboter definiert und anschließend durch eine Recherche bei diversen Roboterherstellern eine Vorauswahl passender Robotermodelle erstellt. Für die finale Entscheidung bezüglich eines Roboters empfiehlt es sich, eine Auswahl anhand der Kenngrößen des Roboters, die in Abschnitt 2.4 beschrieben sind, vorzunehmen (Tabelle 5.6). Es ist hier besonders zu beachten, dass die Herstellerangabe zur Traglast nicht die Masse des Endeffektors berücksichtigt. Bei der Auswahl eines Roboters für Handhabungsaufgaben müssen deswegen immer die Summe der Masse des Greifers und die Masse des zu tragendenden Werkstücks addiert werden. Die resultierende Masse ergibt die benötigte Traglast.

TIPP

Die Roboter, die in die engere Auswahl gekommen sind, können bei der Erstellung verschiedener Layouts berücksichtigt werden. Die finale Entscheidung über den Roboter wird nach der Bewertung der Layoutvarianten getroffen.

Tabelle 5.5 *Nutzwertanalyse zur Auswahl des Robotertyps*

Ziele	Portalroboter		SCARA		Sechsachs-Knickarmroboter		Gewichtung
	Erfüllungsgrad	Gewichtet	Erfüllungsgrad	Gewichtet	Erfüllungsgrad	Gewichtet	
Hohe Automatisierung	3	0,78	3	0,78	3	0,78	0,26
Produktflexibilität	2	0,52	1	0,26	3	0,78	0,26
Integration von Prüfprozessen	1	0,19	1	0,19	1	0,19	0,19
Niedrige Investitionskosten	1	0,14	3	0,42	1	0,14	0,14
Taktzeit	3	0,06	3	0,06	1	0,02	0,02
Inbetriebnahme	2	0,2	2	0,2	3	0,3	0,1
Geringer Flächenverbrauch	1	0,02	3	0,06	2	0,04	0,02
Gesamtnutzen		1,91		1,97		2,25	

Tabelle 5.6 *Auswahl des Roboters für den EEBatt-Demonstrator*

Produktinformationen	Schunk	Fanuc	Universal Robots	Stäubli	F&P Personal Robotics	KUKA	ABB
Modell	WA 4 P	LR Mate 200iD4S	UR5	TX40	PRA 1 Standard	LBR iiwa	IRB 120
Anzahl der Achsen	6	6	6	6	6	7	6
Eigenmasse [kg]	15	20	18,4	27	16	23,9	25
Traglast [kg]	6	4	5	1,7	3	7	3
Reichweite/ Arbeitsraum [mm]	655	550	850	515	771	800	580
Schutzklasse Roboter	IP40	IP67	IP54	IP65	-	IP54	IP30

5.3.3 Erstellung von Layouts

Nach der Festlegung des Arbeitsinhaltes und der groben Auswahl der Betriebsmittel werden Layouts erstellt. Der Ablauf der Layoutplanung erfolgt in mehreren Planungsstufen von «grob» zu «fein» [5.11]. Die Inhalte, die in jeder Stufe behandelt werden, sind in Bild 5.11 dargestellt.

Der erste Schritt zur Erstellung von Groblayouts ist die Generierung von Grobkonzepten, um eine Auswahl von Betriebsmitteln und den Materialfluss zu bestimmen. Eine verbreitete Methode, um Grobkonzepte zu generieren, ist die Verwendung morphologischer Kästen [5.12]. Die erste

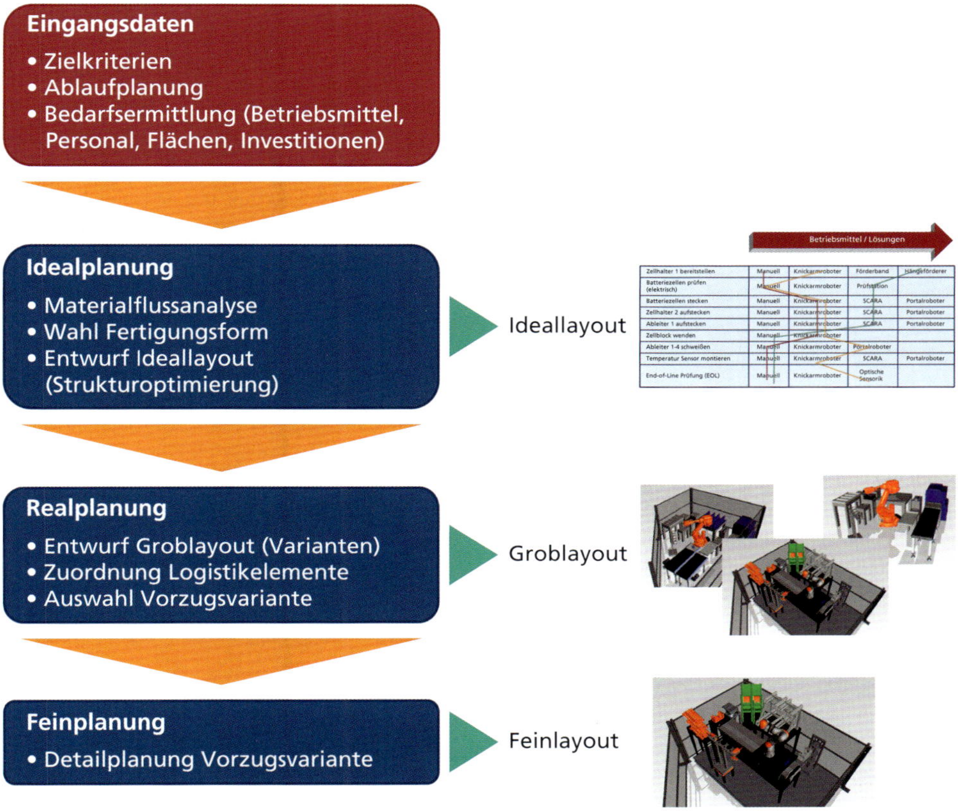

Eingangsdaten

- Zielkriterien
- Ablaufplanung
- Bedarfsermittlung (Betriebsmittel, Personal, Flächen, Investitionen)

Idealplanung

- Materialflussanalyse
- Wahl Fertigungsform
- Entwurf Ideallayout (Strukturoptimierung)

Ideallayout

Realplanung

- Entwurf Groblayout (Varianten)
- Zuordnung Logistikelemente
- Auswahl Vorzugsvariante

Groblayout

Feinplanung

- Detailplanung Vorzugsvariante

Feinlayout

Bild 5.11 *Übersicht über die Layoutphasen und deren Inhalt* (in Anlehnung an [5.11])

Betriebsmittel / Lösungen

Montageschritte

Montageschritte	Betriebsmittel / Lösungen			
Zellhalter 1 bereitstellen	Manuell	Knickarmroboter	Förderband	Hängeförderer
Batteriezellen prüfen (elektrisch)	Manuell	Knickarmroboter	Prüfstation	
Batteriezellen stecken	Manuell	Knickarmroboter	SCARA	Portalroboter
Zellhalter 2 aufstecken	Manuell	Knickarmroboter	SCARA	Portalroboter
Ableiter 1 aufstecken	Manuell	Knickarmroboter	SCARA	Portalroboter
Zellblock wenden	Manuell	Knickarmroboter		
Ableiter 1-4 schweißen	Manuell	Knickarmroboter	Portalroboter	
Temperatur Sensor montieren	Manuell	Knickarmroboter	SCARA	Portalroboter
End-of-Line Prüfung (EOL)	Manuell	Knickarmroboter	Optische Sensorik	

Bild 5.12 *Erstellung von Grobkonzepten mittels des morphologischen Kastens für die Zellblockmontage des EEBatt-Demonstrators*

Aufgabe besteht darin, die Prozessschritte des Montagevorranggraphen als Spalten aufzulisten. Im zweiten Schritt werden zu jedem Handhabungsschritt alle potenziellen Ausführungsmöglichkeiten eingetragen. Einzelne Grobkonzepte entstehen dadurch, dass für jeden Prozessschritt eine Lösung ausgewählt wird. Die Gesamtheit aller einzelnen Lösungen bildet das Grobkonzept. Die Auswertung des morphologischen Kastens wird in Bild 5.12 anhand der Montageschritte für den Zellblock des EEBatt-Demonstrators dargestellt.

Mit der Generierung von Grobkonzepten werden mehrere Layouts mit möglichen Variationsmerkmalen, z. B. dem Automatisierungsgrad oder der räumlichen Struktur für den Materialfluss, formuliert. Durch die Kombination der Umsetzungsalternativen für die Betriebsmittel sowie deren räumliche Anordnung auf der zur Verfügung stehenden Fläche werden Groblayouts entwickelt. Eine große Herausforderung bei der Layouterstellung besteht darin, die Kosten für die notwendigen Beziehungen zwischen den Betriebseinheiten (Material-, Personal-, Informations- und Energiefluss) zu minimieren. Dieses Problem wird in der Praxis mithilfe von Zuordnungsverfahren gelöst. Im Regelfall kann davon ausgegangen werden, dass sich die Kosten proportional zur Entfernung der jeweiligen Einheit und proportional zur Beziehungsintensität verhalten. In produzierenden Unternehmen stellt der Materialfluss in der Regel den größten Kostenfaktor dar. Die meisten Zuordnungsverfahren verfolgen daher den Ansatz, die Wegstrecken für ausgeprägte Materialflussbeziehungen weitestgehend zu minimieren und Materialrückflüsse zu vermeiden. Bei der Materialbereitstellung werden die Bereitstellungsstrategie und die Anordnung der Lager so geplant, dass die Zugänglichkeit der Arbeitsplätze nicht gestört wird [5.1]. Bild 5.13 gibt einen Überblick über unterschiedliche Methoden, die sich mit der Anordnung von Betriebseinheiten in Layouts befassen.

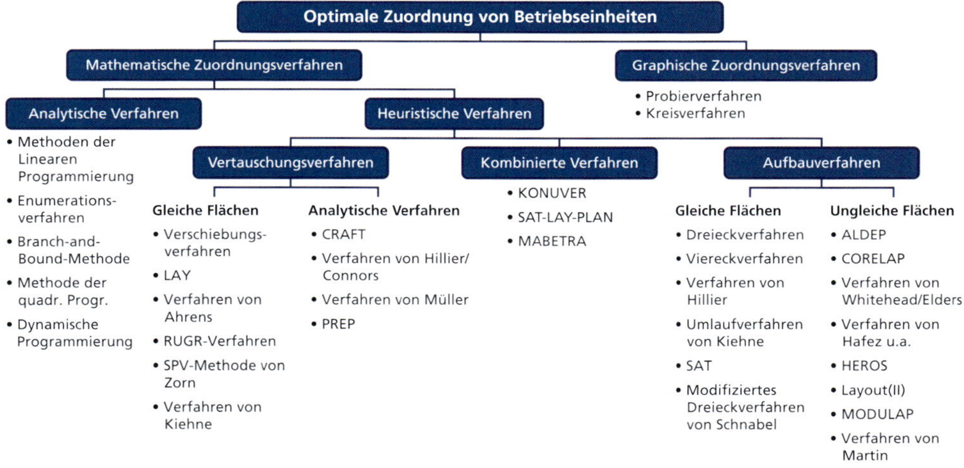

Bild 5.13 *Methoden zur optimalen Anordnung von Betriebseinheiten* (in Anlehnung an [5.13])

Weitere Kriterien zur Erstellung von Layouts können beispielweise soziale Aspekte sein. Falls manuelle Tätigkeiten ausgeführt werden sollen, ist es notwendig, dass die Kommunikation zwischen allen Mitarbeitern gewährleistet ist. Ein besonders relevantes Kriterium bei der Erstellung des finalen Layouts mit einem Robotersystem stellt die Planung der Sicherheitseinrichtungen dar. Die relevanten Richtlinien bezüglich ihrer Gestaltung werden in Abschnitt 3.2 behandelt.

TIPP

Die resultierenden Layouts sollten nicht als endgültige Lösungen angesehen werden. Nachteile einer Lösung können durch Vorteile anderer Lösungen ersetzt werden, wodurch neue Layouts entstehen können.

5.3.4 Bewertung von Layoutvarianten

Nachdem mehrere Alternativen des Groblayouts erstellt wurden, folgt die Auswahl einer passenden Variante. Der Vergleich und die Bewertung der Varianten können mithilfe einer dualen Bewertungsmethodik erfolgen (Bild 5.14). Bei dieser Methode werden zum einen die monetären Kriterien anhand einer Wirtschaftlichkeitsrechnung erfasst. Zum anderen wird eine Nutzwertanalyse durchgeführt, die nicht-monetäre Kriterien berücksichtigt. [5.4]

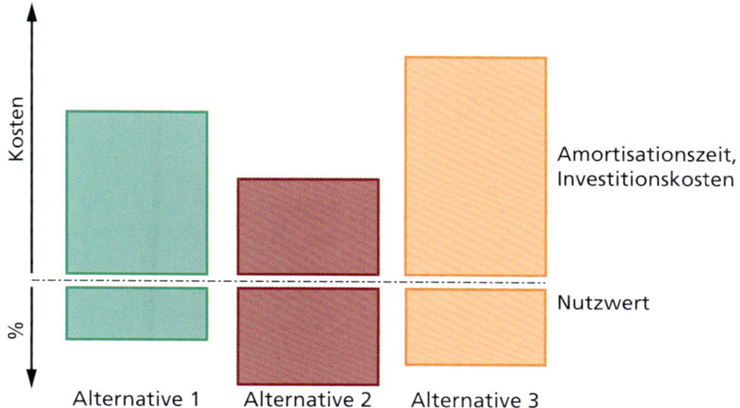

Bild 5.14 *Duale Bewertung von Montagesystemen*

Die Wirtschaftlichkeitsberechnung kann anhand der in Kapitel 4 vorgestellten Methodik durchgeführt werden. Die Nutzwertanalyse bedarf zunächst der Erstellung eines Kriterienkatalogs (siehe Abschnitt 3.6.3). Dazu werden zuerst technische, wirtschaftliche, organisatorische und personelle Bewertungskriterien gesammelt. Zur Erstellung des Kriterienkatalogs können beispielweise die vereinbarten Ziele des Pflichtenheftes berücksichtigt werden. Der Katalog wird anhand mehrerer Iterationen in Zusammenarbeit mit allen involvierten Abteilungen erstellt. Anschließend werden die Kriterien priorisiert. Bei einer übersichtlichen Anzahl an Kriterien kann hierfür die Methode des paarweisen Vergleichs (siehe Abschnitt 5.1.2) angewandt werden. Alternativ kann die Priorisierung der Bewertungskriterien im Team qualitativ erfolgen.

Zur Bewertung der Varianten wird eine Skala zur Ermittlung des Erfüllungsgrads des jeweiligen Kriteriums verwendet. Die Multiplikation der Erfüllungsgrade mit der Gewichtung ergibt den Teilnutzen. Die Summe der Teilnutzen aller Kriterien stellt den gesamten Nutzwert der Alternative dar. Die Ergebnisse einer beispielhaften Nutzwertanalyse werden in Tabelle 5.7 gezeigt.

Anschließend werden die Varianten bezüglich ihrer Wirtschaftlichkeit und ihrem Nutzwert analysiert. Die finale Entscheidung ist nicht immer eindeutig und bedarf in vielen Situationen der Zustimmung mehrerer Abteilungen.

Die Auswahl und Bewertung eines geeigneten Groblayouts kann durch rechnergestützte Simulation unterstützt werden. Dies wird in Abschnitt 5.3.6 näher behandelt.

Tabelle 5.7 *Beispiel zur Berechnung eines Nutzwertes*

Bewertungskriterium	Gewicht	Alternative		
		1	2	3
Zykluszeit	0,4	2,0	8,0	4,0
Kurzfristige Flexibilität	0,3	5,6	7,2	3,0
Monotonie	0,2	9,9	5,4	9,0
Stückzahlflexibilität	0,1	6,7	9,6	9,0
Nutzwert		**5,13**	**7,4**	**5,2**

MERKSATZ

Die Zykluszeit ist eine bedeutsame Messgröße zur Überprüfung der geforderten Wirtschaftlichkeit eines automatisierten Produktionsprozesses. Besonders durch den Einsatz von Industrierobotern wird erwartet, dass die Zykluszeiten der automatisierten Vorgänge reduziert werden. Mithilfe der eingeführten Methoden zur Bestimmung von Vorgabezeiten in Abschnitt 3.6.1 können die Vorgabezeiten für die unterschiedlichen Layoutvarianten bestimmt werden.

5.3.5 Feinlayout

Nach der Auswahl eines Groblayouts erfolgt als letzter Planungsschritt die Ausarbeitung des Feinlayouts, auch Reallayout genannt. Dieses wird unter Berücksichtigung von Randbedingungen, Vorschriften und technisch-ökonomischen Beschränkungen, denen die anvisierte Montageumgebung unterliegt, aus dem Groblayout erstellt. Hierbei werden alle Details bis zur Ebene der Betriebsmittel und Arbeitsplätze definiert. Tabelle 5.8 zeigt Fragen auf, die bei der Detaillierung des Groblayouts zum Feinlayout beantwortet werden müssen. [5.13]

Tabelle 5.8 *Fragen zur Detallierung vom Groblayout zum Feinlayout* (nach Kettner [5.13])

Groblayout

Planungsschritte	Fragestellung	Stichwörter
Optimierung der Maschinenanordnung	Wie werden die einzelnen Maschinen / Anlagen optimal angeordnet?	Arbeitsablauf, Transportmatrix, EDV-Verfahren (z.B. Simulation)
Ver- und Entsorgung	Welche Anforderungen stellen Ver- und Entsorger der Maschinen und Anlagen und wie können sie gelöst werden?	Prozesswärme, Heizung, Druckluft, Strom, Gas, Wasser, Späne, Abfall, Abwasser, Hauptleitungssystem, Behördliche Auflagen
Arbeitsplatzgestaltung	Was muss bezüglich der Gestaltung des Arbeitsraums/-platzes berücksichtigt werden?	Beleuchtung, Klima, Lärm, körperliche Belastung, Arbeitssicherung, Farbgestaltung
Feinlayout der Betriebsbereiche	Wie sieht der Betriebsbereich unter Berücksichtigung der funktionellen Anforderungen und der realen Gegebenheiten aus?	Messungen, Lage und Abmessungen vor Toren, Wegen, Maschinen, Anlagen, Einrichtungen Bewertung
Maschinenaufstellung	Wie müssen Maschinen aufgestellt werden?	Bauliche Randbedingungen, statische und dynamische Belastung, Fundament, Fußboden
Auswahl der Betriebsmittel	Welche Maschinen, Anlagen, Fördermittel usw. sind im einzelnen erforderlich?	Teilespektrum, Bearbeitungsforderungen, Leistungsdaten, Spezifikationen

Feinlayout

Im Folgenden werden weitere Arbeitsinhalte aufgelistet, die in der Phase der Feinplanung nach Bullinger [5.1] und Lotter und Wiendahl [5.4] zu betrachten sind:

- Festlegung der Organisationsstruktur, Bildung von Verantwortungsbereichen
- Einbettung der Montagemodule in die Organisationsstruktur, Definition von Teams
- Ermittlung der Prozessfaktoren (z. B. Ausschuss, Nacharbeit, Produktivität) und Dimensionierung der Montagemodule
- Feinplanung der Arbeitsplätze
- Feinauswahl und Dimensionierung des Logistiksystems, Planung der Material- und Informationsbereitstellung am Arbeitsplatz
- Einhaltung von Sicherheitsrichtlinien

Im Rahmen des EEBatt-Projektes wurden mehrere Layouts in den unterschiedlichen Phasen der Planung erstellt. Der Detaillierungsgrad der Layouts stieg mit dem Fortschritt des Projektes bis hin zur Erreichung des finalen Feinlayouts. Der Fortschritt der Layoutentwicklung kann Bild 5.15 entnommen werden.

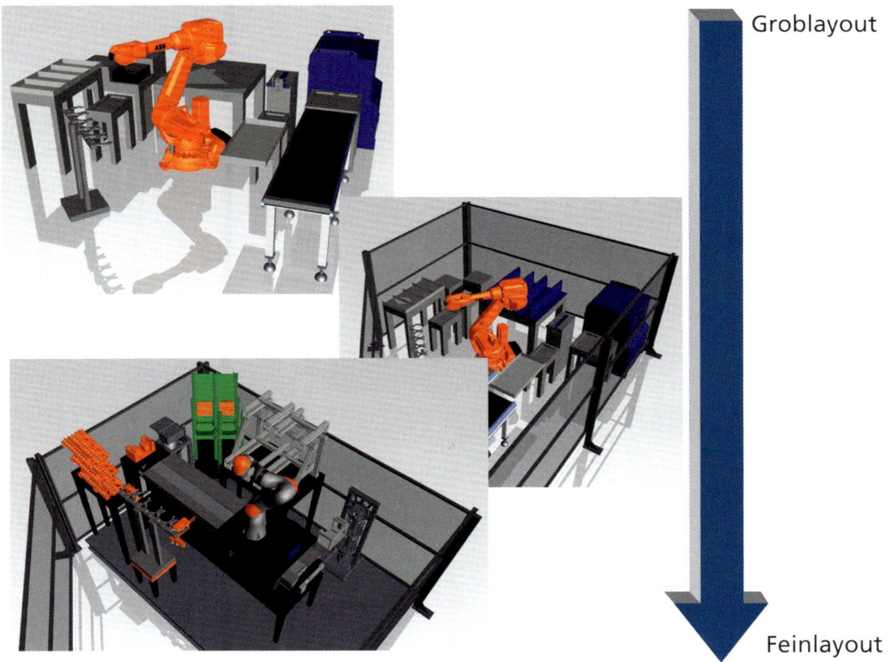

Bild 5.15 *Layoutentwicklung des EEBatt-Demonstrators*

5.3.6 Rechnergestützter Entwurf

Die Simulation ist ein unverzichtbares Hilfsmittel bei der Planung von Montageanlagen. Im Zusammenhang mit der Simulation kompletter Fabriken und deren Prozesse hat sich in der Industrie der Begriff der «Digitalen Fabrik» etabliert. Die Richtlinie VDI 4499 definiert die Digitale Fabrik als «ein umfassendes Netzwerk von digitalen Modellen, Methoden und Werkzeugen, die durch ein durchgängiges Datenmanagement integriert werden.» Ziel ist es, durch simulative Ansätze «eine frühzeitige Parallelisierung und möglichst komplette digitale Bearbeitung von Produktentwicklung und Produktionsplanung bis hin zum virtuellen Anlauf und Betrieb» zu unterstützen [5.14]. Die Simulation wird zur Nachbildung eines realen Systems in einem experimentierfähigen Modell verwendet, um zu Erkenntnissen zu gelangen, die auf das reale System übertragbar sind [5.15]. Sie wird eingesetzt, wenn Untersuchungen am Realsystem unmöglich, schwer zugänglich oder unwirtschaftlich sind. Einige Vorteile der Anwendung von Simulationsmethoden werden in [5.16] beschrieben:

- Erforschen von Systemen, ohne das reale System und Subsysteme zu stören
- Testen von neuen Entwürfen oder Konfigurationen ohne zusätzliche Hardwarekosten
- Optimieren von Taktzeiten
- Analysieren und Beseitigen von Engpässen und anderen Problemen im Voraus
- Schnelles Erzielen eines tiefgehenden Systemverständnisses
- Visualisieren von Änderungen
- Verifizieren von Lösungen

Aufgrund dieser Vorteile haben Simulationsmethoden auf allen Planungsebenen an Bedeutung gewonnen [5.3]. Insbesondere eignen sich Simulationen in den frühen Phasen der Layoutplanung, in denen keine oder nur ungenaue Informationen über das System und die Prozesse existieren, um ein grobes Layout zu entwerfen. In den unterschiedlichen Planungsphasen der Montageanlagenplanung werden eine Vielzahl unterschiedlicher Simulationsmethoden (z. B. Ablaufsimulation, FEM, Mehrkörpersimulation, Physik-Simulation) angewandt. Beispielsweise können die Produktionsprozesse der Anlage zur Bestimmung und Optimierung der Anlagenkapazität in der Ablaufphase simuliert werden. Über die Veränderungen von Vorgabe- und Störzeiten können der Auslastungsgrad von Montagestationen sowie das Produktionsvolumen der Gesamtanlage bestimmt werden. Werkzeuge zur Kollisionsüberprüfung und zur Programmierung von Industrierobotern werden in Kapitel 6 näher behandelt. Tabelle 5.9 bietet eine Übersicht der Planungsinhalte und Simulationsmethoden auf den verschiedenen Planungsebenen.

Tabelle 5.9 *Planungsinhalte und Simulationsmethoden* (in Anlehnung an [5.17])

Abstraktionsebene	Planungsinhalt	Simulationsgebiet
Unternehmen / Fabrik	■ Geschäftsprozesse ■ Aufträge	Geschäftsprozesssimulation
Bereich / Linie	■ Layout ■ Material- / Informationsfluss ■ Steuerungsstrategien ■ Arbeitsorganisation	Ablaufsimulation
Zelle	■ Zellenlayout ■ SPS-Programme ■ Taktzeitoptimierung ■ Kollisionsvermeidung ■ Arbeitsvorgangsfolge	3D-orientierte Kinematik- und Verhaltenssimulation
Komponente / Technologischer Prozess	■ Prozessparameter ■ Werkzeuge ■ Operationen	Mehrkörpersimulation, Finite-Elemente-Simulation

Die falsche Auffassung, dass die Montageplanung mittels der Simulationsmethode höhere Kosten als die konventionelle Planung verursacht, ist weit verbreitet. Dies hat dazu geführt, dass viele KMUs Ansätze der Digitalen Fabrik meiden. Der Nutzen im Vergleich zum Zeitaufwand und den

Personalkosten, die für die Modellierung der Prozesse notwendig sind, ist in vielen Fällen schwer kalkulierbar, weswegen die Simulation nicht rentabel scheint [5.3]. Die oben genannten Vorteile der Simulation und ihrer direkten Anwendung in der Prozessplanung werden oft nicht betrachtet.

MERKSATZ

Allgemein gültige Leitsätze, die bei der Verwendung von Simulationsmethoden beachtet werden, sollten nach der Richtlinie VDI 3633 formuliert sein [5.15]:

- Simulation vor der Investition tätigen.
- Zieldefinitionen und Aufwandsabschätzung müssen vor Anwendung der Simulation definiert sein.
- Analytische Ansätze vor der Simulation bevorzugen.
- Simulation ist kein Ersatz für Planung.
- Die Abbildungsgenauigkeit wird nur so detailliert dargestellt, wie zur Zielerfüllung notwendig ist.
- Die Qualität der Simulationsergebnisse kann nur so gut sein wie die zugrunde liegenden Informationen.

Im Rahmen des EEBatt-Projektes wurde eine 3D Simulationssoftware verwendet, um die Umsetzbarkeit der entworfenen Layouts abzusichern. In den Simulationen wurden primär die Kollisionsfreiheit und Erreichbarkeit der Roboterbewegungen untersucht. Aufgrund der Unsicherheiten bei der Modellierung der Anlage wurden die Simulationen mit Sicherheitsfaktoren für die Abmessungen der Zelle und deren Betriebsmittel durchgeführt, um die Kollisionsfreiheit sicherzustellen. Bild 5.16 zeigt die Simulationsumgebung des EEBatt-Demonstrators.

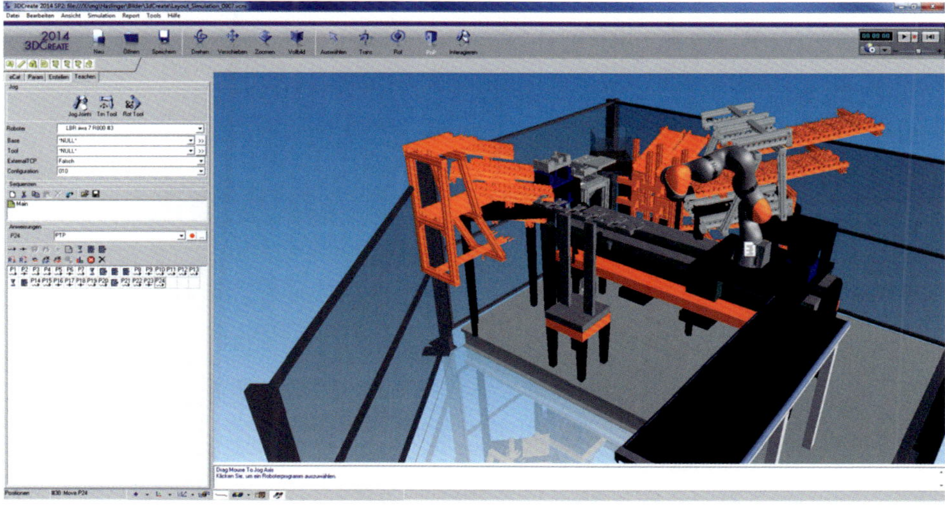

Bild 5.16 *Simulationsumgebung des EEBatt-Demonstrators zur Überprüfung der Kollisionsfreiheit und des Arbeitsraums des Industrieroboters*

In Kürze

In diesem Kapitel wurden die grundlegenden Schritte der Planungsphase dargestellt, die bei der Integration in die Produktion eines Industrieroboters zur Automatisierung von Produktionsprozessen zu beachten sind. Es wurde anhand einer vereinfachten Methode in Anlehnung an [5.1] gezeigt, wie die Montageplanung eines IR in einer strukturierten Vorgehensweise ausgeführt werden kann. Der in diesem Kapitel eingeführte Planungsprozess lässt sich in vier Grundschritte zusammenfassen:

- Definition von Anforderungen
- Ablaufplan des Produktionsprozesses
- Erstellung und Auswahl eines Layouts
- Genauere Spezifikation des Layouts

Den Abschluss bilden die Phasen der Realisierung und der Inbetriebnahme. Bei der Phase der Realisierung werden die Betriebsmittel bereitgestellt und es wird mit dem Aufbau der Anlage begonnen. Die Inbetriebnahme des Robotersystems wird im folgenden Kapitel näher erläutert.

6 Integration

Sobald die Entscheidung getroffen wurde, eine Layoutvariante umzusetzen (siehe Kapitel 5), wird das ausgewählte Robotersystem in Zusammenarbeit mit einem Anlagenhersteller oder einem Systemintegrator in die Produktion integriert. Die Integration ist grundsätzlich keine einfache Aufgabe, da Fachpersonal aus unterschiedlichen Abteilungen koordiniert werden muss. Deswegen ist es wichtig die Prozesse und die Komplexität dieser Phase zu verstehen. Die Integration kann nicht nur die Dauer, sondern auch die Kosten des Projektes maßgeblich beeinflussen.

Dieses Kapitel soll dem Leser Kenntnisse über die Softwarearchitektur einer Roboterzelle, Grundwissen der Roboterprogrammierung und schließlich einen Überblick über Methoden zur Integration und Inbetriebnahme eines Robotersystems vermitteln.

6.1 Komponenten eines Industrierobotersystems

Nach der Norm DIN EN ISO 10 218-1 besteht ein Robotersystem aus den folgenden grundlegenden Komponenten: einem Industrieroboter, einem mit diesem verbundenen Endeffektor und weiteren Komponenten, z. B. Robotersteuerung, verschiedenen Sensoren und Sicherheitseinrichtungen (Bild 6.1) [6.1]. Letztere unterstützen den IR bei der Ausführung der Bearbeitungsaufgabe. Es stellt sich die Frage, wie diese Komponenten miteinander kommunizieren und wie diese in den gesamten Produktionsprozess eingebunden werden. Dieser Abschnitt soll dabei helfen, die Softwarearchitektur eines Robotersystems und die Entstehung der Daten- und Steuerungsflüsse zu verstehen.

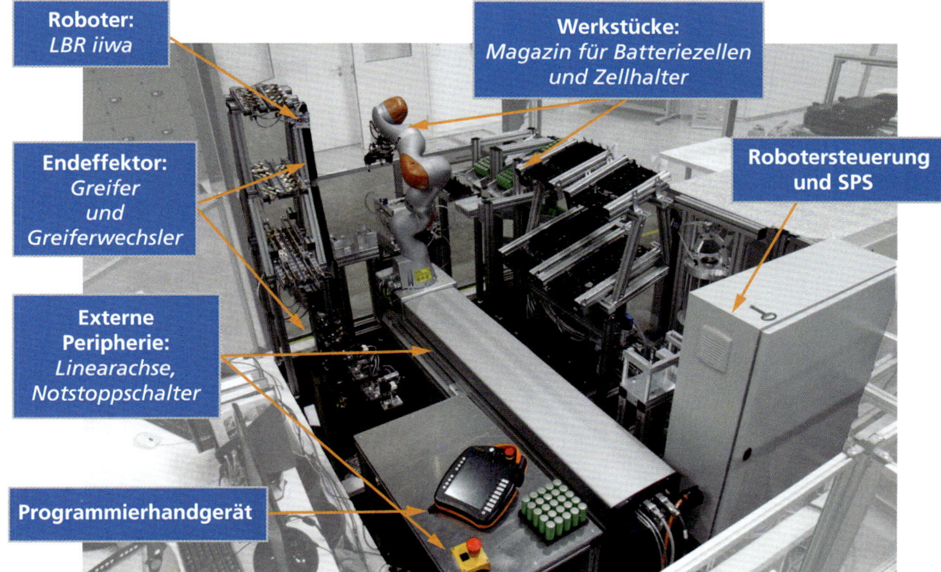

Bild 6.1 Komponenten eines Industrierobotersystems

6.1.1 Robotersteuerung

Nach der Norm DIN EN ISO 8373 ist für den Einsatz eines Industrieroboters eine Steuerung erforderlich, die logische Steuer- und Leistungsfunktionen bereitstellt, um die Überwachung der mechanischen Struktur des Roboters sowie die Kommunikation mit der Umgebung zu ermöglichen.

Die Robotersteuerung (RS) gilt neben dem Industrieroboter selbst als eine der bedeutendsten Komponenten eines Robotersystems. Die RS ist sozusagen das «Gehirn» des Roboters. Die Architektur der Robotersteuerung kann Bild 6.2 entnommen werden.

Robotersteuerungen unterscheiden sich von Hersteller zu Hersteller und können unterschiedliche Funktionsumfänge anbieten. Die meisten Industrieroboter werden mit einer Steuerung desselben Herstellers verkauft, um eine vollständige Kompatibilität zu gewährleisten. Nichtsdestotrotz sind alle Robotersteuerungen in der Lage, folgende elementare Aufgaben auszuführen:

- Ansteuerung und Überwachung der einzelnen Roboterachsen
- Bearbeitung, Interpretation und Verwaltung von Roboterprogrammen
- Bereitstellung der Ablaufsteuerung

Weiterhin bieten moderne industrielle Robotersteuerungen zusätzliche Funktionalitäten, wie z. B. die Ansteuerung der externen Peripherien (externe Achsen, Handhabungsgeräte und Sensoren).

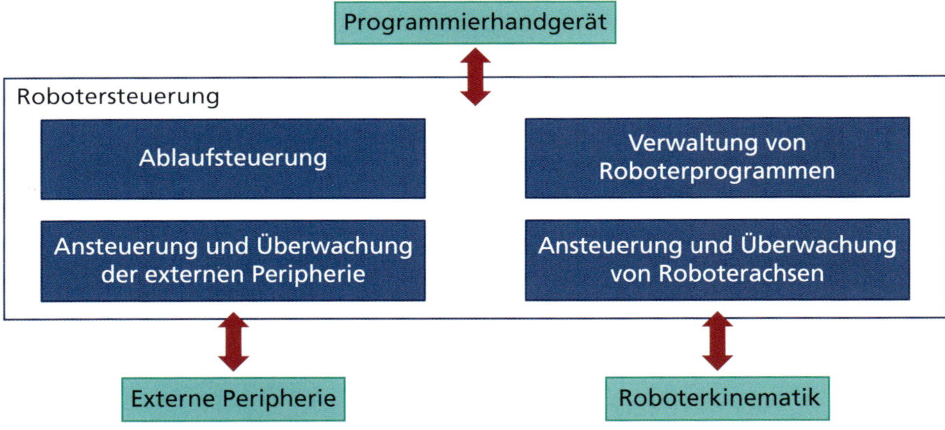

Bild 6.2 *Übersicht über die Funktionen einer Robotersteuerung*

6.1.2 Programmierhandgerät

Das **P**rogrammier**h**and**g**erät (PHG) ist eine spezielle «**M**ensch-**M**aschine-**S**chnittstelle» (MMS) (engl. ***H**uman-**M**achine-**I**nterface* – HMI), die prinzipiell zum Programmieren und zum Verfahren des Roboters verwendet wird. Das PHG stellt die direkte Schnittstelle zwischen Bediener und RS dar. Zu den grundlegenden Funktionalitäten eines PHG gehören:

- manuelles Verfahren des Roboters,
- Abfragen und Speichern der Roboterpose und Achsen,
- Steuern (Starten / Stoppen), Neuerstellen und Bearbeiten von Roboterprogrammen,

- Bearbeiten von Roboterkonfigurationen (Geschwindigkeit, Endanschläge, Auswahl von Koordinatensystemen) und Konfigurieren der RS (Netzwerkkonfiguration, Speicherverwaltung, Wartung),
- Ansteuern und Abfragen von digitalen und analogen Signalen, die mit der RS verbunden sind.

6.1.3 Endeffektor und externe Peripherie

Der Endeffektor bestimmt die Fertigungsfähigkeiten des Roboters (siehe Abschnitt 2.6.1). Dieser kann entweder ein Werkzeug oder ein Greifer sein, der am Roboter montiert ist (Bild 6.3). Je nach Funktionalität und Komplexität des Endeffektors kann dieser mit diversen Ein- und Ausgängen (analog, digital, hydraulisch oder pneumatisch) ausgestattet sein. Die Ausgänge lassen sich in vielen Fällen direkt mit der Robotersteuerung verbinden und über diese ansteuern.

Bild 6.3 *Roboterendeffektoren: Schweißkopf (links) und Fräskopf (Mitte) mit analogen und digitalen Ein- und Ausgängen und Greifer (rechts) mit pneumatischen, analogen und digitalen Ein- und Ausgängen*

Ein Robotersystem kann auch mit diversen Sensoren oder externen Aktoren versehen sein, die nicht zwangsläufig mechanisch mit dem Roboter gekoppelt sein müssen, aber trotzdem Bestandteile der gesamten Anlage sind. Bei manchen Roboterherstellern lassen sich die externen Komponenten direkt mit der Robotersteuerung verbinden und steuern.

6.1.4 Speicherprogrammierbare Steuerung (SPS)

Moderne Robotersteuerungen sind meist in der Lage, mehrere Hauptkomponenten einer Roboterzelle wie Roboter, Endeffektor und externe Peripherie zu steuern. Dennoch ist in vielen Fällen der Aufbau der Roboterzelle zu komplex für die RS. Vielfach müssen mehrere Sensoren, Sicherheitseinrichtungen und vollständige Fremdsysteme, wie z. B. Kamerasysteme mit Bilderkennung oder die automatisierte Steuerung eines Schweißprozesses, mit integriert werden. Eine zuverlässige zentrale Steuerung ist in solchen Fällen oft technisch oder wirtschaftlich nicht sinnvoll umsetzbar. Als Abhilfe wird die Steuerung des gesamten Robotersystems mithilfe von **s**peicher**p**rogrammierbaren **S**teuerungen (SPS) aufgeteilt und dezentralisiert. Speicherprogrammierbare Steuerungen sind Computersysteme, die verwendet werden, um Automatisierungsaufgaben zu übernehmen. Der Grundaufbau von SPS besteht aus Standard-Mikroprozessoren, einem permanenten Speicher, mehreren Ein- und Ausgängen sowie einem Betriebssystem [6.2]. Die genaue Definition einer SPS und deren Aufbau können der Norm DIN EN 61 131-1 entnommen werden [6.3].

Die SPS übernimmt die Rolle eines Koordinators innerhalb der Zelle, der die Daten- und Steuerungsflüsse übernimmt. Bei SPS handelt es sich deshalb stets um deterministische Systeme, die echtzeitfähig sind. Aus diesem Grund eignen sich SPS besonders, um sicherheitsrelevante Komponenten einer Zelle zu steuern. Dabei werden die Signale der Sicherheitssensorik von der SPS empfangen und auf deren Basis über die Bewegungsfreigabe des Roboters entschieden. Weiterhin erfolgt die Kommunikation zwischen der SPS und der angeschlossenen Peripherie primär über Bussysteme. Bekannte Ausführungen dieser Feldbusse sind z. B. CAN, P-NET, INTERBUS, ProfiBUS und EtherCAT. Ein Feldbus erlaubt eine bidirektionale Kommunikation der Teilnehmer, wodurch der Austausch von Messdaten (z. B. Temperatur) und Steuergrößen (z. B. Drehzahl), aber auch zusätzlicher Parameter wie Messbereiche, Störsignale und Filtereigenschaften möglich ist. Für Komponenten, die nicht direkt an den Feldbus angeschlossen werden können, bieten diverse optionale Kommunikationskarten die Möglichkeit zur Anbindung. Eine beispielhafte Konfiguration einer SPS ist in Bild 6.4 dargestellt. Zusammengefasst gehören zu den grundlegenden Funktionen einer SPS:

- Koordinierung des Daten- und Steuerungsflusses zu Sensoren, Aktoren oder Systemen, wie zum Beispiel externe Achsen, MMS, RS oder Sicherheitseinrichtungen,
- Bereitstellung von Funktionen zur Signalverarbeitung in Echtzeit,
- Bearbeitung, Interpretation und Verwaltung von Programmen (die Programmierung von speicherprogrammierbaren Steuerungen wird in der DIN EN 61 131-3 behandelt [6.4]).

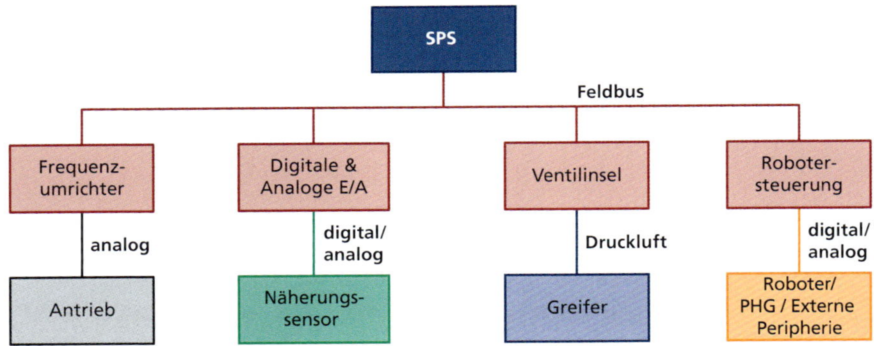

Bild 6.4 *SPS mit Robotersteuerung und externer Peripherie* (in Anlehnung an [6.5])

6.1.5 Integration des Roboters im Produktionsprozess

Bedingt durch die zunehmende Automatisierung in den 1980er-Jahren, ist in den 1990er-Jahren bereits ein Strukturierungskonzept zur Einbindung aller Elemente in die Produktionskette entstanden: die sogenannte Automatisierungspyramide. Diese hilft, den Aufbau des Systems in unterschiedlich abstrakte Modellierungsstufen zu unterteilen [6.6].

Der Daten- und Steuerungsfluss innerhalb der Automatisierungspyramide wird in Bild 6.6 veranschaulicht. Die Ebenen der Automatisierungspyramide werden nach DIN EN 62 264-1 klassifiziert [6.7], siehe Tabelle 6.1.

Tabelle 6.1 Ebenen der Automatisierungspyramide

Ebene	Name	Aufgaben	Beispiel
3. Ebene	Betriebsebene	Management von Arbeitsabläufen, Aktivitäten zur Planung, Durchführung, Überwachung und Optimierung aller Produktionsprozesse und -ressourcen.	Prozessnah operierendes Produktionssteuerungssystem, engl. Manufacturing Execution System (MES)
2. Ebene	Steuerungsebene	Überwachung und automatisierte Steuerung der Anlage, der Aktoren und der externen Peripherie	Automatisierungsgeräte, wie z. B. SPS und IPC (industrieller PC)
1. Ebene	Feldebene	Messung und Steuerung der physischen Prozesse	Roboter, Linearachsen, Sensoren
0. Ebene	Produktionsprozess	Diese Ebene wird genutzt, um die Position des Prozesses in der Pyramide darzustellen.	

Allgemein wird immer von der höheren Ebene eine Stellgröße für die untere Ebene vorgegeben und von der unteren Ebene eine Messgröße an die obere Ebene übergeben. Die Anforderung an die Übertragungsgeschwindigkeit von Daten nimmt dabei von der untersten zur obersten Ebene hin ab, während die Datenmenge von unten nach oben hin ansteigt.

Die Kommunikation zwischen Komponenten in derselben oder in unterschiedlichen Ebenen erfolgt entweder über eine direkte Verbindung oder über Bussysteme. Das Bussystem ist verantwortlich für den Datenaustausch zwischen mehreren Kommunikationsteilnehmern. Anforderungen wie die Übertragungsgeschwindigkeit, die Teilnehmeranzahl und die Datenmenge bestimmen, welche Bussysteme eingesetzt werden. So wird beispielsweise die Unternehmensebene mit der Betriebsebene mit einem Ethernet-Bus über das Standard-Ethernet-Protokoll verbunden; während für die Datenübertragung zwischen der Betriebsebene und der Steuerungsebene das Industrial-Ethernet-Protokoll für Echtzeitsysteme eingesetzt wird. In der Steue-

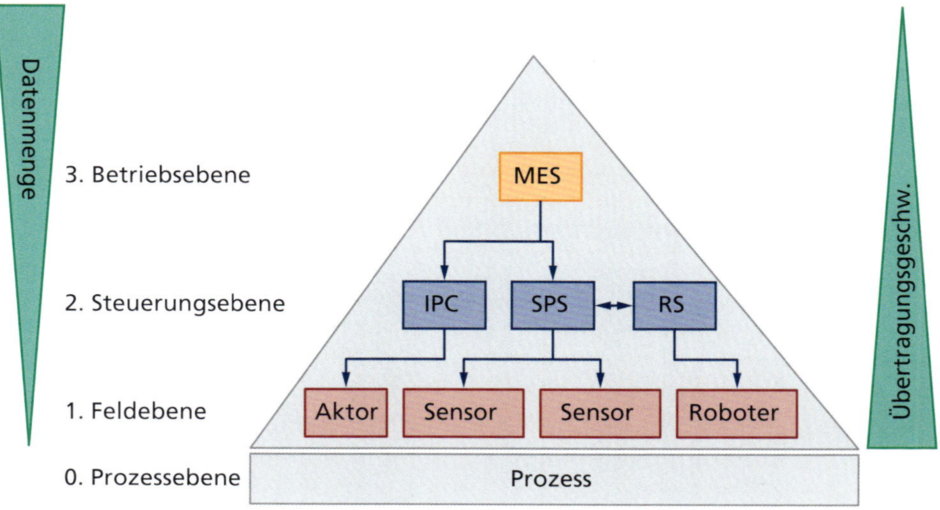

Bild 6.5 *Automatisierungspyramide in Anlehnung an die DIN EN 62 264-1* [6.7]

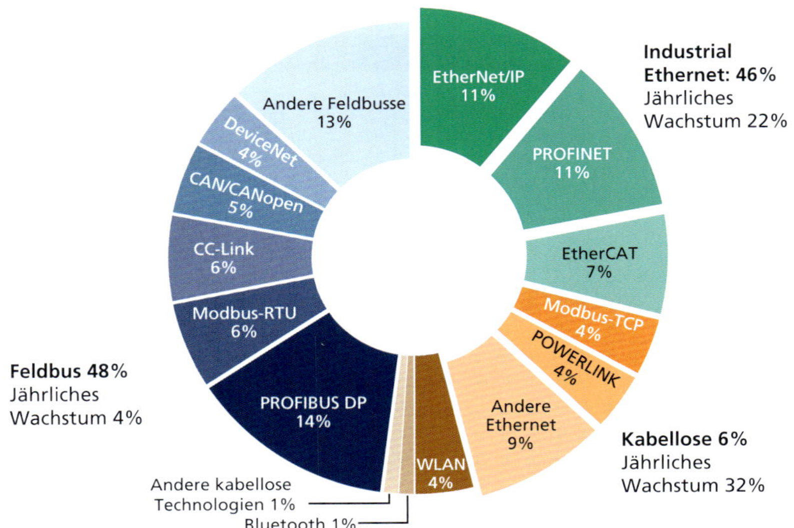

Bild 6.6 *Marktanteile von neu installierten Knoten in der Fabrikautomation im Jahr 2016 (Schätzung der HMS Industrial Network für 2017 auf Basis der Anzahl neu installierter Knoten im Jahr 2016 in der Fabrikautomation.)* [Quelle: HMS Industrial Networks]

rungsebene und in der Feldebene sind verschiedene Bussysteme etabliert. Die verwendeten Bussysteme werden in Abhängigkeit der Anforderungen der Ebene der Automatisierungspyramide ausgewählt [6.2]. Beispielsweise können für die Kommunikation zwischen zeitunkritischen Prozessen mit großen Datenaustauschmengen (z. B. Anzeige- und Bedienkomponenten) das standardisierte Ethernet, der alte RS232 oder der USB benutzt werden. Hingegen müssen für zeitkritische Prozesse zwischen der Prozessperipherie und den Steuerungseinheiten schnellere Bussysteme eingesetzt werden, wie z. B. der IO-Link, PROFIBUS oder CAN. In letzter Zeit haben sich Ethernet-basierte Systeme in den Unternehmen etabliert, um die vorhandene Infrastruktur des Ethernet-Standards weiter nutzen zu können (Bild 6.6). Dieser Trend trieb die Weiterentwicklung des Ethernet-Protokolls voran und führte dazu, dass inzwischen mehrere Ethernet-basierte Bussysteme die Echtzeitanforderungen der Feldebene unterstützen, z. B.: EtherNet/IP, PROFINET, EtherCAT (entwickelt von Beckhoff Automation), DeviceNet (entwickelt von Allen-Bradley, jetzt Rockwell Automation) oder Sercos III.

6.2 Roboterprogrammierung

Dieser Abschnitt soll den Leser mit den wichtigsten Aspekten der Programmierung eines Robotersystems, unter anderem deren allgemeinen Ablauf, vertraut machen. Zudem soll der Leser einen Überblick über gängige Programmiermethoden gewinnen. Ziel dieses Abschnittes ist es, die Bandbreite der Möglichkeiten zur Programmierung einer Roboterzelle aufzuzeigen, um die Flexibilität von Industrierobotern darstellen. Im Kontext der IR-Programmierung wird eine Reihe spezifischer Fachbegriffe verwendet. Dieser Abschnitt behandelt zunächst diese Grundbegriffe.

6.2.1 Pose: Position plus Orientierung

Die Position eines Punktes wird durch seine kartesische Lage im dreidimensionalen Raum mit X-, Y- und Z-Koordinaten angegeben. Ist eine definierte Rotation dieses Punktes erwünscht, dann wird diese als Orientierung des Punktes angegeben. Die Kombination von Position und Orientierung eines Objektes im dreidimensionalen Raum wird nach der Norm DIN EN ISO 8373 als Pose verstanden [6.8].

In der Steuerung werden die Rotationen häufig mit den Buchstaben A, B und C angeführt. Hierbei gilt die folgende Notation: A beschreibt die Rotation um die Z-Achse, B um die Y-Achse und C um die X-Achse (Bild 6.7).

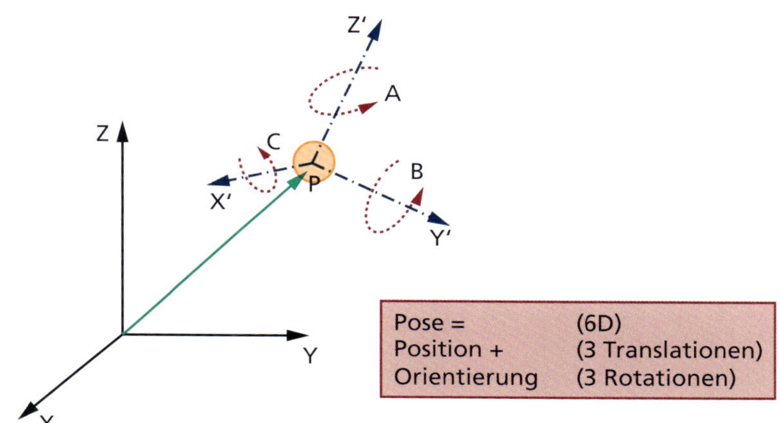

Bild 6.7 *Eine Pose ist die Position plus die Orientierung eines Punktes im Raum.*

Die Rechte-Hand- und Rechte-Faust-Regeln sind Merkregeln zur Veranschaulichung der Richtungen, Reihenfolgen und Rotationen der Achsen X, Y und Z eines Koordinatensystems sowie der Rotation der Roboterachsen. Die Regeln werden anhand von Bild 6.8 veranschaulicht.

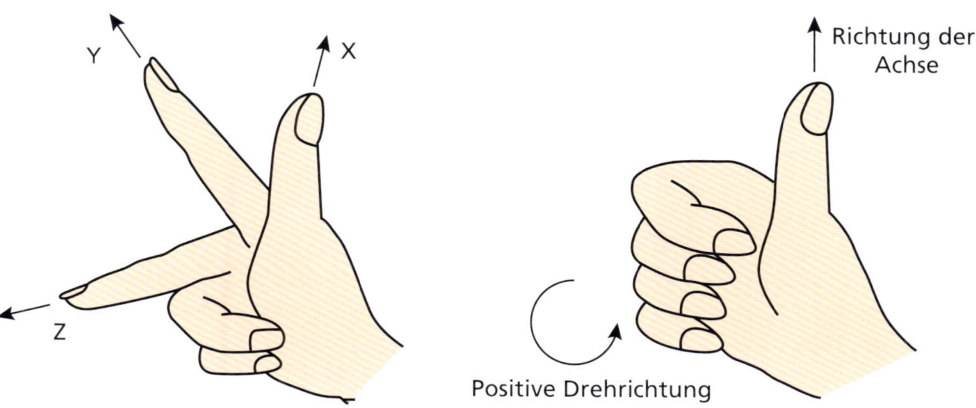

Bild 6.8 *Rechte Hand- und Rechte-Faust-Regeln*

6.2.2 Koordinatensysteme

Für die Beschreibung eines Punktes im Arbeitsraum ist dessen Pose allein nicht aussagekräftig. Dies liegt daran, dass die Posen immer in Abhängigkeit eines **Ko**ordinaten**s**ystems (KOS) angegeben werden müssen. Es ist die Rede von der Angabe des Bezugskoordinatensystems eines Punktes. Die Aussage, dass etwas drei Kilometer entfernt ist, ist erst hilfreich, wenn auch angegeben wird, auf welchen Standort sich die Angabe bezieht.

Koordinatensysteme und ein Verständnis deren Relation zueinander sind zentral für die Programmierung und das Zusammenspiel zwischen den einzelnen Komponenten einer Roboterzelle. Bei der Programmierung einer Aufgabe werden Arbeitspunkte angegeben, zu denen sich der Roboter bewegen muss. Im Folgenden werden die für Roboteranwendungen wichtigen Koordinatensysteme kurz vorgestellt [6.9]. Ihr Zusammenhang ist in Bild 6.9 dargestellt.

Weltkoordinatensystem

Das Grundkoordinatensystem einer Roboterzelle ist das Weltkoordinatensystem (X_0, Y_0, Z_0). Mithilfe des Weltkoordinatensystems werden die Positionen aller weiteren Koordinatensysteme, wie der Roboter, der Werkstücke oder anderer Objekte innerhalb einer Fertigungsanlage, referenziert. Es handelt sich hierbei um ein stationäres Koordinatensystem, das sich meist in einer Ecke einer Roboterzelle befindet. Dieses Koordinatensystem ist unabhängig von der Bewegung des Roboters.

Roboterbasiskoordinatensystem

Das Basiskoordinatensystem (X_R Y_R, Z_R) des Roboters befindet sich in dessen Basismontagefläche. Meist ist der Ursprung des Koordinatensystems in der Mitte des Grundgestells auf der unteren Seite der Anschraubfläche. Es wird oft auch als «Root»-Koordinatensystem bezeichnet, weil es die Wurzel bzw. den Fuß des Roboters beschreibt.

Werkzeugkoordinatensystem

Jeder Endeffektor besitzt ein sogenanntes **W**erkzeug**k**oordinaten**s**ystem (WKS). In der Regel befindet sich das WKS in der Mitte des Endeffektors. Das hat den Vorteil, dass beim Montieren des Endeffektors auf dem Roboterflansch das WKS auf das KOS des Flansches (meistens identisch mit dem KOS der letzten Roboterachse) gelegt wird.

Mit dem WKS wird der Begriff des Werkzeugarbeitspunktes, besser bekannt unter dem englischen Begriff ***T**ool-**C**enter-**P**oint* (TCP), assoziiert. Der TCP wird in der Regel im Arbeitsbereich des Endeffektors definiert und in Bezug zum WKS angegeben (X_{WZ}, Y_{WZ}, Z_{WZ}). Beispielsweise wird bei einem Greifersystem der TCP auf den Greifpunkt (Punkt, an dem der Kontakt zwischen Greifer und Werkstück stattfindet) gelegt, während bei einem Schweißbrenner der TCP in der Schweißspitze definiert wird. Ein Endeffektor kann je nach Komplexität mehr als ein Werkzeugkoordinatensystem besitzen.

Werkstückkoordinatensystem

Zur weiteren Vereinfachung der Programmierung haben auch wichtige Komponenten in der Roboterzelle, sogenannte Werkobjekte, ihr eigenes Koordinatensystem (X_{WO}, Y_{WO}, Z_{WO}). Dies vereinfacht z. B. die Entnahme von Teilen, die in Magazinen bereitgestellt wurden. Wenn das Werkobjektkoordinatensystem in das erste Bauteil gelegt wird, können die Positionen der anderen Bauteile durch Versatz des Punktes des ersten Bauteils berechnet und müssen nicht programmiert werden. Genauso können Fügepositionen, basierend auf dem zu erstellenden Produkt, programmiert werden.

Benutzerkoordinatensystem

Der Benutzer kann sich zur Vereinfachung der Programmierung Koordinatensysteme (X_U, Y_U, Z_U) an beliebigen Punkten definieren, wie z. B. bezüglich eines Tisches oder einer Vorrichtung. Häufig werden diese so festgelegt, dass für eine Aufgabe nur eine Translation entlang einer Achse bzw. Rotation um eine Achse erforderlich ist und keine trigonometrischen Berechnungen erforderlich sind. Mit der spezifischen Einführung von zusätzlichen Koordinatensystemen lässt sich die Programmierung flexibler, effizienter und intuitiver gestalten. Bild 6.10 veranschaulicht anhand eines Beispiels, wie die Programmierung einer Montageaufgabe durch die Auswahl eines geeigneten Koordinatensystems vereinfacht werden kann.

Gelenk(Achs-)koordinatensystem

Neben der Vielzahl an kartesischen Koordinatensystemen kann die Stellung eines Roboters zusätzlich immer über dessen Achswinkel definiert werden. Es ist die Rede vom Gelenkkoordinatensystem.

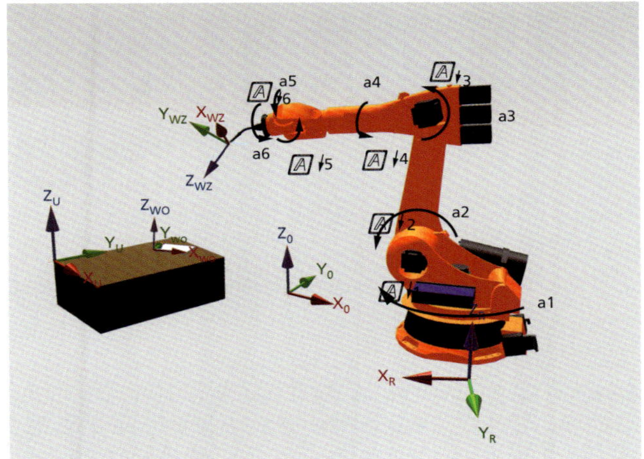

Bild 6.9 *Koordinatensystemtypen in der industriellen Robotik*

TIPP

Durch die Transformation eines Koordinatensystems (Verschiebung oder/und Rotation) werden alle Punkte, die zu diesem Koordinatensystem gehören, automatisch umgerechnet. Es genügt, das Koordinatensystem mit den gewünschten Verschiebungen oder Rotationen zu transformieren statt alle Punkte einzeln (Bild 6.10).

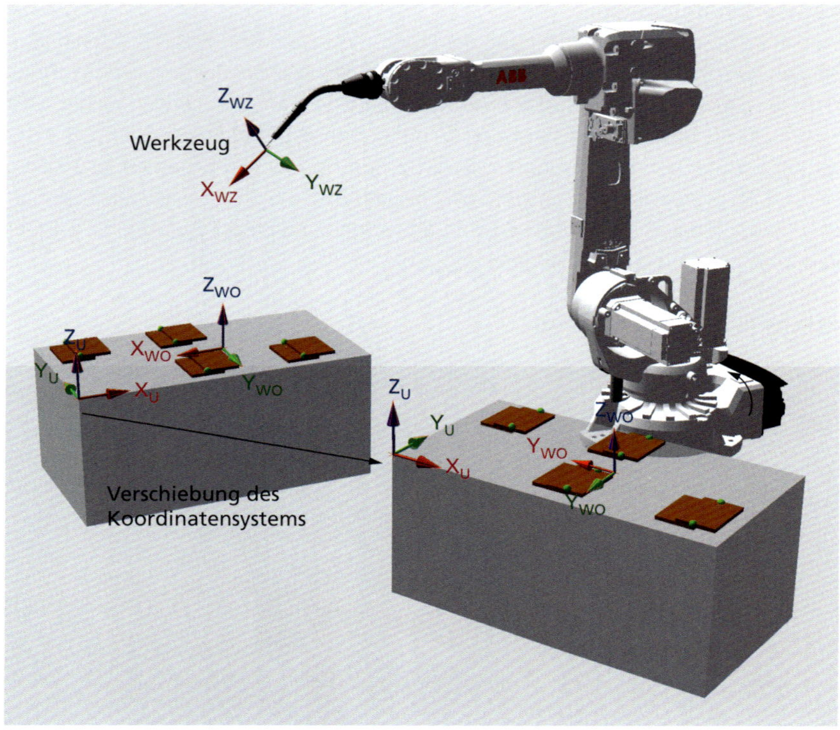

Bild 6.10 *Beispiel zur Programmierung einer Montageaufgabe mithilfe eines Koordinatensystems*

DEFINITION

Durch die Angabe der Gelenkwinkel der Roboterachsen kann die Pose eines Punktes im Arbeitsraum bestimmt werden. Diese mathematische Berechnung ist als Vorwärtstransformation bekannt. Die mathematische Berechnung der Gelenkwinkel aus einer Pose wird hingegen als Rückwärtstransformation bezeichnet (Bild 6.11).

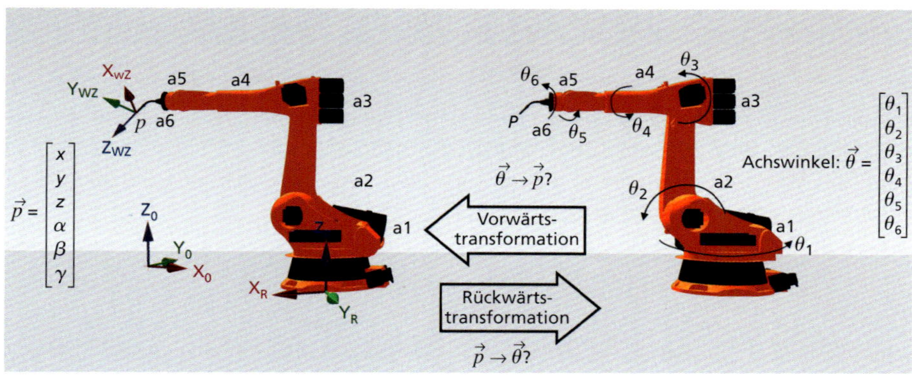

Bild 6.11 *Vorwärts- und Rückwärtstransformation* (in Anlehnung an [6.9])

6.2.3 Bewegungsarten

Die Bewegungsarten können sich abhängig vom Hersteller geringfügig unterscheiden. Die vier häufigsten Bewegungsarten in der industriellen Robotik sind (Bild 6.12):

- **P**oint-**t**o-**P**oint-Bewegung (PTP): Die PTP-Bewegung ist die schnellste Bewegungsart. Während der Bewegung zwischen der Start- und Endpose ist die Pose des TCP zu keinem Zeitpunkt festgelegt. Zuerst werden die Achswinkel des Zielpunktes berechnet. Anschließend fahren alle Achsen gleichzeitig diese Zielpunkt-Winkel an. Die PTP-Bewegung wird hauptsächlich für Transferbewegungen eingesetzt, wenn keine Kollisionen des Roboters mit Komponenten auf dem Weg zu befürchten sind.
- **Lin**eare **B**ewegung (LIN): Der Roboter führt seinen TCP entlang einer geraden Bahn zum ausgewählten Zielpunkt.
- **Z**irkulare **B**ewegung (CIRC): Der Roboter ver fährt seinen TCP entlang eines definierten Bahnkreises.
- **S**pline-**B**ewegung (SPLINE): Der Spline ist eine Bewegungsart, die besonders für komplexe Bahnen geeignet ist. Bei der Spline-Bewegung wird eine Anzahl an Punkten entlang einer Bahn angegeben, durch die der TCP fahren muss. Die Bewegung durch alle diese Punkte erfolgt kontinuierlich.

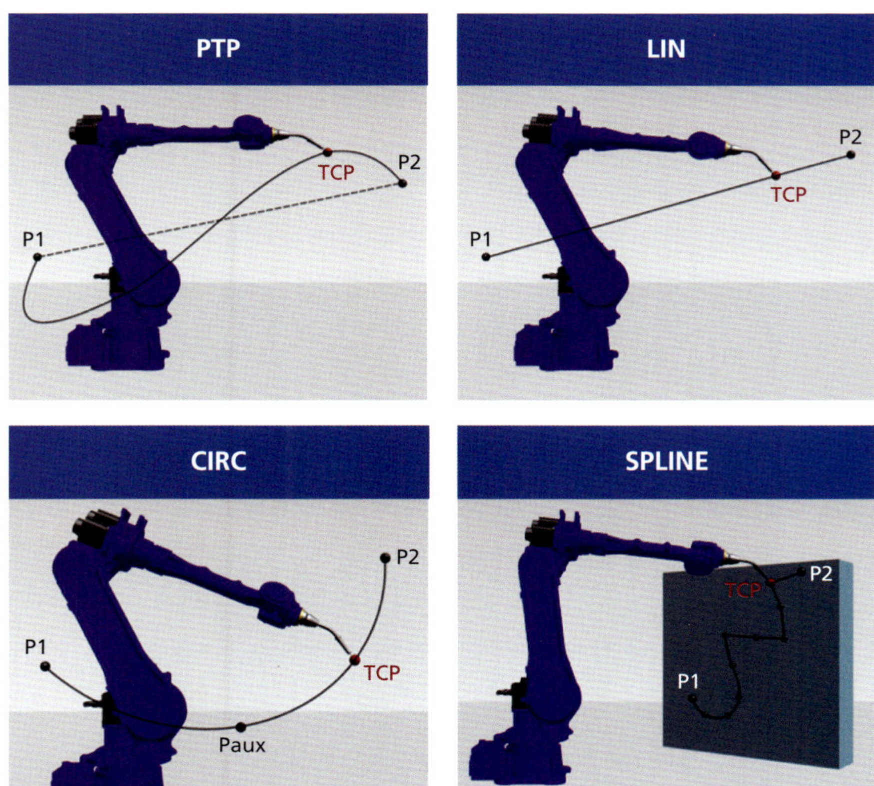

Bild 6.12 *Bewegungsarten*

6.2.4 Bewegungssteuerung

Die Bewegungssteuerung gehört zu den Kernkomponenten der Robotersteuerung. In Bild 6.13 wird der allgemeine Ablauf der Bewegungssteuerung beschrieben. Als Eingabeparameter wird die gewünschte Zielpose des Endeffektors im Arbeitsraum angegeben. Im nächsten Schritt werden die Gelenkwinkel für die Zielpose berechnet. Dieser Schritt wird in der Literatur als Berechnung der inversen Kinematik oder Rückwärtstransformation bezeichnet. Manche Punkte im Arbeitsraum lassen sich durch mehrere Gelenkkonfigurationen des Roboters erreichen. Dieser Fall wird kinematische Redundanz oder Singularität in der Pose genannt. In einem solchen Fall benötigt die Steuerung zusätzliche Informationen über die Gelenkkonfigurationen, um die Berechnung durchführen zu können. Alternativ können die Gelenkwinkel des Roboters als Eingabeparameter direkt angegeben werden, wodurch die Berechnung der Rücktransformation entfällt.

MERKSATZ
Falls die Gelenkkonfiguration von einem anzufahrenden Punkt im Arbeitsraum bekannt ist, so ist immer die Angabe der Gelenkwinkel zu bevorzugen. Dadurch werden eine eindeutige Achskonfiguration des Roboters im Raum vorgegeben und eine kinematische Redundanz vermieden.

Anhand der Gelenkwinkel der Start- und der Zielpose, der Soll-Geschwindigkeit, der Soll-Beschleunigung und der Bewegungsart werden die Trajektorien für alle Gelenke berechnet. Dieser Schritt wird als Bahninterpolation bezeichnet. Die Soll-Trajektorien der Motoren werden an die Regelung der einzelnen Antriebssysteme weitergegeben. Die Regelung stellt sicher, dass der Roboter nicht aufgrund von Störeinflüssen, wie z. B. der Masse des Endeffektors, Reibeffekten oder thermischen Dehnungen, von der gewünschten Bahn abweicht. Der Roboter fährt die gewünschte Trajektorie zur Zielpose.

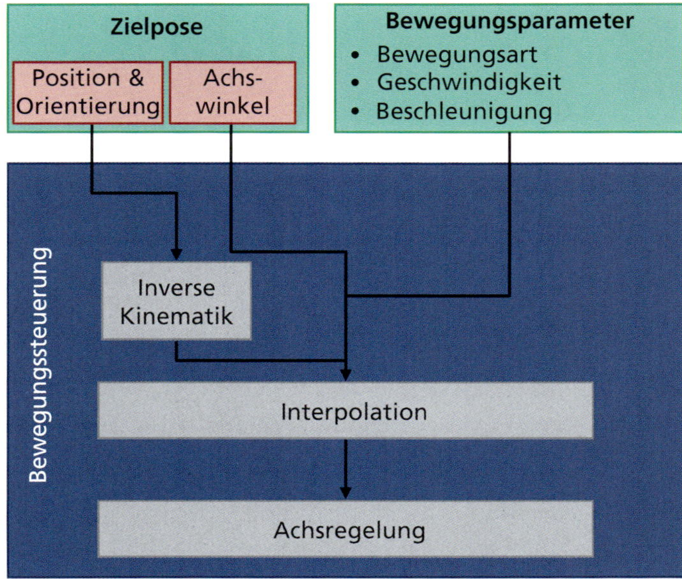

Bild 6.13 *Grundablauf Robotersteuerung*

6.2.5 Betriebsarten

In der Norm DIN EN ISO 10 218-2 werden die nachfolgenden sicherheitsrelevanten Betriebsarten für Industrieroboter definiert: manuell mit reduzierter Verfahrgeschwindigkeit, manuell mit voller Verfahrgeschwindigkeit und Automatik [6.10]. Eine Übersicht der Betriebsarten und deren Schutzmaßnahmenbeschreibungen sind aus Tabelle 6.1 zu entnehmen.

Tabelle 6.1 *Roboter-Betriebsarten* (in Anlehnung an [6.11])

Betriebsart	Anwendung	Schutzmaßnahme
Manuell reduzierte Geschwindigkeit (T1)	Einrichten und Programmieren	▪ Sicherheitseinrichtungen dürfen geöffnet bzw. unwirksam sein ▪ Reduzierte Geschwindigkeit (≤250 mm/s)
Manuell hohe Geschwindigkeit (T2)	Testen mit Arbeitsgeschwindigkeit	▪ Sicherheitseinrichtungen dürfen geöffnet bzw. unwirksam sein ▪ Verfahrgeschwindigkeit bis zur vollen Arbeitsgeschwindigkeit ▪ Geschützter Standort für den Einrichter, d.h. mind. 0,5 m Abstand zum Rand des Roboterarbeitsraumes
Automatik (Aut)	Normaler Betrieb	▪ Sicherheitseinrichtungen müssen geschlossen bzw. wirksam sein

6.3 Programmierverfahren

Es existiert eine Vielzahl von Verfahren zur Programmierung von Robotern. Im industriellen Umfeld ist davon nur eine geringe Anzahl gängig. Allgemein wird in der Robotik zwischen zwei wesentlichen Verfahrensgruppen unterschieden: Online- und Offline-Programmierung.

6.3.1 Online-Programmierung

Die Online-Programmierung von Industrierobotern erfolgt heute meist mithilfe sogenannter Lernverfahren. Dabei wird der Endeffektor des Roboters durch einen Bediener zu den gewünschten Posen gefahren. Es ist die Rede von einer prozessnahen Programmierung, da der Anwender den Roboter direkt vor Ort führt, während die Steuerung alle notwendigen Daten zur Ausführung der Bewegung speichert. Je nachdem, wie der Roboter geführt wird und ob dies manuell oder automatisch erfolgt, können zwei Verfahrensunterarten unterschieden werden (Bild 6.14):

- Teach-In-Programmierung
  Bei der Teach-In-Programmierung verfährt der Benutzer den Roboter an charakteristische Positionen und speichert diese ab. Dieser Vorgang ist unter dem englischen Begriff *Teachen* von Punkten bekannt. Das Verfahren des Roboters erfolgt in der Regel über das PHG. Die Eingaben zum Verfahren des Roboters erfolgen durch in das PHG integrierte Eingabegeräte wie Tasten, Joystick oder 6D-Maus.
- Sensorunterstützte Programmierung
  Bei der sensorunterstützten Programmierung ist der Roboter mit zusätzlichen Sensoren, wie z. B. Laserscannern, Lichtschnittsensoren oder einer Kamera, ausgestattet. Im ersten Schritt wird der grobe Bahnverlauf vorgegeben. Beim Fahren auf der Bahn wird das gewünschte Profil vom Sensor abgetastet und aufgenommen. Die aufgenommenen Punkte werden mit den Punkten der Soll-Bahn verglichen und notwendige Korrekturen der Bahn werden beim nächsten Ablauf integriert. [6.12]

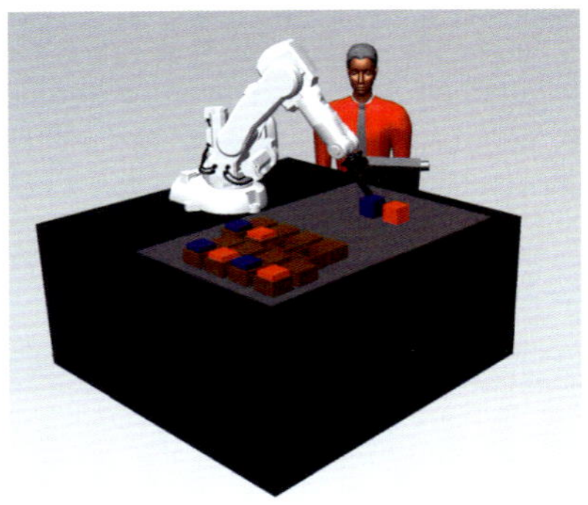

Teach-In

Sensorgestützt

© *iwb* – Institut für Werkzeugmaschinen und Betriebswissenschaften

Bild 6.14 *Online-Programmierverfahren*

6.3.2 Offline-Programmierung

Unter **O**ff**l**ine-**P**rogrammierung (OLP) versteht sich allgemein ein Verfahren zur Programmierung von Robotersystemen ohne die Notwendigkeit zur Einbindung des Roboters. Die Offline-Programmierung eignet sich besonders, wenn Roboter komplexere Bahnen verfahren müssen. Dabei wird die Roboterbahn im Voraus geplant und das dazugehörige Roboterprogramm in Form einer Textdatei mit Bewegungsbefehle erstellt. Im zweiten Schritt werden die Programme auf die Robotersteuerung geladen. Der wesentliche Vorteil der Offline-Methode liegt in der Erstellung von Roboterprogrammen ohne Nutzung der Produktionskapazität des Roboters. Die Programme lassen sich auch leicht ändern und dokumentieren.

Textuelle Programmierung

Das am häufigsten verwendete Verfahren der OLP ist die textuelle Programmierung. Hier werden Befehle in eine Textdatei geschrieben und diese sequenziell von der Robotersteuerung abgearbeitet. Die Gesamtheit dieser Befehle bildet ein Roboterprogramm. Der große Nachteil der textuellen OLP besteht darin, dass sich kein Standard bei der Programmierung von Robotern etabliert hat. Nahezu jeder Hersteller nutzt eine eigene Programmiersprache, zum Beispiel:

- AS von Kawasaki,
- INFORM von Yaskawa,
- KRL von KUKA,
- KAREL von Fanuc,
- RAPID von ABB,
- VAL3 von Stäubli,
- URScript von Universal Robots.

Die Flexibilität der Anlage und des Prozesses ist direkt vom Robotersystem abhängig, so dass der Anwender auf die Beschaffung bestimmter Systeme beschränkt ist.

Simulationsgestützte Programmierung

Die simulationsgestützte Programmierung ermöglicht die Erstellung von Roboterprogrammen, ohne diese explizit textuell schreiben zu müssen. Im Kontext der neuen Ära der digitalen Produktion bieten die Offline-Programmiermethoden großes Potenzial. Heutzutage werden 3D-CAD-Daten nahezu zu jeder physischen Komponente innerhalb des Produktionsprozesses erstellt. Mithilfe dieser Daten besteht die Möglichkeit, ein digitales Modell des Produktionssystems zu generieren (Bild 6.15).

Reale Roboterzelle

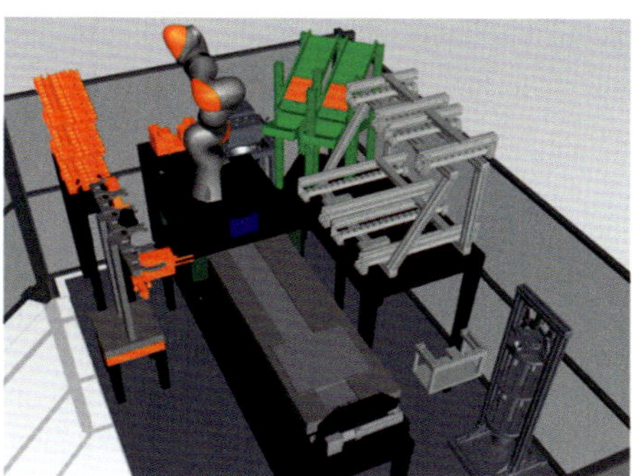

Virtuelles Modell

© *iwb* – Institut für Werkzeugmaschinen und Betriebswissenschaften

Bild 6.15 *Reale Umgebung und grafische Offline-Programmierung*

Anhand des virtuellen Modells lassen sich die Roboterprogramme und Produktionsprozesse simulieren. Die Roboterprogramme werden robuster und können hinsichtlich verschiedener Parameter, Zykluszeiten oder Energieeffizienz optimiert werden. Allgemein besitzt die simulationsgestützte Programmierung folgende *Vorteile*:

- Vorstudien für neue Roboterzellen oder Rekonfigurationen
- Zeit- und Kostenberechnung für den Robotereinsatz in der Planungsphase
- Verifikation der Haltevorrichtungen und Roboterwerkzeuge vor ihrer Herstellung
- Überwachung der Bewegungs- und Prozessabläufe
- Tests auf Kollisionen ohne Gefahr

Nachteile der grafischen OLP:

- Hohe Kosten für die grafische OLP-Software
- Unterschiedliche Hersteller, inkompatible Roboterprogrammiersprachen
- Hochqualifiziertes Personal erforderlich
- Zeitintensives Nachbilden eines virtuellen Modells der Zelle

Die meisten Roboterhersteller bieten ihre eigenen grafischen Umgebungen zur simulationsgestützten Programmierung:

- RobotStudio – ABB
- KUKA.Sim – KUKA
- MotoSim – Yaskawa
- K-ROSET – Kawasaki
- ROBOGUIDE – Fanuc
- Stäubli Robotics Suite – Stäubli

Wie bei der textuellen OLP besteht auch hier der Nachteil, dass die Software hauptsächlich zur Programmierung des Hersteller-Robotersystems dient.

Es existieren alternative, generische, simulationsgestützte Offline-Tools wie DELMIA von Dassault Systems, RobCAD von Siemens oder 3DCreate von Visual Components. Diese Tools sind in der Regel auch mit hohem Expertenwissen und teuren Lizenzkosten verbunden. Dabei liegt der Fokus dieser Software nicht nur auf der Programmierung, sondern auch auf der Materialflusssimulation. Trotz der Flexibilität, die diese Programme anbieten könnten, nutzen viele Anwender weiterhin die herstellerspezifischen grafischen OLP Umgebungen aus Gründen der Kompatibilität, der in der Regel einfacheren Bedienung und der niedrigeren Kosten. [6.13]

In Kürze

Online-Methoden zur Programmierung von Industrierobotern eignen sich zum einen besonders für die Erstellung von einfachen Programmen mit wenigen anzufahrenden Arbeitspunkten in einer statischen Umgebung sowie zum anderen für die Anpassung bestehender Programme mit kleinen Änderungen an vorhandenen Systemen. Bei weitreichenden Änderungen des Bearbeitungsprozesses oder des Arbeitsraumes ist die Online-Programmierung mit einem hohen zeitlichen Aufwand zum erneuten Teachen der Arbeitspunkte verbunden. Hingegen eignet sich die Offline-Programmierung zur Generierung von Roboterbahnen bei komplexeren Bearbeitungsaufgaben. Allgemein lässt sich für beide Programmierungsverfahren herleiten, dass die Güte der Roboterprogrammierung maßgeblich sowohl vom Robotersystem als auch vom vorhandenen Produktionsprozesswissen abhängt.

Um dem erforderlichen Roboterexpertenwissen bei der OLP entgegenzukommen, hat sich die grafisch unterstützte OLP als ein hilfreiches Werkzeug erwiesen. Der Einsatz der grafischen OLP lohnt sich v.a. bei komplexen Bewegungs- und Handhabungsaufgaben. Ein großer Vorteil besteht darin, dass Kollisionen frühzeitig während der Layoutplanung erkannt werden und so spätere konstruktive Änderungen vermieden werden können. Die grafische OLP setzt in der Regel eine aufwendige virtuelle Abbildung der Produktionsumgebung voraus. Um eine möglichst gute Bahnprogrammierung vornehmen zu können, müssen alle Planungsänderungen oder Änderungen am realen System stets in der Programmierumgebung aktualisiert werden. Trotzdem können die dynamischen Eigenschaften des Roboters und die Lagetoleranzen in der Simulation nicht immer ausreichend modelliert werden. Eine ausführliche Testphase in der realen Umgebung ist aufgrund der stets präsenten Modellvereinfachungen nicht wegzudenken. Die notwendige Zeit zur Inbetriebnahme des Systems kann jedoch durch die grafische OLP erheblich verkürzt werden.

6.4 Inbetriebnahme

Die früheste Definition des Begriffes **I**n**b**etrieb**n**ahme (IBN) findet sich in der DIN 32 541 [6.14]. Hierin wird die Tätigkeit der Inbetriebnahme als «das Bereitstellen einer Maschine oder eines vergleichbaren technischen Arbeitsmittels zur Nutzung» beschrieben [6.15].

DEFINITION
Die aktuellste Definition der IBN entstammt der DIN EN ISO 12 100: «Das In-Betrieb-Nehmen von Maschinen und Anlagen dient der Überprüfung von Funktionen und Eigenschaften sowie der Erkennung und Beseitigung von Fehlern und entspricht somit der Endprüfungsphase einer Maschine oder Anlage und liegt daher auch in den Betriebsräumen des Betreibers und in der Verantwortung des Herstellers. Die Lebensphase «In Betrieb nehmen» liegt als Teil des Herstellungsprozesses noch vor dem Zeitpunkt der Inbetriebnahme, ohne dass die Maschine konform zur europäischen Maschinenrichtlinie sein muss.» [6.16]

Die IBN, wie in Bild 6.16 dargestellt, wird nach der Phase der Fertigung und Montage des Systems eingeordnet. Die Zusammenführung der Teilsysteme und die Verifikation ihres Zusammenwirkens gelten als Hauptaufgaben der IBN und sind vom Hersteller durchzuführen. Wiendahl et al. stellten folgende These zum Übergang zwischen der IBN und der Hochlaufphase auf: «Je höher der Automatisierungsgrad, desto höher die Komplexität, der Aufwand und das Risiko einer Erst- und Wiederinbetriebnahme und der dazugehörenden Hochlaufphase.» [6.17]

Diese Aussage gilt besonders bei der IBN von Industrierobotern, wo diverse Komponenten aus verschiedenen Fachbereichen (Mechanik, Elektrotechnik und Informatik) zum Teil zum ersten Mal in der Anlage integriert werden. Besonders wichtig ist die Integration der Software auf der Steuerung der Anlage.

Die Kernaufgaben bei der IBN eines Robotersystems lassen sich in vier Punkten zusammenfassen [6.18]:

1. Überprüfen der mechanischen und elektrischen Elemente: Verfahren von Roboterachsen, Abfragen von Sensor-Messwerten und Überprüfen der Stoppschalter
2. Überprüfen der Automatisierungskomponenten: Kommunikation zwischen Steuerung und externer Peripherie, Programmausführung
3. Feineinstellen von Systemparametern: Anpassen von Verfahrwegen, Geschwindigkeiten, Endschaltern und Kollisionsüberprüfung
4. Ausführen des gesamten Prozesses

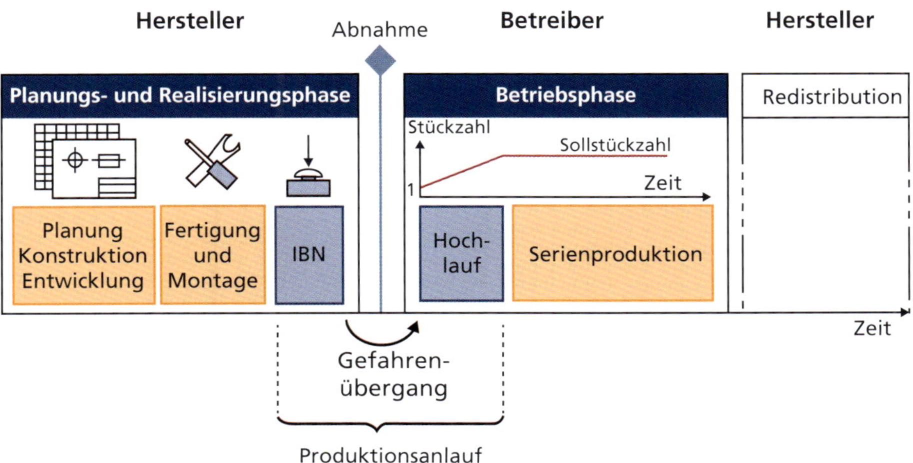

Bild 6.16 *Einordnung der Inbetriebnahme innerhalb der Produktionskette* (in Anlehnung an [6.17])

Im nächsten Abschnitt wird ein Vorgehensmodell eingeführt, um eine strukturierte Vorgehensweise bei der Entwicklung von Software anzuwenden und Fehler in der Integration zu vermeiden.

6.4.1 Vorgehensmodelle zur modellgetriebenen Softwareentwicklung

Im Maschinenbau zeichnet sich die Tendenz ab, dass moderne Produktionssysteme stetig komplexer werden und stets ein harmonisches Zusammenwirken von deren mechatronischen Subsystemen gewährleistet werden muss (Bild 6.17). Dabei ist es notwendig, die klassischen Disziplinen aus der Produktion wie die Mechanik, die Hydraulik, die Pneumatik und die Elektrotechnik mit neuen Fachgebieten aus der Informationstechnik zu koordinieren [6.15].

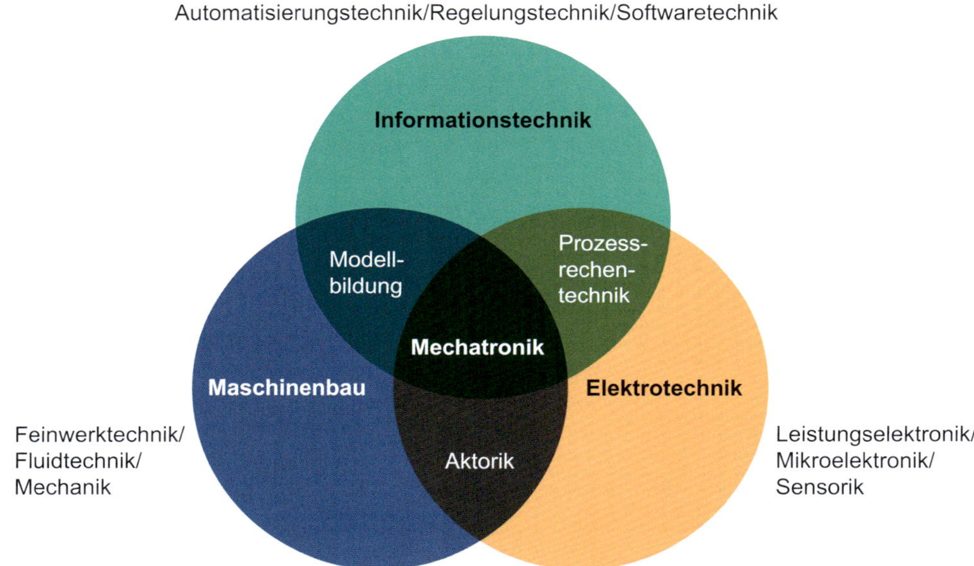

Bild 6.17 *Mechatronisches System* (in Anlehnung an [6.19])

Dieser Trend ist auch im historischen Verlauf der Kostenanteile bei der Entwicklung von Produktionssystemen seit der Einführung von Automatisierungsgeräten sichtbar. Bereits in den Neunziger-Jahren begann die Verschiebung des Kostenschwerpunktes von der Mechanik über die Elektronik hin zur Software (Bild 6.18).

Softwareentwicklung – Der Engpass

Der Anteil der IBN an der Durchlaufzeit bei der Auftragsabwicklung im Maschinenbau wurde bereits am Anfang der Neunziger-Jahre auf durchschnittlich 13% geschätzt [6.15]. In einer Publikation des Vereins Deutscher Werkzeugmaschinenfabriken [6.21] wurde Jahre später über eine Erhöhung der notwendigen Inbetriebnahmezeiten berichtet (Bild 6.19). Laut dieser Studie wurden 90% der IBN-Zeit für die Elektrik und Steuerung benötigt, wovon wiederum 70% der Zeit in die Behebung von Fehlern floss. Die logische Erklärung für die Erhöhung der Dauer bei der IBN lässt sich durch die Zunahme an Software in den Anlagen erklären, wie es in Bild 6.18 zu sehen ist. Pragmatisch betrachtet, bedeutet das, dass mit der Länge des Programmcodes auch die Wahrscheinlichkeit und Häufigkeit von Fehlern steigt. Um diese Problematik zu bewältigen, haben sich seit den Neunziger-

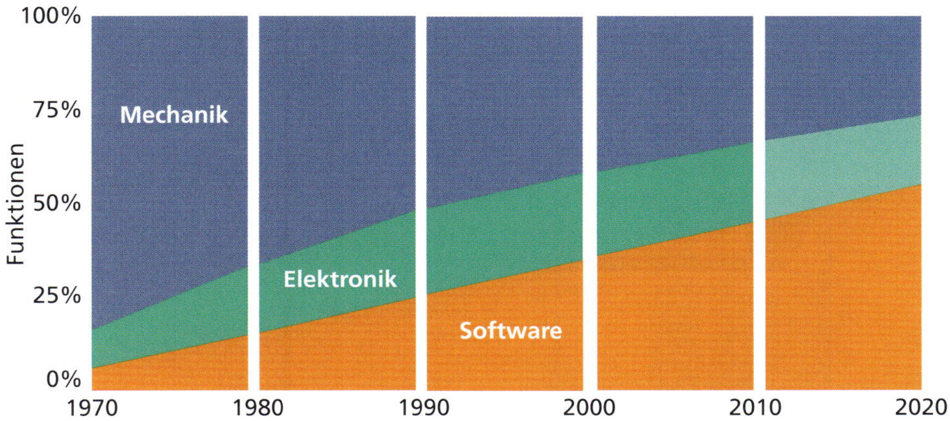

Bild 6.18 *Verlauf und Prognose der Entwicklungskosten in der Produktion* [6.20]

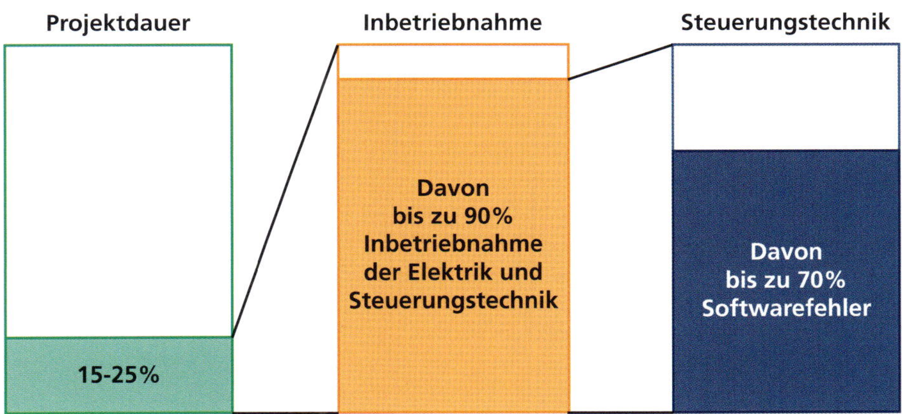

Bild 6.19 *Zeitanteile bei der Inbetriebnahme* [6.21]

Jahren mehrere Modelle zur Entwicklung von mechatronischen Systemen entwickelt. Wünsch [6.15] und Stetter [6.22] haben gezeigt, dass es möglich ist, durch die Anwendung geeigneter Methoden bis zu 85% der Fehler bereits in einer frühen Phase vor der IBN zu erkennen.

In der Literatur werden mehrere Vorgehensmodelle zur Entwicklung technischer Systeme für spezielle Aufgabengebiete vorgeschlagen. Bekannte Vorgehensmodelle im Bereich der Softwareentwicklung sind das Wasserfallmodell, das Spiralmodell, das Quality-Gate-Modell und das V-Modell [6.23].

VDI 2206 – Entwicklungsmethodik für mechatronische Systeme

Das Vorgehensmodell der Norm VDI 2206 zur Entwicklung von mechatronischen Systemen hat sich bereits in vielen industriellen Projekten als erfolgreich erwiesen [6.24]. Die VDI 2206 orientiert sich am häufig verwendeten Prozessschema des sogenannten V-Modells aus der Softwareentwicklung und erweitert dieses zu einem generischen Vorgehen für die mechatronische Entwicklung. Das Modell ist in Bild 6.20 dargestellt. Dabei werden auf der linken Seite des «V» die Systemanforde-

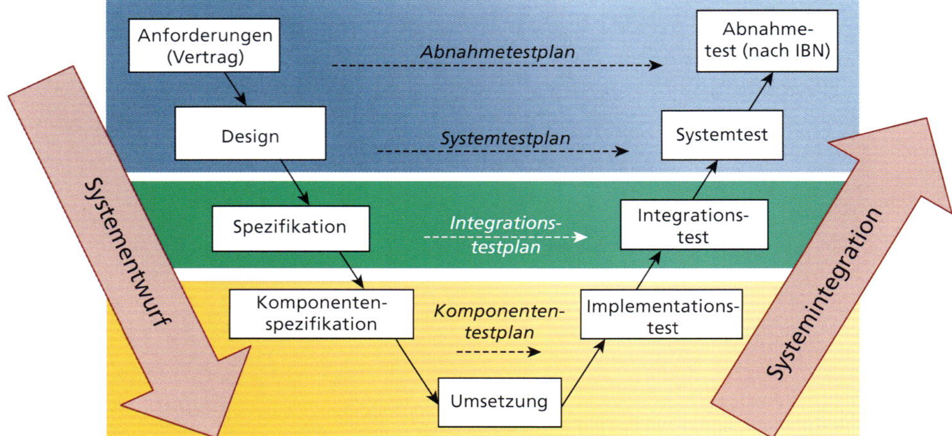

Bild 6.20 *Das V-Modell in Anlehnung an die Norm VDI 2206* [6.24]

rungen und Spezifikationen der Teilkomponenten des gesamten Systems definiert. Diese Phase ist auch als Analysephase bekannt. Die rechte Seite beschäftigt sich mit der Validierung und Verifikation der Anforderungsseite. Die Basis des «V» wird als die Umsetzungsphase bezeichnet.

Die Analysephase verfolgt einen Top-down-Ansatz, in dem die Entwicklungsaufgabe modularisiert und sukzessive verfeinert wird. Dagegen stellen die Phasen der Implementierung, der Integration und des Tests eine Bottom-up-Strategie zur Synthese des Gesamtsystems dar. [6.23]

Während des gesamten Prozesses gilt die Aussage, dass die Ergebnisse eines Phasenschrittes als Eingangsgröße in den nächsten Prozessschritt einfließen. Trotzdem sollten die Phasen des V-Modells nicht als starr chronologische Prozessschritte betrachtet werden. Wenn genügende Informationen aus einem vorhergehenden Schritt vorliegen, kann die Implementierung des darauffolgenden Schrittes bereits gestartet werden. Der vorhergehende muss dazu noch nicht vollständig abgeschlossen sein [6.18]. Allerdings ist es notwendig, dass alle Meilensteine der Anforderungsseite erreicht sind, bevor die Phase der Umsetzung beginnen kann [6.23].

Um die Qualitätssicherung während des gesamten Prozesses sicherzustellen, werden Testpläne definiert. Mit diesen werden die gewünschten Funktionalitäten bei jedem Entwicklungsschritt überprüft. Dabei ist zu beachten, dass die Testspezifikationen der zu testenden Funktionen im/aus dem Analysestrang ausführlich dokumentiert werden. Die erarbeiteten Testspezifikationen werden als Anforderungen für die Testphasen auf der rechten Seite des V-Modells verwendet. Ein Überblick der Testphasen und ihrer Testziele wird in Tabelle 6.2 gegeben.

Tabelle 6.2 *Überblick über Testphasen und -ziele* [Quelle: ITQ GmbH]

Test	Testziel	Testumgebung und Testmittel
Implementationstest	Lauffähiger Code	Beim jeweiligen Entwickler
Integrationstest	Zusammenspiel mehrerer Codeteile	Im Entwicklungsbereich
Systemtest	Test von Software und Hardware am Simulator	Im Entwicklungsbereich
Abnahmetest	Test an der Maschine	In der Ausprobe

6.4.2 Virtuelle Inbetriebnahme

Heutzutage ist es nicht mehr notwendig, bis zum kompletten Aufbau der Roboterzelle zu warten, um die ersten Tests durchführen zu können. Dank der fortschreitenden Entwicklung hoch performanter Rechner lässt sich eine komplette Anlage im jeweils notwendigen Detaillierungsgrad simulieren. Besonders beim Aufbau einer komplexen Anlage – wie einer Roboterzelle – empfiehlt es sich, während der Entwicklungsphase ein virtuelles Modell der Roboterzelle zu entwickeln. Anhand dieses digitalen Modells kann der Integrator parallel zu anderen Entwicklungsaufgaben den aktuellen Stand der Entwicklung testen. Bei der Auftragsabwicklung können so die Durchlaufzeit verkürzt und die Kosten verringert werden [6.23]. Inzwischen hat sich sowohl in der Wissenschaft als auch in der Industrie der Begriff der **v**irtuellen **I**n**b**etrieb**n**ahme (VIBN) etabliert.

Wünsch und Zäh definieren die Grundidee der virtuellen Inbetriebnahme als «die Vorwegnahme der Steuerungsinbetriebnahme an einem virtuellen Modell der mechanischen, hydraulischen, pneumatischen und elektrischen Bestandteile einer Maschine» [6.25]. Bild 6.21 veranschaulicht diese Grundidee der VIBN.

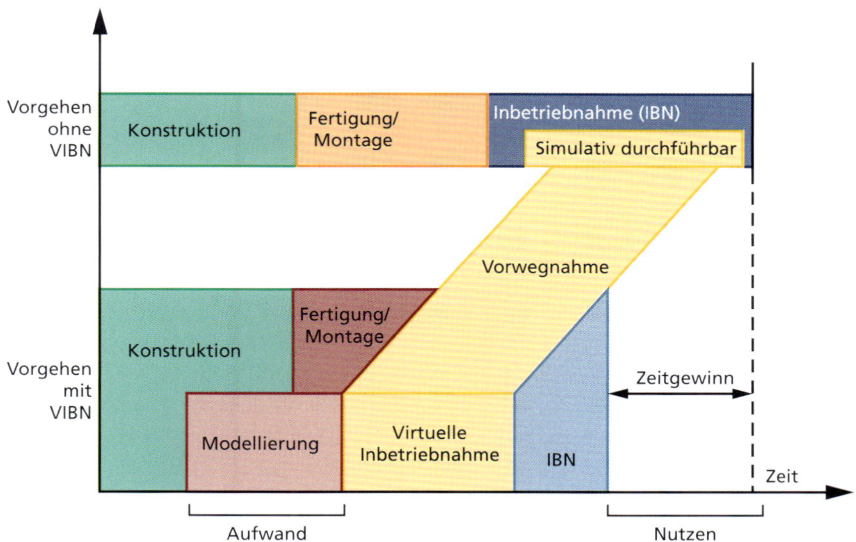

Bild 6.21 *Grundidee der virtuellen Inbetriebnahme* (in Anlehnung an [6.25])

Lacour fasst die VIBN als die Validierung der Steuerungslogik einer Produktionsanlage zusammen [6.6]. Dabei werden die Produktionsanlage und die Steuerungslogik in einem ersten Schritt in Form eines einheitlichen virtuellen Modells abgebildet. Die VIBN hat die Hauptaufgabe, das Steuerungssystem und die Steuerungslogik vor der realen Inbetriebnahme der Anlage abzusichern. In dem Kontext der Industrie 4.0 ist das virtuelle Maschinenmodell unter dem Begriff digitaler Zwilling (engl.: *Digital Twin*) geläufig.

Steuerungs- und Roboterprogramme lassen sich mithilfe der Simulation inkrementell und entwicklungsbegleitend testen. Die Modelle des Roboters und der Sensoren müssen zunächst in einem virtuellen Modell abgebildet werden [6.26]. Die Kopplung von dem Anlagenmodell und der Steuerung erfolgt über die Eingangs- und Ausgangssignale (E/A-Signale) der Steuerung (Bild 6.22). Die Modellierung ist ein Prozess, der sehr ressourcenintensiv sein kann. In der Folge kann es sein, dass aufgrund von Kapazitätsengpässen eine virtuelle Inbetriebnahme nicht für jedes Projekt und KMU möglich ist [6.15].

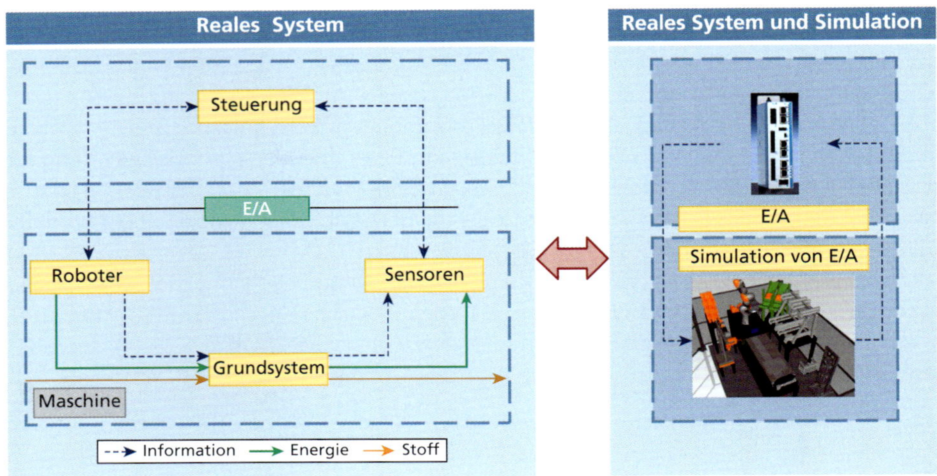

Bild 6.22 *Grundprinzip der VIBN* (in Anlehnung an [6.26])

In Abhängigkeit der zu testenden Komponente lassen sich unterschiedliche Ausprägungen der VIBN unterscheiden (Bild 6.23):

- **M**odel-**i**n-the-**L**oop (MiL)
  Die MiL-Simulation wird lediglich zum Testen der Steuerungslogik oder einzelner Komponenten verwendet. Die Modelle der Steuerung und der Anlage müssen nicht in Echtzeit laufen, wodurch sich detailliertere Modelle der Anlage simulieren lassen [6.26]. Die MiL-Simulation kann in der frühen Phase der Umsetzung (vgl. V-Modell aus Bild 6.20) verwendet werden. Sie eignet sich besonders für die Phase der Implementationstests (siehe Tabelle 6.2).
- **S**oftware-**i**n-the-**L**oop (SiL)
  Bei der SiL-Simulation wird neben dem Maschinenmodell auch die Steuerung simuliert, so dass die Verwendung der Zielhardware der Steuerung nicht notwendig ist. Die Simulation der Steuerung erfolgt mittels sogenannter Softwareemulatoren, die das Verhalten der Steuerung nachbilden [6.27]. Eine Simulation in Echtzeit ist nicht zwingend erforderlich. Das Hauptziel der SiL-Simulation ist, die Software auf Programmierfehler in Verbindung mit dem Modell zu testen. Die SiL-Simulation wird öfter in den Phasen des Systemtests und Integrationstests verwendet.
- **H**ardware-**i**n-the-**L**oop (HiL)
  Die HiL-Simulation ist ein Simulationsverfahren, in dem die reale Steuerung mit einem virtuellen Modell der Zielanlage oder einzelner Komponenten getestet wird. Dabei ist es erforderlich, dass die zu simulierenden Modelle auf einem Rechner in Echtzeit ausführbar sind. Der große Vorteil dieses Ansatzes besteht darin, dass die reale Steuerungshardware und -software in den Test eingebunden werden können und dabei sogar extreme Szenarien getestet werden können. Dadurch kann die Funktionalität der Steuerung gewährleistet werden, ohne die reale Anlage zu beanspruchen. Die HiL-Simulation eignet sich, um Erprobungen in der Phase des Systemtests auszuführen.

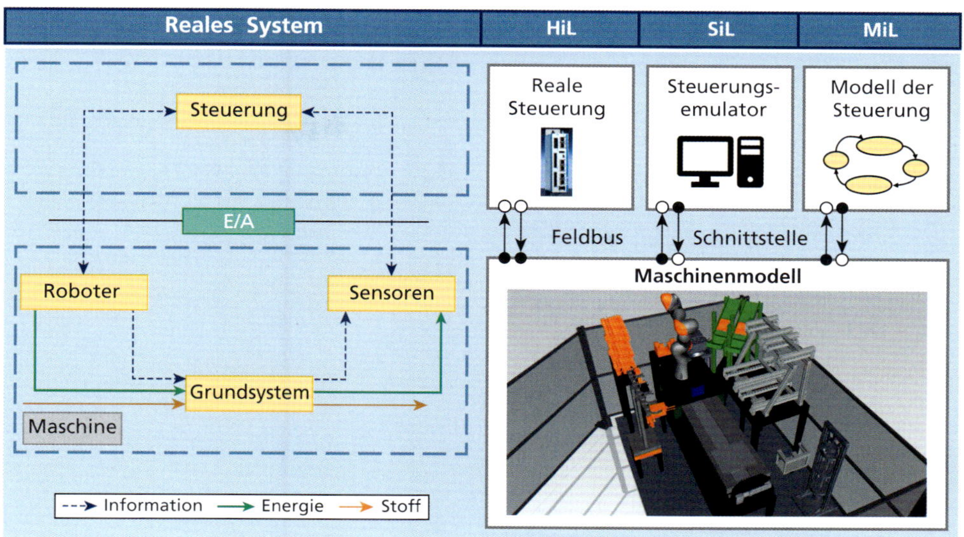

Bild 6.23 *Ausprägungen der virtuellen Inbetriebnahme* (in Anlehnung an [6.26])

In Kürze

In diesem Kapitel wurden die grundlegenden Komponenten und notwendigen Kenntnisse zum Verständnis der Programmierung eines IRs vorgestellt sowie Begrifflichkeiten und Konzepte eingeführt, die mit der Integration eines Robotersystems verbunden sind. Weiterhin wurden Programmierverfahren für IR beleuchtet, die im industriellen Umfeld verwendet werden. Anschließend wurde eine methodische Vorgehensweise vorgestellt, um die Integration eines IR in die Produktion durchzuführen. Um ein umfassendes Verständnis der diversen behandelten Themen zu erlangen, kann zusätzlich auf die erwähnte Literatur zurückgegriffen werden.

Zusammenfassend kann festgehalten werden, dass die Vorgehensweisen zur Integration eines Robotersystems in die Produktion und seine Inbetriebnahme sehr komplex sind und ein hohes Expertenwissen über Robotersysteme erfordern. Aus diesem Grund empfiehlt sich für produzierende Unternehmen, die noch keine Erfahrung in der Robotertechnik haben, während der Phase der Planung bis zu der Inbetriebnahme der Anlage einen Roboterintegrator zu beauftragen, der den gesamten Prozess begleitet.

7 Trends

Aufgrund steigender Personalkosten, zunehmender Variantenvielfalt, kürzerer Produktlebenszyklen, steigender Qualitätsanforderungen und des demografischen Wandels in Deutschland hin zu einer alternden Gesellschaft scheint ein intensiver Einsatz von Automation in der Zukunft unumgänglich zu sein [7.1]. Gerade auch für produzierende Unternehmen stellen Veränderungen innerhalb der manuellen Montage eine große Herausforderung dar. Getrieben von dem Bedarf, bisher von Menschen durchgeführte Aufgaben zu automatisieren, sind mit der im letzten Jahrzehnt schnell voranschreitenden Entwicklung von Robotersystemen neue Automatisierungsfähigkeiten entstanden.

Mit der Kooperation von Robotersystemen untereinander sowie mit dem Menschen haben sich zwei neue Anwendungsgebiete für diese entwickelt. Mobile Roboter wurden befähigt, sich durch die Integration hoch performanter Sensoren zur Lokalisierung und Umgebungsrekonstruktion in einer dynamischen und teilweise unbekannten Umgebung autonom zu bewegen und selbstständig Aufgaben auszuführen. In diesem Kapitel wird ein Einblick in die aktuellen Trends der industriellen Robotik gegeben.

7.1 Kooperierende Industrieroboter

Die menschliche Hand verfügt über etwa 30 Freiheitsgrade. Werden die Manipulationsfähigkeiten beider Hände addiert, ergibt sich ein Manipulationsvermögen von zahlreichen Techniken für flexibles Greifen [7.2]. Mit dem Ziel, menschliche Fähigkeiten zu automatisieren, haben Wissenschaftler versucht, Manipulatoren zu bauen, die die hoch komplexe Manipulationsfähigkeit von Menschen imitieren [7.3]. Im Zuge dessen war für die Forscher der erste logische Schritt, die Anzahl der Freiheitsgrade eines Robotersystems zu erhöhen, um seine Beweglichkeit zu erhöhen. Der pragmatischste Schritt ergibt sich in der Erweiterung um ein zweites Knickarmrobotersystem (Bild 7.1). Dadurch wird nicht nur der Arbeitsbereich des resultierenden Robotersystems erweitert, sondern auch seine Tragfähigkeit. Hierdurch werden Arbeitsszenarien zur parallelen Durchführung gleicher oder unterschiedlicher Aufgaben am selben Werkstück ermöglicht. Dies eröffnet ein sehr weites Aufgabenspektrum für die Anwendung kooperierender Roboter.

Die Entwicklung kooperierender Industrieroboter kündigt sich in der industriellen Robotik bereits an und wird als eine Voraussetzung für zukünftige flexible Fertigungsparadigmen angesehen [7.3]. Die kooperierenden Roboter ermöglichen deutlich erweiterte Aufgabenumfänge bei hoher Flexibilität und langfristig geringerer Investition im Vergleich zur manuellen Montage. Heutzutage gibt es noch relativ wenige Anwendungen außerhalb der Automobilindustrie (Schweiß- oder Lackierrobotersysteme), die das Potenzial der kooperierenden Robotik nutzen. Ein Grund hierfür liegt in der komplexen Steuerung und Programmierung solcher Systeme. Trotzdem lassen sich diese Robotersysteme durch die Entwicklung neuer Simulations- und Programmierwerkzeuge in Zukunft mit geringem Aufwand implementieren.

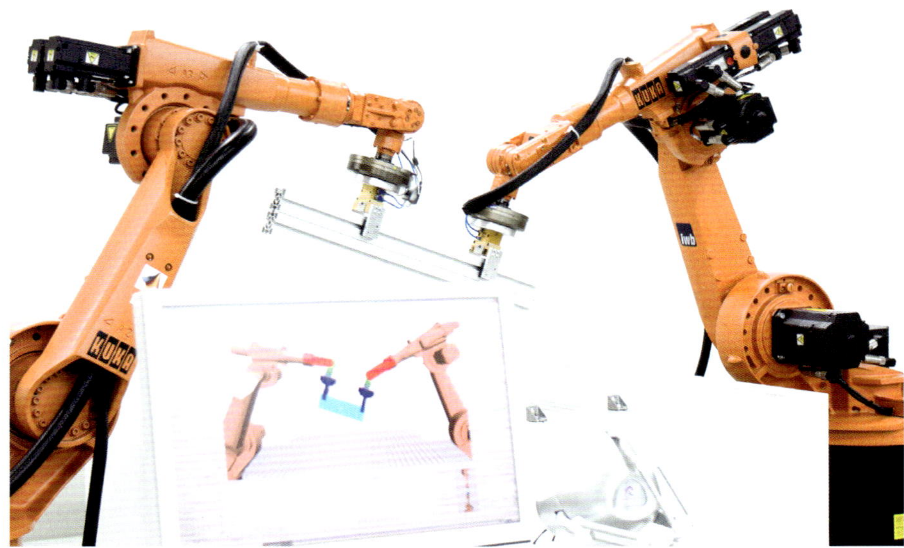

© *iwb* – Institut für Werkzeugmaschinen und Betriebswissenschaften

Bild 7.1 *Kooperierende Roboterfertigung in Bewegung ohne feste Spannvorrichtung mittels zwei kooperierender Roboter*

7.2 Mensch-Roboter-Kooperation

Studien haben gezeigt, dass das wirtschaftliche Optimum eines automatisierten Prozesses nicht durch die Maximierung seines Automatisierungsgrades erreicht wird [7.4], sondern durch höchste Flexibilität. Obwohl Roboter als sehr flexible Produktionssysteme gelten, sind sie noch weit von den Fähigkeiten des Menschen entfernt. Jedoch kann die Nutzung der Flexibilität und Erfahrung von menschlichen Arbeitskräften auf volatilen Märkten zu hohen Flexibilisierungskosten führen [7.5]. Nach Bley et al. kann eine geeignete Mischung menschlicher und maschineller Arbeit zu einem Optimum führen [7.6]. Aus dem Vergleich der Eigenschaften eines Roboters und eines Menschen in Bild 7.2 wird deutlich, dass die Nachteile des Menschen durch die Vorteile eines Roboters kompensiert werden können und umgekehrt. Während der Mensch die geistige Arbeit durch seine Erfahrung, Übersicht und Entscheidungskompetenz unmittelbar erbringen kann, können Robotersysteme die anfallenden physisch anspruchsvollen, ermüdenden oder gefährlichen Arbeiten übernehmen (Bild 7.3).

Der Einsatz kooperierender Industrieroboter hat konzeptionell neue Tore für Anwendungen der **M**ensch-**R**oboter-**K**ooperation (MRK) geöffnet. Jedoch ist der Einsatz von MRK mit strengen Sicherheitsrichtlinien (siehe Abschnitt 3.2) verbunden. Die Einführung von Leichtbaurobotern war ein erster Schritt zur Reduktion der zugrundeliegenden Gefährdungen. Durch die Reduktion der Größe und Masse von Industrierobotern wird die Verletzungsgefahr bei einer Kollision mit einem Menschen verringert. Gleichzeitig wurden die Robotersysteme mit leistungsfähigen Sensoren ausgestattet, um eine Kollision zu verhindern oder eine schwere Verletzung zu minimieren. Erst hierdurch wurde die direkte Zusammenarbeit zwischen Mensch und Roboter ermöglicht.

In der Literatur und Praxis haben sich verschiedenste Bedeutungen, Definitionen und Formen für das Zusammenwirken zwischen Mensch und Roboter etabliert. Für das produktionstechnische Umfeld werden die folgenden Definitionen 5 verwendet (siehe Darstellung in Bild 7.4):

Mensch	Roboter
▪ Entscheidungsfähigkeit und Kreativität ▪ Geschicklichkeit ▪ Anpassungsfähigkeit ▪ Ortsflexibilität ▪ Einfache Magazinierung der Bauteile ist ausreichend	▪ Handhaben schwerer, scharfkantiger Bauteile durchführbar ▪ Hohe Geschwindigkeit und Ausdauer ▪ Hohe Wiederholgenauigkeit ▪ Zuverlässiges Durchführen repetitiver und monotoner Tätigkeiten ▪ Einsatz in gefährdenden und schmutzigen Umgebungen möglich
▪ Ergonomische Einschränkungen ▪ Genaues Positionieren nur über Vorrichtungen ▪ Demotivation bei repetitiven und monotonen Tätigkeiten ▪ Ermüdung und Leistungsschwankungen ▪ Erholungsbedarf	▪ Störanfällig ▪ Starre Abarbeitung der Aufgaben ▪ Definierte Bereitstellung notwendig ▪ Toleranzbehaftetes Fügen nur mit Hilfsmitteln möglich ▪ Handhaben durch Bauteileigenschaften eingeschränkt

Bild 7.2 *Stärken und Schwächen zwischen Mensch und Roboter* (nach [7.7])

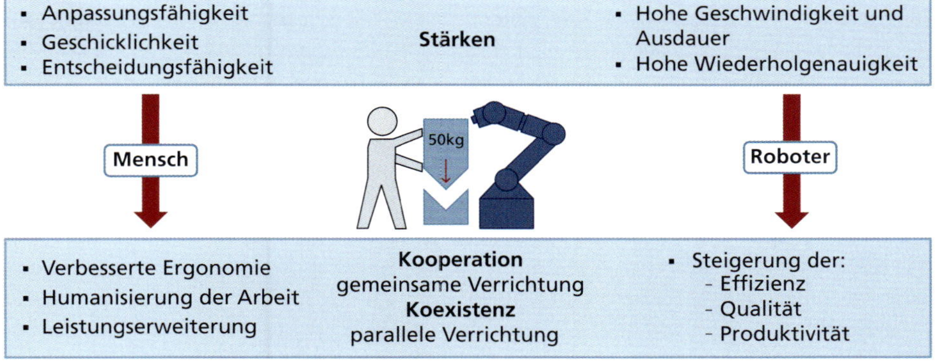

Bild 7.3 *Mensch-Roboter-Kooperation zur Kombination der Stärken*

- **Interaktion**: allgemeines gesamtes Wirken und Handeln zwischen Mensch und Roboter.
- **Koexistenz**: die gleichzeitige und voneinander unabhängige Arbeitsausführung von Mensch und Roboter im selben Arbeitsraum.
- **Kooperation**: Zusammenarbeit von Mensch und Roboter zur Erfüllung einer Arbeitsaufgabe. Dabei ist unerheblich, wie diese Arbeit organisiert, aufgeteilt oder durchgeführt wird.
- **Kollaboration**: Synonym zur Kooperation in Bezug auf die Zusammenarbeit. Nach der Norm DIN EN ISO 10 218-1 [7.8]: «Zusammenarbeit von Mensch und Roboter zur Erfüllung einer Arbeitsaufgabe ohne trennende Schutzeinrichtung bzw. im gleichen Arbeitsraum». Insbesondere wird hier der Betrieb mit direktem Kontakt zwischen Mensch und Roboter berücksichtigt [7.5].

Die MRK ist ein recht junges Einsatzgebiet der industriellen Robotik, das sich noch mit vielen Forschungs- und Anwendungsfragen bezüglich der Programmierung des Roboters und dessen sicherer Überwachung zum Schutz des Menschen befasst. Obwohl MRK-Applikationen noch selten im industriellen Einsatz zu finden sind und der Betrieb MRK-fähiger Roboter noch in vielen Fällen unwirtschaftlich ist aufgrund der hohen Kosten von MRK-fähigen Systemen, sind die aktuellen Weiterentwicklungen auf diesem Gebiet vielversprechend.

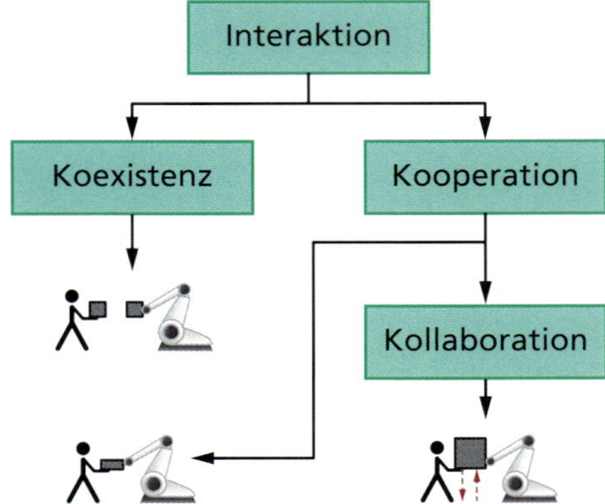

Bild 7.4 *Formen der Mensch-Roboter-Kooperation* [7.5]

7.3 Telepräsenzsysteme

Telepräsenzsysteme werden unter der Kategorie der telerobotischen Systeme eingeordnet. Telerobotische Systeme sind dadurch gekennzeichnet, dass sie einem menschlichen Bediener eine Interaktion mit Fernumgebungen mittels eines Robotersystems ermöglichen. Telerobotische Systeme zählen zu denjenigen MRK-Anwendungen, in denen die Fähigkeiten von Mensch und Roboter kombiniert werden. Der Mensch übernimmt jegliche hochrangigen Planungs- oder kognitiven Entscheidungen, während der Roboter für ihre mechanische Umsetzung verantwortlich ist (Bild 7.5).

Telepräsenzsysteme besitzen nicht nur die Fähigkeit, ein Robotersystem über Fernsteuerung (engl: *teleoperation*) zu bedienen. Zusätzlich kann der Bediener die entfernte Umgebung durch diverse sensorische Informationen wahrnehmen. Der menschliche Betreiber kann Rückmeldung über die entfernte Umgebung beispielsweise über haptische (Joystick mit Kraft-Rückkopplung), visuelle (Monitore) oder auditive (Lautsprecher) Informationen erhalten. [7.9]

Die Technologien der **T**ele**p**räsenz und der **T**ele**a**ktion (TPTA) haben bereits in verschiedensten Bereichen Anwendung gefunden. Diese sind dadurch gekennzeichnet, dass die Arbeitsräume des

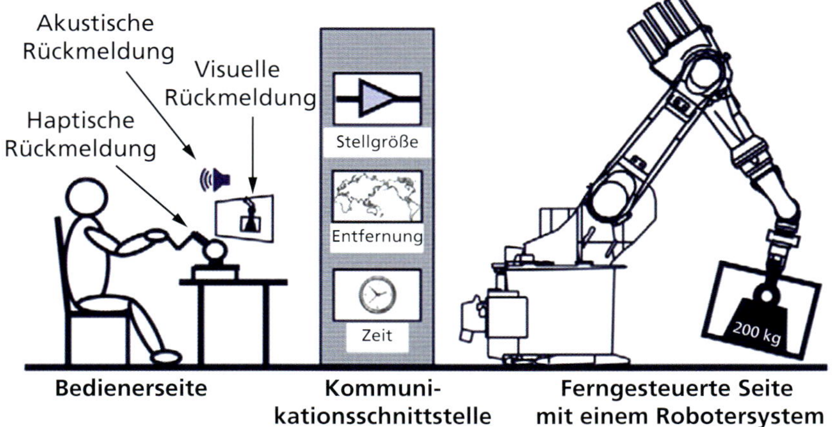

Bild 7.5 *Systemarchitektur eines Telepräsenzsystems* (in Anlehnung an [7.10])

menschlichen Bedieners und des Roboters physisch getrennt sind aufgrund einer gefährlichen oder unerreichbaren Umgebung, wie z.B. bei dem Rückbau von Atomkraftwerken, der minimal-invasiven Chirurgie, der Raumfahrt und Tiefsee-Erforschung und für militärische Zwecke. Im industriellen Umfeld werden solche Systeme hauptsächlich erforscht, um schwere Lasten bei komplexen Handhabungsaufgaben zu manipulieren. Trotz der Aktivität zahlreicher renommierter Forschungsunternehmen im Bereich Telepräsenz und Teleaktion sind diese Technologien im industriellen und gewerblichen Bereich noch nicht weit verbreitet. Dies könnte auf die hohen Kosten und die strengen Konstruktionsrichtlinien für solch neuartige Systeme zurückzuführen sein. Die meisten der heute bereits entwickelten Systeme, die zuvor genannt wurden, sind für hochspezialisierte Aufgaben ausgelegt, was sie sehr teuer und nur für die beabsichtigten Anwendungen geeignet machen. Daher fokussieren viele Forscher ihre Bemühungen darauf, TPTA-Systeme allgemein breiter anwendbar zu machen und speziell deren Einsatz im industriellen Kontext zu ermöglichen. [7.10; 7.11]

7.4 Mobile Robotik

Im Transportfluss entlang der gesamten Wertschöpfungskette nehmen Roboter aufgrund ihrer Bewegungsvielfalt und ihres großen Einsatzpotenzials eine Schlüsselrolle ein. Aktuelle Roboterapplikationen sind überwiegend orts- und aufgabengebunden. Daraus lässt sich das Flexibilitätsdefizit in der Anpassung von Robotersystemen an sich verändernde Situationen und Randbedingungen (z.B. Produkt, Prozess und Ressource) ableiten. Dieses Defizit macht den Bedarf nach mobilen Robotersystemen für den zukünftigen autonomen Einsatz in der industriellen Produktion deutlich.

Mobile Roboter sind aufgrund ihrer sensorischen Ausstattung fähig, autonom durch Fabriken und ihr industrielles Umfeld zu navigieren. In Kombination mit den aktuellen Trends der Vernetzung und Digitalisierung sowie den Ansätzen der Mensch-Roboter-Interaktion ergeben sich eine Reihe von neuen Einsatzgebieten dieser Systeme in der Produktion [7.12]. In der Industrie existieren bereits verschiedene Arten von mobilen Robotersystemen. Während sich einige auf die Mensch-Roboter-Kooperation spezialisieren, werden andere für logistische Aufgaben beim Transport unterschiedlicher Lasten (fahrerlose Transportsysteme (FTS)) verwendet (Bild 7.6). Nach der oben genannten Definition der MRK werden die meisten existierenden mobilen Roboter der Klasse der Mensch-Roboter-Koexistenz zugeordnet.

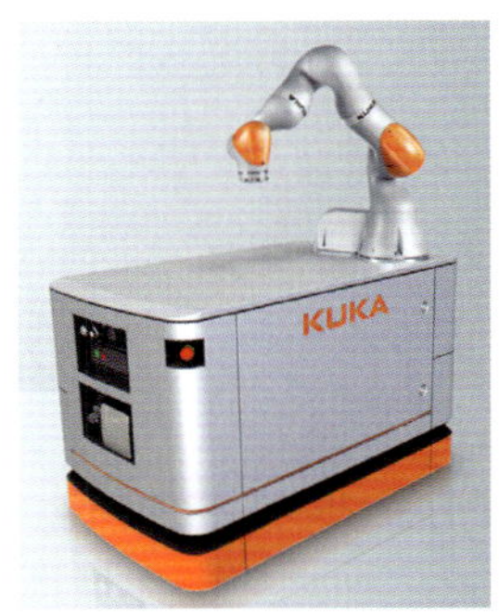

Bild 7.6 *Beispiele für mobile Roboter*
links: MRK mobile Plattform [Quelle: KUKA]
Mitte: FTS für kleine Lasten [Quelle: SSI Schäfer]
rechts: FTS als autonomer Gabelstapler [Quelle: MLR System GmbH]

7.5 Beispiele neuer Anwendungsgebiete

Durch die Steigerung der Genauigkeit, die Erhöhung von Traglasten und Verfahrgeschwindigkeiten und die Preissenkung von Robotersystemen sind neue Anwendungsgebiete entstanden, wo zuvor Industrieroboter keinen Einsatz gefunden haben. In diesem kurzen Abschnitt werden beispielhafte industrielle Applikationen erläutert, die die Eigenschaften von Robotersystemen zum Vorteil der Fertigungsprozesse nutzen.

7.5.1 Schwerlast-Industrieroboter

Für Fertigungsprozesse, die hohe Lasten erfordern oder große Werkstückabmaße enthalten, werden spezielle Anlagen konstruiert, die auf die Anforderungen des Produktes und des Prozesses abgestimmt sind. Dabei entstehen hohe Anschaffungs- und Inbetriebnahmekosten. Um die Rentabilität einer solchen Anlage zu gewährleisten, muss ein hoher Auslastungsgrad garantiert sein. Besonders bei Fertigungsprozessen, bei denen hohe Prozesskräfte benötigt werden, fiel es bisher noch schwer, Robotersysteme effizient einzusetzen. Infolge der Weiterentwicklung in den zurückliegenden Jahren und dadurch stetig steigender Traglasten können Robotersysteme höhere Kräfte mit einer für viele Prozesse ausreichenden Genauigkeit aufbringen. Gegenwärtig werden Schwerlast-Robotersysteme überwiegend in der Forschung eingesetzt. Ein Grund hierfür könnte der derzeitig mangelnde Kenntnisstand der Industrie über das Einsatzpotenzial von Robotern sein.

Am iwb werden Robotersysteme bereits für Füge- und Trennprozesse, wie Fräsen und Rührreibschweißen eingesetzt (Bild 7.7). In vielen Projekten wurde das Wertschöpfungspotenzial von Robotersystemen dabei bereits erfolgreich bewiesen. [7.13; 7.14]

Bild 7.7 *Fräs- und Rührreibschweißroboter*

7.5.2 Roboterbasierte Messsysteme

Um ein hochwertiges Produkt zu fertigen, muss die dafür erforderliche Qualität sichergestellt werden. Mit den Anforderungen an die zukünftige Fabrik müssen die dafür eingesetzten Betriebsmittel auch flexibel, schnell und kostengünstig sein. Dies entspricht den Eigenschaften von Robotersystemen. Roboterbasierte Inspektionssysteme, die in der Regel aus einem Sechsachs-Knickarmroboter und einem optischen 3D-Sensor bestehen, erfüllen diese Anforderungen (Bild 7.8). Durch die Kombination mit einem hochgenauen Sensor haben roboterbasierte Messsysteme das Potenzial, gängige hochgenaue Messsysteme wie Koordinatenmessgeräte zu ersetzen [7.15; 7.16]. Die ersten roboterbasierten Messsysteme werden bereits in der Inline-Messung der Automobilindustrie benutzt. Ein aktueller Forschungsschwerpunkt liegt weiterhin in der Genauigkeitssteigerung dieser Systeme.

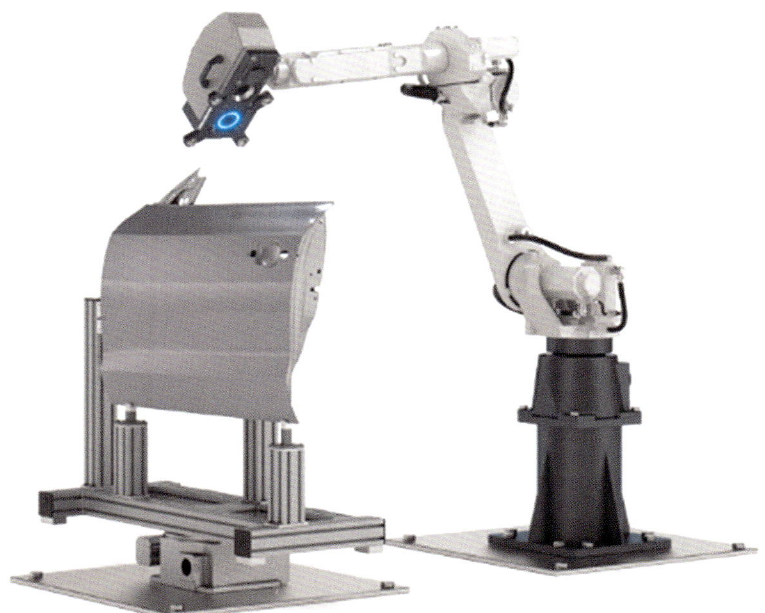

Bild 7.8 *Roboterbasiertes Messsystem* [Quelle: Carl Zeiss Optotechnik GmbH]

7.6 Roboterprogrammierung

Mit dem steigenden Einsatz von unterschiedlichsten Robotersystemen in der Produktion wächst das Bedürfnis, deren Interaktion und Kompatibilität untereinander zu steigern. Aus diesem Grund haben mehrere Forschungseinrichtungen und Softwareunternehmen neue Programmiermethoden und Sprachen entwickelt, die die Instruktion von Robotern erleichtern.

7.6.1 Augmented Reality

Mit der voranschreitenden Entwicklung von Programmiermethoden, die die Roboterprogrammierung ohne Expertise ermöglichen, sind interessante Lösungen für den Endanwender in der

Produktion entstanden. Eine davon ist die Roboterprogrammierung mittels Augmented Reality, die aufgrund ihrer intuitiven Programmierungsmethodik ein hohes Potenzial für die Anwendung durch ungeschultes Personal bietet. Der Ansatz dieser Methode beruht auf der visuellen Bahngenerierung des Roboters in einer realen Produktionsumgebung. Dabei werden die Bewegungsabläufe des Roboters direkt im realen Arbeitsbereich beschrieben. Der Anwender sieht ein überlagertes Bild von realen und virtuellen Objekten. Der Programmierer kann mithilfe eines Eingabestiftes eine Bewegungsbahn in einer realen Umgebung zeichnen, die direkt in die interaktive grafische Roboterprogrammierungsumgebung eingebunden werden kann (Bild 7.9).

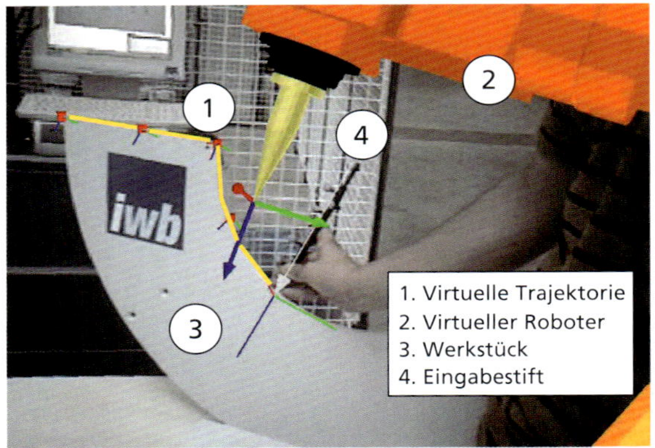

©iwb – Institut für Werkzeugmaschinen und Betriebswissenschaften

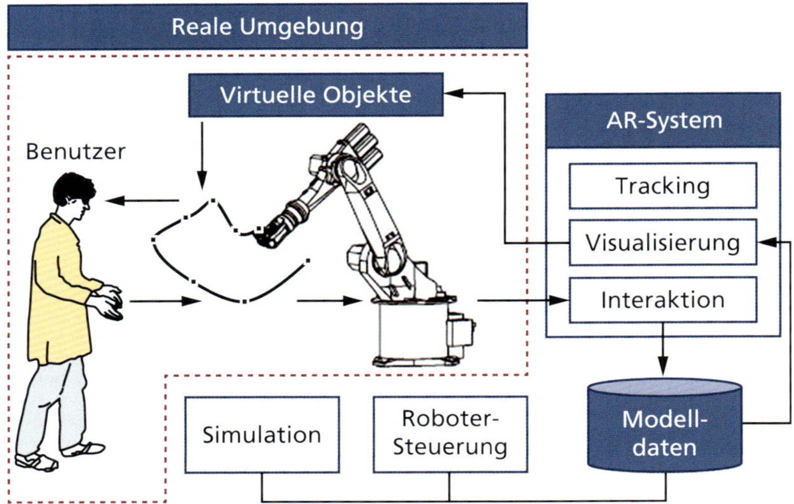

Bild 7.9 *Prinzip der AR-gestützten Programmierung und Visualisierung* [7.17]

7.6.2 Herstellerunabhängige Steuerung und Programmierung von Robotersystemen

In den letzten Jahren haben sich einige Standardisierungs- und Kompatibilitätsprobleme in der Roboterprogrammierung bemerkbar gemacht. Diese Schwierigkeiten beschäftigen viele Unternehmen und Forschungseinrichtungen.

Eines der bedeutendsten Frameworks zur Programmierung von herstellerneutralen Robotern ist das **R**obot **O**perating **S**ystem (ROS) [7.18]. ROS wurde im Rahmen eines Projektes an der Stanford University zur Entwicklung einer standardisierten Programmiersprache für Roboter initiiert. Derzeit wird das Framework von der **O**pen **S**ource **R**obotics **F**oundation (OSRF) in Form eines Open-Source-Projektes von mehreren Forschungseinrichtungen und Unternehmen weiterentwickelt. Die Entwicklung der Umgebung basiert auf dem Konzept der agilen Entwicklung und Wissenssammlung im Rahmen weltweiter Kooperationen. Ziel ist es, mithilfe von Experten ein gemeinsames Framework zur Steuerung und Programmierung von Robotern zu kreieren. Inzwischen integriert das ROS-Framework Softwarebibliotheken für die Visualisierung, Bahn- und Greiferplanung, Bildverarbeitung und kognitive Aufgaben. Die stetige Weiterentwicklung von ROS hat dazu geführt, dass heutzutage einige Roboter-Start-ups (z.B. Robotnik, Baxter, Aubo) ihre Robotersysteme über ROS betreiben (Bild 7.10).

Bild 7.10 *Baxter Roboter, betrieben mittels ROS-Framework* [Quelle: Rethink Robotics]

Im Kontext der Produktion können mit Hilfe des ROS-Frameworks dieselben Roboterprogramme für verschiedene Robotersysteme verwendet und weiterentwickelt werden. Eine vollständige Integration und Vernetzung von Robotersystemen in die Produktion (siehe Abschnitt 6.1.5) wird durch die Verwendung von ROS ermöglicht [7.19].

7.7 Forschungsprojekte

Im Zuge der sinkenden Kosten für Robotersysteme setzen KMU diese vermehrt in ihrer Produktion ein. Wie in den Kapiteln 5 und 6 gezeigt wurde, ist die Planung und Integration von Industrierobotern mit einem hohen Bedarf an Expertenwissen aus unterschiedlichen Disziplinen verbunden. In den letzten Jahren sind verschiedenste öffentlich geförderte Forschungsprojekte entstanden mit dem Ziel, KMU den Einstieg in die Welt der Robotik zu erleichtern. Diese Projekte haben sich insbesondere mit Themen der Wirtschaftlichkeit, der Planung, der Integration und der Sicherheit von Robotersystemen befasst.

Nachfolgend werden repräsentative Beispiele solcher Projekte kurz vorgestellt.

7.7.1 SMERobotics

SMERobotics ist eine Initiative, die von der Europäischen Union gefördert wird, um Robotersysteme speziell für KMUs zu befähigen [7.20]. Das Forschungsprojekt hat die Verwendung von kognitiven (selbstständige Erkennung der Umgebung mittels Sensorik) Robotern untersucht. Im Rahmen des Projektes wurden mehrere Demonstratoren für die Anwendung von kognitiven Robotern entwickelt, die besonders auf die Anforderungen der KMU – Wirtschaftlichkeit, Flexibilität und Benutzerfreundlichkeit – ausgelegt worden sind. Das Projekt wurde vom 7. Framework-Programm #287787 der Europäischen Union gefördert.

INTERNET
Im Rahmen des Projektes «SMERobotics» wurde das frei verfügbare Werkzeug «Robot Investment Tool» (http://www.robotinvestment.eu) vom Danish Technological Institute entwickelt, das grobe Wirtschaftlichkeitsanalysen für den Einsatz eines Robotersystems ermöglicht.

7.7.2 ReApp

Das Hauptziel des Projektes ReApp war es, die Wirtschaftlichkeit und Flexibilität von roboterbasierten Automatisierungslösungen durch die Entwicklung von portablen und wiederverwendbaren Roboterapplikationen zu steigern. Im Rahmen des Projektes wurde eine zentrale Plattform entwickelt, um universelle Applikationen für Robotersysteme zu programmieren. Die Architektur dieser Plattform ähnelt dem Android-Betriebssystem und enthält einen ReApp-Store, der dem zentralen Austausch von Roboterapplikationen dient. [7.21]

INTERNET
Im Rahmen des Projektes wurde die Entwicklungsumgebung ReApp Engineering Workbench erschaffen, mit der sich Roboterapplikationen programmieren lassen. Die Entwicklungsumgebung wird kostenlos über die offizielle Webseite des Projektes (http://www.reapp-projekt.de) angeboten.

Das Projekt wurde durch das Bundesministerium für Wirtschaft und Technologie gefördert (Förderkennzeichen: 01MA13001A) und Ende 2016 erfolgreich abgeschlossen.

7.7.3 KUKoMo

Das Verbundprojekt KUKoMo (**K**onzepte zur **U**msetzung von **ko**llaborativen **Mo**ntagesystemen) verfolgt das Ziel, produzierende KMU dabei zu unterstützen, innovative Systemlösungen für MRK-Szenarien in der Montage zu entwickeln. Im Rahmen des Projektes soll ein Leitfaden erarbeitet werden, um die technische und wirtschaftliche Machbarkeit von MRK-Applikationen für die KMU zu evaluieren und in einem positiven Fall ihre Planung, Umsetzung und Inbetriebnahme zu strukturieren. Forschungsschwerpunkte liegen besonders in der Entwicklung von neuen Steuerungskonzepten, Greifertechnik und Sicherheitstechnik. [7.22]

Das Projekt wird durch das Bundesministerium für Bildung und Forschung unter dem Programm «Innovationen für die Produktion, Dienstleistung und Arbeit von morgen» gefördert (Förderkennzeichen 02P15A020- 02P15A029).

7.8 Zukunft der Robotik

Industrieroboter wurden ursprünglich entwickelt, um in Schweißanlagen oder bei der Handhabung schwerer Werkstücke eingesetzt zu werden. Durch Schutzzäune vom Arbeitsbereich des Menschen getrennt, wurden sie als sogenannte «Produktionssklaven» für Tätigkeiten eingesetzt, die für den Menschen belastend oder gesundheitsschädlich sind. Darüber hinaus führen IR repetitive Aufgaben ohne Pausen und mit gleichbleibender Qualität aus. Hierdurch können oftmals Produktionskapazitäten im Vergleich zur manuellen Ausführung gesteigert und der Ausschuss gesenkt werden.

Bisher werden IR in der Regel speziell für eine Aufgabe programmiert und eingesetzt. Als Randbedingung gilt dabei, dass der Arbeitsbereich bekannt ist und keine Änderungen in der Umgebung oder am Bearbeitungsprozess ohne anschließende Reprogrammierung des Roboters durchzuführen sind. Mit dem Wandel in der Produktion hin zu kürzeren Produktlebenszyklen ist es notwendig, dass IR und deren umgebende Peripherie flexibler auf Veränderungen reagieren und dabei eigenständig Entscheidungen treffen können. Weiterhin setzt eine Zusammenarbeit mit dem Menschen im Sinne der MRK voraus, dass das Robotersystem auch bei unvorhersehbaren Ereignissen und unstrukturierten Umgebungen handlungsfähig ist.

Damit Robotersysteme in unbekannten und unstrukturierten Umgebungen agieren können, müssen sich diese auf kognitiver Basis weiterentwickeln. Zukünftig werden komplexe Multisensorsysteme zur Überwachung, Steuerung und Regelung des Gesamtsystems ein integraler Bestandteil sein. Durch den Einsatz von mehreren leistungsfähigen Sensoren kann eine größere Menge an detaillierteren Informationen über die Umgebung erfasst werden, wodurch Robotersysteme ein genaueres Abbild über ihren Arbeitsbereich erfassen können. Die heutige Rechnerleistung ermöglicht bereits, beispielsweise mittels eines 3D-Sensors eine Person oder Objekte in Echtzeit in einem Arbeitsraum zu erkennen und diese zu verfolgen.

Die Fähigkeit, aus Bildern Informationen zu abstrahieren, zum Beispiel um Objekte zu identifizieren, wird als triviale Aufgabe für den Menschen angesehen. Dieses Abstraktionsvermögen eignet sich das menschliche Gehirn über einen Lernprozess an. Dieser Prozess kann auf Robotersysteme übertragen werden und wird hierbei als «maschinelles Lernen»(engl.: *machine learning*) bezeichnet. Er besteht vereinfacht aus einem Training auf Basis von Beispielbildern oder -situationen, aus denen der Roboter automatisiert Rückschlüsse zieht. In Bild 7.11 wurde das System beispielsweise mit einer Vielzahl von «Telefonkabel»-Bildern trainiert, bis das System abstrahiert Merkmale eines Telefonkabels versteht, so wie auch ein Mensch aufgrund seiner Erfahrungen auf einem fremden Bild ein Telefonkabel von einer Hand unterscheiden kann.

Das maschinelle Lernen bildet ein spezielles Forschungsgebiet der künstlichen Intelligenz (KI). Zu den großen Herausforderungen gehören die Datensammlung und das Trainieren der gewünschten Lernfähigkeit. Die Ansätze bieten das Potenzial, Robotersysteme zu befähigen, in unbekannten Situationen zu agieren und eigene Entscheidungen treffen zu können. Robotersysteme werden zukünftig intelligent.

Bild 7.11 *Beispiel zur 3D-Objekterkennung mittels künstlicher Intelligenz in sich verändernden Arbeitsräumen des Roboters*

Abkürzungen

AR	Augmented Reality
BBT	Basisbauteil
DFT	Design for Testability
EEBatt	Forschungsprojekt Dezentrale stationäre Batteriespeicher zur Nutzung erneuerbarer Energien und Unterstützung der Netzstabilität
EMV	Elektromagnetische Verträglichkeit
EOL	End of Line
FBT	Fügebauteil
FEM	Finite-Elemente-Methode
FTS	Fahrerlose Transportsysteme
HiL	Hardware-in-the-Loop
HMI	Human-Machine-Interface
IBN	Inbetriebnahme
IFR	International Federation of Robotics
IR	Industrieroboter
iwb	Institut für Werkzeugmaschinen und Betriebswissenschaften
IWU	Institut für Werkzeugmaschinen und Umformtechnik
KMU	Kleine und mittlere Unternehmen
KOS	Koordinatensystem
KUKoMo	Konzepte zur Umsetzung von kollaborativen Montagesystemen
LAN	Local Area Network
MEK	MTM-Einzel- und Kleinserienfertigung
MES	Manufacturing Execution System
MiL	Model-in-the-Loop
MRK	Mensch-Roboter-Kooperation
MMS	Mensch-Maschine-Schnittstelle
MOST	Maynard Operations Sequence Technique
MTBF	Mean Time Between Failures
MTM	Methods-Time Measurement
MVG	Montagevorranggraph
OLP	Offline-Programmierung
OSRF	Open Source Robotics Foundation
PHG	Programmierhandgerät
PL	Performance Level
PSA	Primar-Sekundär-Analyse
PTP	Point-to-Point-Bewegung
PV	Primärvorgänge
RMV	Ressourceneffiziente mechatronische Verarbeitungsmaschinen
ROS	Robot Operating System
RS	Robotersteuerung
RTM	Robot Time and Motion
SCARA	Selective Compliance Assembly Robot Arm
SD	Standarddaten
SiL	Software-in-the-Loop
SPS	Speicherprogrammierbare Steuerungen

SV	Sekundärvorgänge
TCP	Tool-Center-Point
TMU	Time Measurement Unit
TPTA	Telepräsenz und Teleaktion
UAS	Universelles Analysiersystem
VDMA	Verband Deutscher Maschinen- und Anlagenbau
VIBN	Virtuelle Inbetriebnahme
WF	Work Factor
WKS	Werkzeugkoordinatensystem

Formelzeichen

Formelzeichen	Einheit	Beschreibung
$\|A\|$	[-]	Aufwandsvektor
A_0, $A_{0,1}$, $A_{0,2}$	[€]	Anschaffungskosten gesamt/ Investitionskosten, Anschaffungskosten von Variante 1 bzw. 2
A_G	[%]	Automatisierungsgrad
A_{opt}	[%]	Optimaler Automatisierungsgrad
A_t	[€]	Ausgaben in einem bestimmten Jahr
A_{ue}	[mm]	Überschwingweite
Az	[Jahre]	Amortisationszeit allgemein
Az_d	[Jahre]	Dynamische Amortisationszeit
Az_s	[Jahre]	Statische Amortisationszeit
E, E_t	[€]	Durchschnittliche Einnahmen pro Jahr, Einnahmen in einem bestimmten Jahr
Gh	[mm]	Greifhub eines Parallelbackengreifers
Gk	[N]	Greifkraft eines Parallelbackengreifers
G_K	[€/h]	Gehaltskosten pro Stunde
G_{NK}	[€/h]	Gehaltsnebenkosten pro Stunde
i	[%]	Kalkulationszinssatz
φ	[°]	Steigung des Aufwandsvektors
K_0	[€]	Kapitalwert
K_A	[€/Jahr]	Kalkulatorische Abschreibung pro Jahr
K_E	[€/Jahr]	Energiekosten pro Jahr
K_{Gr}	[€]	Anschaffungskosten für einen Parallelbackengreifer
K_I	[€/Jahr]	Instandhaltungskosten pro Jahr
K_{IR}	[€]	Anschaffungskosten für einen Industrieroboter
$K_{lfd,1}$, $K_{lfd,2}$	[€/Stück]	Variable Kosten von Variante 1 bzw. 2
K_M	[€/h]	Montagekosten
K_{MH}	[€/h]	Maschinenstundensatz
K_P	[€/h]	Personalkostensatz
K_R	[€/Jahr]	Raumkosten pro Jahr
K_S	[€/h]	Schichtzulage pro Stunde
K_{ST}	[€/Stück]	Montagestückkosten
K_Z	[€/Jahr]	Kalkulatorische Zinsen pro Jahr
L_K	[€/h]	Lohnkosten pro Stunde
L_N	[€]	Restwert der Anschaffung am Ende der Nutzungsdauer
L_{NK}	[€/h]	Lohnnebenkosten pro Stunde
MA_{direkt}	[-]	Anzahl direkter Mitarbeiter

Formelzeichen	Einheit	Beschreibung
$MA_{indirekt}$	[-]	Anzahl indirekter Mitarbeiter
MK_{min}	[€]	Minimale Montagekosten pro Stück
μ	[-]	Erwartungswert
N	[Jahre]	Nutzungsdauer
n_A	[-]	Achsanzahl eines Industrieroboters
n_{erf}	[-]	Erforderliche Speichermenge
N_L	[Stück/h]	Ausbringungsmenge der Anlage pro Stunde
n_{sp}	[-]	Verfügbare Speichermenge
Ok_P	[-]	Primäres Optimierungskriterium
Ok_S	[-]	Sekundäres Optimierungskriterium
(O_S)¯	[°]	Mittlere Orientierungsstreubreite
Pg	[mm]	Positioniergenauigkeit eines Industrieroboters
(P_S)¯	[mm]	Mittlere Positionsstreubreite
PV	[s]	Zeit für Primärvorgang
Q_F	[-]	Verhältnis des verfügbaren zum notwendigen Freiraum
Q_p	[-]	Verhältnis des verhandenen zum erforderlichen Bewegungsraum
R	[%]	Interner Zinsfuß
Rw	[mm]	Reichweite eines Industrieroboters
σ	[-]	Streuung
SV	[s]	Zeit für Sekundärvorgang
t	[s]	Zeit im Allgemeinen
T_a oder t_A	[s]	Ausschwingzeit
t_B	[s]	Beschleunigungszeit
t_F	[s]	Fügezeit
t_G	[s]	Greifzeit
T_G	[h/Jahr]	Mögliche Gesamtlaufzeit der Maschine
T_{IZ}	[h/Jahr]	Maschinen-Instandhaltungszeit
t_L	[s]	Loslasszeit
TL	[kg]	Traglast eines Industrieroboters
T_N	[h/Jahr]	Nutzungszeit pro Jahr
T_o	[s]	Verfahrzeit beim Orientieren bei Nennlast
T_p	[s]	Verfahrzeit beim Positionieren bei Nennlast
t_R	[s]	Zeit für das Hinlangen
t_{Sch}	[s]	Schaltzeit
T_{ST}	[h/Jahr]	Stillstandszeit: Zeit, in der die Maschine abgeschaltet ist, z. B. arbeitsfreie Tage, betriebsbedingte Stillstandszeiten
t_V	[s]	Verzögerungszeit
t_{Vk}	[s]	Zeit konstanter Geschwindigkeit

Formelzeichen	Einheit	Beschreibung
t_Z	[s]	Zykluszeit
V	[m/s]	Geschwindigkeit
W_M	[%]	wirtschaftlicher Wirkungsgrad
x	[-]	Grenzstückzahl

Institutsprofil

Von März 2002 bis Februar 2007 war Prof. Reinhart von seinen Tätigkeiten am *iwb* beurlaubt und übernahm die Aufgabe des Vorstandes für Technik und Markt bei der IWKA Aktiengesellschaft in Karlsruhe, einem Maschinenbaukonzern mit ca. 13 000 Mitarbeitern weltweit. Dabei widmete er sich insbesondere der globalen Erschließung neuer Märkte, der Einrichtung eines Produktionssystems und dem Ausbau der IWKA Verpackungstechnik-Gruppe.

Seit 2007 ist er wieder zurück an der Technischen Universität München und leitet gemeinsam mit Herrn Prof. Dr.-Ing. Michael F. Zäh das zwischenzeitlich auf weit über 90 Mitarbeiter gewachsene Institut an den Standorten Garching bei München. Gleichzeitig ist er Vorstandsvorsitzender des Bayerischen Clusters für Mechatronik und Automation e.V. Seit dem 1. Januar 2009 ist Prof. Reinhart darüber hinaus Leiter der Fraunhofer IWU Projektgruppe für Ressourceneffiziente Mechatronische Verarbeitungsmaschinen (RMV) in Augsburg, die seit dem 1. Juli 2016 in die neu gegründete Fraunhofer Einrichtung für Gießerei-, Composite- und Verarbeitungstechnik (IGCV) aufgegangen ist. Prof. Reinhart ist seitdem geschäftsführender Institutsleiter des Fraunhofer IGCV.

?!

Prof. Dr.-Ing. Gunther Reinhart ist Ordinarius für Betriebswissenschaften und Montagetechnik an der Technischen Universität München. Er studierte bis 1982 Maschinenbau mit dem Schwerpunkt Konstruktion & Entwicklung und schloss 1987 die Promotion am Institut für Werkzeugmaschinen und Betriebswissenschaften (*iwb*) der Technischen Universität München bei Prof. Dr.-Ing. J. Milberg ab.Von 1988 bis 1993 war er leitender Angestellter bei der BMW AG in München und Dingolfing. 1993 wurde Prof. Reinhart auf den Lehrstuhl für Betriebswissenschaften und Montagetechnik an der Technischen Universität München und in die Leitung des *iwb* berufen.

Das 1875 gegründete Institut für Werkzeugmaschinen und Betriebswissenschaften (*iwb*) der Technischen Universität München wird von Prof. Dr.-Ing. Gunther Reinhart und Prof. Dr.-Ing. Michael F. Zäh geleitet. Es umfasst zwei Lehrstühle der Fakultät für Maschinenwesen auf dem Campus in Garching bei München und beschäftigt insgesamt rund 90 Mitarbeiterinnen und Mitarbeiter, von denen etwa 60 im wissenschaftlichen Bereich tätig sind. Die Forschung des *iwb* orientiert sich an drei Ebenen der Produktionstechnik: der Unternehmensplanung und -organisation, den mechatronischen Produktionssystemen sowie den Fertigungs- und Montagetechnologien. Hierbei arbeitet das *iwb* eng mit der Fraunhofer Einrichtung für Gießerei-, Composite- und Verarbeitungstechnik IGCV in Augsburg zusammen.

Die Aktivitäten des *iwb* werden in Themengruppen und Forschungsfelder eingeteilt:

- Additive Fertigung
- Füge- und Trenntechnik
- Montagetechnik und Robotik
- Produktionsmanagement und Logistik
- Werkzeugmaschinen

Die Themengruppen repräsentieren die am *iwb* vorhandene Fachkompetenz und spiegeln die langfristige Ausrichtung des Instituts wider. Die Forschungsfelder, in welchen jeweils drei bis sieben wissenschaftliche Mitarbeiterinnen und Mitarbeiter Forschungsfragen adressieren, stellen die fachliche Vertiefung der Themengruppen auf spezielle, innovative Inhalte dar und werden dynamisch auf aktuelle Bedürfnisse und Marktbedingungen abgestimmt. Die fundierte Kenntnis von (informations-) technischen und organisatorischen Prozessen stellt hierbei die Grundlage der Forschungsaktivität dar. Mit zukunftsweisenden, wissenschaftsorientierten Ansätzen einerseits und anwendungsnahen, im Unternehmen direkt implementierbaren Lösungen andererseits forscht das *iwb* in Grundlagen- und Verbundprojekten sowie in bilateralen Kooperationen mit Industriepartnern.

Orientierung für die Arbeit in Forschung, Lehre und Transfer geben die Institutsziele des *iwb*. Um diese effizient verfolgen zu können und um dabei effektiv zu arbeiten, ist ein gemeinsames Selbstverständnis, ein abgestimmter Rahmen erforderlich. Dies leisten unsere Leitsätze. Sie sind Handlungsmaxime für unsere tägliche Arbeit, unsere grundlegenden Spielregeln. Sie sind von allen Beteiligten einzuhalten und werden von allen Mitarbeiterinnen und Mitarbeitern des *iwb* gelebt.

- Wir nehmen eine aktive und führende Position in der produktionstechnischen Forschung ein.
- Wir entwickeln Visionen auf dem Gebiet der Produktionstechnik zum Nutzen der Gesellschaft.
- Wir sind Spezialisten und Generalisten zugleich. Durch interdisziplinäres Denken und Handeln setzen wir Innovationen um.
- Wir bauen Brücken zwischen Forschung und Industrie, um unsere Ergebnisse schnell und effizient in die Anwendung zu bringen.
- Wir bilden Ingenieurspersönlichkeiten der Zukunft aus, die sich durch Führungs- und Fachkompetenz auszeichnen.

- Wir vermitteln produktionswissenschaftliche Grundlagen und aktuelle Forschungserkenntnisse. Auf diese Weise verbinden wir Forschung und Lehre.
- Unsere Institutskultur ist geprägt durch Offenheit gegenüber neuen Ideen, flache Hierarchien und kreative Zusammenarbeit.

Industrielle Robotik am *iwb*

Das Forschungsfeld Robotik befasst sich mit der prozessnahen Auslegung von Roboterzellen ausgehend von deren Konfiguration und Programmierung bis hin zum produktiven Einsatz. Die Auslegung konzentriert sich dabei auf die zielorientierte Layoutplanung und den Einsatz geeigneter Sensorik. Zur vereinfachten Inbetriebnahme dieser Roboterzellen wird die Konfiguration mit Hilfe von Plug&Produce-Methoden automatisiert. Eine intuitive aufgabenorientierte Programmierung soll den Einsatz von Industrierobotern auch bei kleinen und mittleren Unternehmen ermöglichen. Neben dem Einsatz klassischer Industrieroboter werden am iwb auch verschiedene Ansätze der mobilen Robotik und MRK im Produktionsumfeld betrachtet.

Weitere Forschungsgebiete befassen sich mit der Genauigkeitssteigerung von Industrierobotern in unterschiedlichen Applikationen von der optischen Qualitätssicherung bis hin zur Verdrängungskompensation bei roboterbasierten Fräsprozessen. Hierbei werden sowohl grundlagenlastige Ansätze (z.B. Verschleißauswirkungen auf die Genauigkeit des Roboters) als auch anwendungsnahe Aspekte (z.B. die Bahnplanung von diversen Fertigungsprozessen) untersucht.

Quellenverzeichnis

[1.1] International Federation of Robotics: *World Robotics Report 2016* [Internet]. 2016. Verfügbar unter: https://ifr.org/ifr-press-releases/news/world-robotics-report-2016

[1.2] International Federation of Robotics: *France outperforms Britain as robots transform car industry* [Internet]. 2017. Verfügbar unter: https://ifr.org/ifr-press-releases/news/france-outperforms-britain-as-robots-transform-car-industry

[1.3] Boston Consulting Group: *The Shifting Economics of Global Manufacturing,* How a Takeoff in Advanced Robotics Will Power the Next Productivity Surge, Selected Highlights, Folie 7 [Internet]. 2015. Verfügbar unter: https://de.slideshare.net/TheBostonConsultingGroup/robotics-in-manufacturing

[1.4] Abele, E.; Reinhart, G.: *Zukunft der Produktion Herausforderungen, Forschungsfelder, Chancen*. München: Hanser Verlag, 2011.

[2.1] DGUV, 2015: *DGUV Information 209-074 – Industrieroboter*.

[2.2] DIN EN ISO 10 218-1, 2012: *ISO 10 218-1 Industrieroboter – Sicherheitsanforderungen – Teil 1 Roboter*. Berlin: Beuth Verlag.

[2.3] DIN EN IS 8373, 1996: *ISO 8373:1994 – Industrieroboter – Wörterbuch*. Berlin: Beuth Verlag.

[2.4] Engelberger, J. F: Historical perspective and role in automation, In: Nof, S. Y.: *Handbook of industrial robots*. Robotic Industries Association. Hoboken (USA): John Wiley & Sons, 2nd edition, 1999.

[2.5] Herden, G: *Schweißroboter*. Leipzig: VEB Verlag Technik, 1985.

[2.6] Hesse, S: *Industrieroboterperipherie*. Berlin: VEB Verlag Technik, 1989.

[2.7] Hesse, S.: *Taschenbuch Robotik*. Montage – Handhabung. München: Hanser Verlag, 2016.

[2.8] IFR, 2007: *World Robotics Industrial Robots 2006*. Frankfurt/M.: VDMA.

[2.9] IFR, 2016: *World Robotics Industrial Robots 2015*. Frankfurt/M.: VDMA.

[2.10] Müller, S.; Schweizer M.: *Robotertechnik*. Einführung mit Anwendungsbeispielen für die Praxis. Landsberg/Lech: Verlag moderne industrie, 1987.

[2.11] Raab, H. H: *Handbuch Industrieroboter*. Bauweise, Programmierung, Anwendung, Wirtschaftlichkeit, Wiesbaden: Vieweg Verlag, 1981.

[2.12] VDI 2861-1: *Montage- und Handhabungstechnik*. Kenngrößen für Industrieroboter – Achsbezeichnungen. Düsseldorf: Verein Deutscher Ingenieure, 1988.

[2.13] VDI 2861-2: *Montage- und Handhabungstechnik*. Kenngrößen für Industrieroboter – Einsatzspezifische Kenngrößen. Düsseldorf: Verein Deutscher Ingenieure, 1988.

[2.14] Warnecke, H.-J.; Schraft, R. D: *Industrieroboter*. Handbuch für Industrie und Wissenschaft. Berlin: Springer-Verlag, 1990.

[3.1] Andreasen, M. M.; Kähler, S.; Lund, T.: *Montagegerechtes Konstruieren*. Berlin: Springer-Verlag, 1985.

[3.2] BMAS, 2011: Bek. d. BMAS v. 5.5.2011, IIb5-39607-3 – *Interpretation des in der Maschinenverordnung bzw. EG-Maschinenrichtlinie 2006/42/EG benutzten Begriffes «Gesamtheit von Maschinen», Bd. Nr. 12.*

[3.3] Bomm, H.: *Ein Ziel- und Kennzahlensystem zum Investitionscontrolling komplexer Produktionssysteme*. Berlin: Springer-Verlag, 1992.

[3.4] Boothroyd, G.; Dewhurst, P.: *Product Design for assembly*: Amsterdam: Elsevier 1986.

[3.5] Boothroyd, G.; Dewhurst, P.; Knight, W. A.: *Product Design for Manufacture and Assembly,* 3. Auflage. Amsterdam: Elsevier, 2011.

[3.6] Bullinger, H.-J., 1986: *Systematische Montageplanung – Handbuch für die Praxis*. München: Hanser Verlag.

[3.7] DGUV, 2015: *DGUV Information 209-074 – Industrieroboter*.

[3.8] DIN EN ISO 10218-1, 2012: *ISO 10218-1 Industrieroboter – Sicherheitsanforderungen – Teil 1 Roboter*. Berlin: Beuth Verlag.

[3.9] Gairola, A., 1991: *Montagegerechtes Konstruieren* – ein Beitrag zur Konstrukionsmethodik. Hochschulschrift. Darmstadt: Techn. Hochschule.

[3.10] Hesse, S.: *Taschenbuch Robotik*. Montage – Handhabung. München: Hanser Verlag, 2016.

[3.11] IFR, 2013: *World Robotics Industrial Robots 2012*. Frankfurt/M.: VDMA.

[3.12] IFR, 2016: *World Robotics Industrial Robots 2015*. Frankfurt/M.: VDMA.

[3.13] Konold, P.; Reger, H.: *Praxis der Montagetechnik*. Produktdesign, Planung, Systemgestaltung, Wiesbaden: Vieweg Verlag, 2003.

[3.14] Lotter, B.: *Wirtschaftliche Montage – ein Handbuch für Elektrogerätebau und Feinwerktechnik*. Düsseldorf: VDI-Verlag, 1992.

[3.15] Lotter, B.; Hartel, M.; Menges, R.: *Manuelle Montage – wirtschaftlich gestalten*. Ehningen: expert verlag, 1998.

[3.16] Lotter, B.: *Montage in der industriellen Produktion – Ein Handbuch für die Praxis*. Berlin: Springer-Verlag, 2006.

[3.17] Lotter, B.; Wiendahl, H.-P.: *Montage in der industriellen Produktion – Ein Handbuch für die Praxis*. Berlin: Springer-Verlag, 2012.

[3.18] Niemann, J.: *Eine Methodik zum dynamischen Life Cycle Controlling von Produktionssystemen*. Heimsheim: Jost-Jetter-Verlag, 2007.

[3.19] Nof, S. Y.,: *Handbook of industrial robots*. 2nd edition, 1999.

[3.20] Pawellek, G.: *Produktionslogistik*. Planung – Steuerung – Controlling mit 42 Übungsfragen. München: Hanser Verlag, 2007.

[3.21] Preissler, P. R.: *Betriebswirtschaftliche Kennzahlen*. Formeln, Aussagekraft, Sollwerte, Ermittlungsintervalle. Berlin: Oldenbourg Verlag, 2008.

[3.22] Raab, H. H.: *Handbuch Industrieroboter – Bauweise, Programmierung, Anwendung, Wirtschaftlichkeit*. Wiesbaden: Vieweg Verlag, 1981.

[3.23] REFA: *Methodenlehre der Betriebsorganisation*. Planung und Gestaltung komplexer Produktionssysteme. München: Hanser Verlag, 1991.

[3.24] Reinhart, G.; Lindemann, U.; Heinzl, J.: *Qualitätsmanagement*. Berlin: Springer-Verlag, 1996.

[3.25] Ross, P.: *Bestimmung des wirtschaftlichen Automatisierungsgrades von Montageprozessen in der frühen Phase der Montageplanung*. München: Herbert Utz Verlag, 2002.

[3.26] Schimke, E.-F.: *Planung und Einsatz von Industrierobotern*. Arbeitsplatzanalysen, Auslegung und Anwendung von Handhabungssystemen. Düsseldorf: VDI-Verlag, 1978

[3.27] Seliger, G.: *Wirtschaftliche Planung automatisierter Fertigungssysteme*. München: Hanser Verlag, 1983.

[3.28] Sengotta, M., Schweres, M.: *Entwicklung und Evaluation eines Verfahrens der erweiterten Wirtschaftlichkeitsrechnung zur Bewertung komplexer Arbeitssysteme*. Bremen: Fachverlag NW im Carl Schünemann Verlag,1994.

[3.29] Spillner, R.: *Einsatz und Planung von Roboterassistenz zur Berücksichtigung von Leistungswandlungen in der Produktion*. Dissertation. Technische Universität München. 2014.

[3.30] Wiendahl, H. P.: *Betriebsorganisation für Ingenieure*. München: Hanser Verlag, 1989.

[4.1] Blasche, U.: Die Szenariotechnik als Modell für komplexe Probleme. In: Wilms, F. E. P.: *Szenariotechnik*. Bern: Haupt-Verlag.

[4.2] Blohm, H.: *Produktionswirtschaft – Kontrollfragen, Aufgaben mit Lösungshinweisen*. Herne: Verlag neue Wirtschafts-Briefe.

[4.3] Bode, M.; Bünting, F.; Geißdörfer, K.: *Rechenbuch der Lebenszykluskosten*. Frankfurt/M.: VDMA.

[4.4] Bünting, F.: Lebenszykluskostenbetrachtung bei Investitionsgütern. In: Schweiger, S.: *Lebenszykluskosten optimieren*. Wiesbaden: Gabler Verlag.

[4.5] Ducot, G.; Lubben, G. J.: *A typology for scenarios*. 1980.

[4.6] Eversheim, W.: *Fertigung und Montage*. Düsseldorf: VDI-Verlag.

[4.7] Fink, A.; Schlake, O.; Siebe, A.: *Erfolg durch Szenario-Management – Prinzip und Werkzeuge der strategischen Vorausschau*. Frankfurt/M.: Campus-Verlag.

[4.8] Geißdörfer, K.: *Total Cost of Ownership (TCO) und Life Cycle Costing (LCC) – Einsatz und Modelle*. Ein Vergleich zwischen Deutschland und USA, 1. Auflage. Münster: Lit Verlag.

[4.9] Götze, U.: *Szenario-Technik in der strategischen Unternehmensplanung*. Wiesbaden: Dt. Universitäts-Verlag.

[4.10] Jórasz, W.: *Kosten- und Leistungsrechnung*. Stuttgart: Schäffer-Poeschel Verlag, 4. Auflage.

[4.11] Kaserer, C.: *Investition und Finanzierung case by case*. Frankfurt/M.: Verlag Recht und Wirtschaft.

[4.12] Konold, P.; Reger, H.: *Praxis der Montagetechnik – Produktdesign, Planung, Systemgestaltung*. Wiesbaden: Vieweg Verlag.

[4.13] Krüger, H.-G.: *Anlagenmanagement – Technik, Betriebswirtschaft und Organisation.* Berlin: Springer-Verlag.

[4.14] Lotter, B.: *Montage in der industriellen Produktion*. Ein Handbuch für die Praxis. Berlin: Springer-Verlag.

[4.15] Mensch, G.: *Investition*. Investitionsrechnung in der Planung und Beurteilung von Investitionen. Berlin: Oldenbourg Verlag.

[4.16] Mietzner, D.: *Strategische Vorausschau und Szenarioanalysen – Methodenevaluation und neue Ansätze*, 1. Auflage. Wiesbaden: Gabler Verlag.

[4.17] Millett, S. M.: How scenarios trigger strategic thinking. *Long Range Planning 21*.

[4.18] Mitchell, R. B.; Tydeman, J.; Georgiades, J.: Structuring the future – application of a scenario-generation procedure. *Technological Forecasting an Social Change 14*.

[4.19] Müller, S.; Schweizer M.: *Robotertechnik*. Einführung mit Anwendungsbeispielen für die Praxis. Landsberg/Lech: Verlag moderne industrie.

[4.20] Nördinger, S.: Roboternormung. Kampf um energieeffiziente Roboter. *Produktion 2013 Nr. 43*.

[4.21] Obermeier, T.; Gasper, R.: *Investitionsrechnung und Unternehmensbewertung*. Berlin: Oldenbourg Verlag.

[4.22] Pillkahn, U.: *How to develop and use trends and scenarios*. Creating an individual strategy for future business. Weinheim: Wiley-VCH.

[4.23] Plinke, W.; Rese, M.: *Industrielle Kostenrechnung*. Eine Einführung. Berlin: Springer-Verlag.

[4.24] Raab, H. H.: *Handbuch Industrieroboter*. Bauweise, Programmierung, Anwendung, Wirtschaftlichkeit. Wiesbaden: Vieweg Verlag.

[4.25] Reibnitz, U. von: *Szenario-Technik*. Instrumente für die unternehmerische und persönliche Erfolgsplanung, 2. Auflage. Wiesbaden: Gabler Verlag.

[4.26] Reibnitz, U. von; Geschka, H.; Seiber, S.: *Die Szenario-Technik als Grundlage von Planungen*. Battelle-Institut.

[4.27] Schäfer, H.: *Unternehmensinvestitionen*. Grundzüge in Theorie und Management. Heidelberg: Physica-Verlag.

[4.28] Schmaus, T.: *Rationalisierungspotential der montagegerechten Produktgestaltung bei der Montage mit Industrierobotern*. Heidelberg: Springer-Verlag.

[4.29] Suzuki, T.: *New directions for TPM*. Boca Raton (USA): CRC Press.

[4.30] *VDMA-Einheitsblatt 34160*: Prognosemodell für die Lebenszykluskosten von Maschinen und Anlagen. Frankfurt/M.: VDMA, 2006.

[4.31] Warnecke, H. J.; Bullinger, H.-J.; Hichert, R.; Voegele, A.: *Kostenrechnung für Ingenieure*, 5. Auflage. München: Hanser Verlag.

[4.32] Wöhe, G.: *Einführung in die Allgemeine Betriebswirtschaftslehre,* 23. Auflage. München: Verlag Franz Vahlen.

[5.1] BULLINGER, H.-J.: *Systematische Montageplanung: Handbuch für die Praxis*. München: Hanser Verlag, 1986.

[5.2] EVERSHEIM, W.: *Organisation in der Produktionstechnik Band 4: Fertigung und Montage*. Berlin: Springer-Verlag, 2013.

[5.3] SCHÖPPNER, V.; FELDMANN, K.; SPUR, G.: *Handbuch Fügen, Handhaben, Montieren*. München: Hanser Verlag, 2014.

[5.4] LOTTER, B.; WIENDAHL, H.-P.:*Montage in der industriellen Produktion*. Ein Handbuch für die Praxis. Berlin: Springer-Verlag, 2012.

[5.5] REFA (Hrsg.): *Methodenlehre der Betriebsorganisation, Planung und Gestaltung komplexer Produktionssysteme*. München: Hanser Verlag, 1990.

[5.6] *VDI/VDE 3694: Lastenheft/Pflichtenheft für den Einsatz von Automatisierungssystemen*. Berlin: Beuth Verlag, 2014.

[5.7] ZANGEMEISTER, C.: *Nutzwertanalyse in der Systemtechnik*. Eine Methodik zur multidimensionalen Bewertung und Auswahl von Projektalternativen, 5. Auflage. Winnemark: Verlag Zangemeister & Partner, 1976.

[5.8] ROSS, P.: *Bestimmung des wirtschaftlichen Automatisierungsgrades von Montageprozessen in der frühen Phase der Montageplanung*. München: Herbert Utz Verlag, 2002.

[5.9] HESSE, S.; MONKMAN, G. J.; STEINMANN, R.; SCHUNK, H.: *Robotergreifer*. München: Hanser Verlag, 2005.

[5.10] FANTONI, G.; SANTOCHI, M.; DINI, G.; TRACHT, K.; SCHOLZ-REITER, B.; FLEISCHER, J.; LIEN, T. K.; SELIGER, G.; REINHART, G.; FRANKE, J.; and others: Grasping devices and methods in automated production processes. *CIRP Annals-Manufacturing Technology, vol. 63, no. 2*, pp. 679–701, 2014.

[5.11] GRUNDIG, C.-G.: *Fabrikplanung: Planungssystematik – Methoden – Anwendungen*, 5. Auflage. München: Hanser Verlag, 2014.

[5.12] SPILLNER, R.: *Einsatz und Planung von Roboterassistenz zur Berücksichtigung von Leistungswandlungen in der Produktion*. München: Herbert Utz Verlag, 2015.

[5.13] KETTNER, H.: *Leitfaden der systematischen Fabrikplanung*. München: Hanser Verlag, 1984.

[5.14] VDI 4499: *Digitale Fabrik – Grundlagen*, 2008.

[5.15] VDI 3633: *Simulation von Logistik-, Materialfluss- und Produktionssystemen –Grundlagen*. Berlin: Beuth Verlag, 2014.

[5.16] BANKS, J.; CARSON, J. S.; NELSON, B. L.; NICOL, D. M.: *Discrete-event system simulation*. Hallbergmoos: Pearson Deutschland GmbH, 2005.

[5.17] KIEFER, J.: *Mechatronikorientierte Planung automatisierter Fertigungszellen im Bereich Karosserierohbau*. Dissertation. Universität Saarbrücken. 2007.

[6.1] DIN EN ISO 10 218-1: *ISO 10 218-1 Industrieroboter – Sicherheitsanforderungen, Teil 1 Roboter*. 2012.

[6.2] LAUBER, R.; GÖHNER, P.: *Prozessautomatisierung 1*. Berlin: Springer-Verlag, 1999.

[6.3] DIN EN 61 131-1: *61 131-1:2013 (U). Programmable Controllers – Part 1; General Information*. Geneva: International Electrotechnical Commission, 2013.

[6.4] DIN EN 61 131-3: *61 131-3: 2013(U). Programmable Controllers – Part 3; Programming Languages*. Geneva: International Electrotechnical Commission, 2013.

[6.5] HAMMERSTINGL, V.; REINHART, G.: Unified Plug&Produce Architecture for Automatic Integration of Field Devices in Industrial Environments. *2015 IEEE International Conference on Industrial Technology (ICIT)*, 2015, p. 1956–1963.

[6.6] LACOUR, F.-F.: *Modellbildung für die physikbasierte Virtuelle Inbetriebnahme materialflussintensiver Produktionsanlagen*. Dissertation. Technische Universität München, 2011.

[6.7] DIN EN 62 264-1: *62 264-1:2013. Integration von Unternehmensführungs- und Leitsystemen – Teil 1: Modelle und Terminologie*. Geneva: International Electrotechnical Commission, 2013.

[6.8] DIN EN ISO 8373: *ISO 8373:1994 Industrieroboter – Wörterbuch. Manipulating Industrial Robots – Vocabulary*, 2010.

[6.9] Hesse, S.; Malisa, V.: *Taschenbuch Robotik*. Montage –Handhabung. München: Hanser Verlag, 2016.

[6.10] DIN EN ISO 10 218-2*: ISO 10 218-2 Industrieroboter – Sicherheitsanforderungen – Teil 2: Robotersysteme und Integration*, 2012.

[6.11] DGUV DGU: Industrieroboter. *DGUV Information 209-074*, 2015.

[6.12] Vogl, W.: *Eine interaktive räumliche Benutzerschnittstelle für die Programmierung von Industrierobotern*. München: Herbert Utz Verlag, 2009.

[6.13] Pan, Z.; Polden, J.; Larkin, N.; Van Duin, S.; Norrish, J.: *Recent progress on programming methods for industrial robots*. Robotics and Computer-Integrated Manufacturing. München: Elsevier GmbH, 2012;28k(2):87–94.

[6.14] DIN 32 541: *Betreiben von Maschinen und vergleichbaren technischen Arbeitsmitteln*. Begriffe für Tätigkeiten, 1977.

[6.15] Wünsch, G.: *Methoden für die virtuelle Inbetriebnahme automatisierter Produktionssysteme*. Dissertation. Technische Universität München, 2007.

[6.16] DIN EN ISO 12 100: *12 100: Sicherheit von Maschinen. Allgemeine Gestaltungsleitsätze – Risikobeurteilung und Risikominderung (ISO 12100:2010)*. CEN, 2010.

[6.17] Wiendahl, H.-P.; Hegenscheidt, M.; Winkler, H.: Anlaufrobuste Produktionssysteme. *wt Werkstattstechnik online, H. 11, 2002*, S. 650–655.

[6.18] Feldmann, K.; Schöppner, V.; Spur, G.: Handbuch Fügen, Handhaben, Montieren. München: Hanser Verlag, 2014.

[6.19] Isermann, R.: *Mechatronische Systeme – Grundlagen*. Berlin: Springer-Verlag, 2008. Verfügbar unter: http://www.springer.com/de/book/9783540323365

[6.20] TransMechatronic: *Zuverlässigere Mechatronik – Forschungsergebnisse kompakt*, 2010. Transfer von Forschungsergebnissen aus 11 Verbundprojekten zur Steigerung der Zuverlässigkeit mechatronischer Systeme. Verfügbar unter: http://www.transmechatronic.de/fileadmin/Technologiesteckbrief/transmechatronic_2010_03_01_FINAL.indd.pdf

[6.21] VDW VDW: *Abteilungsübergreifende Projektierung komplexer Maschinen und Anlagen*. Aachen: VDW-Bericht, 1997.

[6.22] Stetter, R.: *Experiences with virtual production in small and middle-sized companies*. CARV. 2005, 5. München: Herbert Utz Verlag.

[6.23] Pörnbacher, C.: Modellgetriebene Entwicklung der Steuerungssoftware automatisierter Fertigungssysteme. München: Herbert Utz Verlag, 2011.

[6.24] VDI 2206: *Entwicklungsmethodik für mechatronische Systeme*. Düsseldorf: VDI-Verlag. 2004.

[6.25] Wünsch, G.; Zäh, M. F.: *A New Method for Fast Plant Start-Up*. CARV 05. 1st International Conference on Changeable, Agile, Reconfigurable and Virtual Production. 2005. München: Herbert Utz Verlag.

[6.26] Lindworsky, A.: *Teilautomatische Generierung von Simulationsmodellen für den entwicklungsbegleitenden Steuerungstest*. Dissertation. Technische Universität München, 2011.

[6.27] Bender, K.: *Embedded Systems – qualitätsorientierte Entwicklung*. Berlin: Springer-Verlag, 2005. Verfügbar unter: http://www.springer.com/de/book/9783540229957

[7.1] Reinhart, G.: *Handbuch Industrie 4.0*. München: Hanser Verlag, 2017.

[7.2] Lin, J; Wu, Y.; Huang, T. S.: Modeling the constraints of human hand motion. *Human Motion, 2000. Proceedings. Workshop on*, IEEE, 2000, S. 121–126.

[7.3] Zaidan, S.: *A Work-piece Based Approach for Programming Cooperating Industrial Robots*. Dissertation. Technische Universität München, 2012.

[7.4] Lay, G.; Schirrmeister, E.: Sackgasse Hochautomatisierung? Praxis des Abbaus von Overengineering in der Produktion. *Mitteilungen aus der Produktionsinnovationserhebung, 2001*.

[7.5] Spillner, R.: *Einsatz und Planung von Roboterassistenz zur Berücksichtigung von Leistungswandlungen in der Produktion*. Dissertation. Technische Universität München. 2014.

[7.6] Bley, H.; Reinhart, G.; Seliger, G.; Bernardi, M.; Korne, T.: Appropriate human involvement in assembly and disassembly. *CIRP Annals-Manufacturing Technology, vol. 53,* 2004, S. 487–509.

[7.7] Thiemermann S.; Schulz, O.: Trennung aufgehoben. *Computer & Automation (2002), Nr. 8,* S.82–85, 2002.

[7.8] DIN EN ISO 10 218-1: *ISO 10 218-1 Industrieroboter – Sicherheitsanforderungen, Teil 1: Roboter.* 2012.

[7.9] Siciliano, B.; Khatib, O.: *Springer Handbook of Robotics.* Berlin, Heidelberg: Springer Science+ Business Media, 2008.

[7.10] Radi, M.: *Workspace scaling and haptic feedback for industrial telepresence and teleaction systems with heavy-duty teleoperators.* Dissertation. Technische Universität München, 2012.

[7.11] Acker, A.: *Anwendungspotential von Telepräsenz-und Teleaktionssystemen für die Präzisionsmontage.* Technische Universität München, Diss., 2011.

[7.12] Hammerstingl, V.; Lux, G.; Reinhart, G.: *Produktion als Mannschaftssport – Forschungsvorhaben FORobotics.* Handling 12/2016. Kissing: WEKA Business Medien, 2016.

[7.13] Völlner, G.: *Rührreibschweißen mit Schwerlast-Industrierobotern.* Dissertation. Technische Universität München, 2009.

[7.14] Rösch, O.: *Steigerung der Arbeitsgenauigkeit bei der Fräsbearbeitung metallischer Werkstoffe mit Industrierobotern.* Dissertation. Technische Universität München, 2015.

[7.15] Tekouo Moutchiho, W.: *A New Programming Approach for Robot-based Flexible Inspection Systems.* Dissertation. Technische Universität München, 2012.

[7.16] Ulrich, M.; Forstner, A.; Reinhart, G.: High-accuracy 3D image stitching for robot-based inspection systems. *IEEE International Conference on Image Processing (ICIP)*, 2015, S. 1011–1015.

[7.17] Vogl, W.: *Eine interaktive räumliche Benutzerschnittstelle für die Programmierung von Industrierobotern.* Dissertation. Technische Universität München, 2008.

[7.18] Open Robotics Foundation (OSRF): *Robot Operating System (ROS)*, 2017.

[7.19] Magaña, A.; Reinhart, G.: Herstellerneutrale Programmierung von Robotern. WT Werkstatttechnik, 2017.

[7.20] SMErobotics: *SMErobotics – The European Robot Initiative for Strengthening the Competitiveness of SMEs in Manufacturing*, 2016.

[7.21] ReApp. Verfügbar unter: http://www.reapp-projekt.de/. 2016.

[7.22] KUKoMo: *Neue Konzepte zur Umsetzung von kollaborativen Montagesystemen für kleine und schwankende Produktionsstückzahlen sowie deren erfolgreiche Einführung in KMU*, 2017.

Stichwortverzeichnis